水利量测技术论文选集

（第十集）

中国水利学会水利量测技术专业委员会 编

黄河水利出版社

·郑州·

内 容 提 要

本论文选集是从第十六届全国水利量测技术综合学术研讨会应征论文中选编的，内容涵盖了模型试验、原型观测、大坝安全监测及标准化等有关内容，充分展示了近年来水利量测技术领域所取得的最新成果。可供从事水利水电科学技术研究的技术和管理人员、大专院校师生以及其他行业中从事有关量测技术研究的工作人员参考。

图书在版编目(CIP)数据

水利量测技术论文选集. 第十集/中国水利学会水利量测技术专业委员会编. —郑州:黄河水利出版社,2016. 8
ISBN 978 - 7 - 5509 - 1524 - 4

Ⅰ. ①水… Ⅱ. ①中… Ⅲ. ①水利工程测量 - 文集
Ⅳ. ①TV221 - 53

中国版本图书馆 CIP 数据核字(2016)第 199784 号

组稿编辑:李洪良 电话:0371 - 66026352 E-mail:hongliang0013@163. com

出 版 社:黄河水利出版社
地址:河南省郑州市顺河路黄委会综合楼 14 层 邮政编码:450003
发行单位:黄河水利出版社
发行部电话:0371 - 66026940、66020550、66028024、66022620(传真)
E-mail:hhslcbs@126. com
承印单位:郑州红火蓝焰印刷有限公司
开本:787 mm×1 092 mm 1/16
印张:17
字数:390 千字 印数:1—1 000
版次:2016 年 8 月第 1 版 印次:2016 年 8 月第 1 次印刷

定价:48. 00 元

编辑委员会

前　言

第十六届全国水利量测技术综合学术研讨会于2016年9月23日在成都四川大学召开，此次会议共收到四十余篇学术论文，经专家评审，将部分优秀论文收录到本论文集，用于展示近年来水利量测技术领域所取得的最新成果。

此次会议论文涉及新型传感器、堤坝隐患探测技术及仪器、水利水电工程安全监测仪器及系统、水利水电工程施工质量检测、控制技术及仪器、室内试验及原型观测新技术及仪器设备、量水技术及仪器、水文要素观测及系统自动化技术、水质监测新仪器及系统自动化技术、土壤墒情测试技术、水信息采集和处理有关技术等方面，既涵盖了传统接触式测试技术，又涵盖了新型光电、图像、超声波等非接触式测量技术，有效拓展了水利量测技术发展领域。论文不仅涉及最新的有关试验研究方面的量测技术，而且提供了大量工程建设和运行管理方面的测量仪器实践经验，以及水利信息化的应用经验，具有较高的学术水平和实用价值。特别欣慰的是，此次会议论文还有大量研究生作者，这为我国水利量测技术发展培养了接班人和生力军。

然而，当前现代流体测试技术在测量精度、操作便利性、数据交互标准化等方面仍面临着大量挑战：①传统接触式测量，干扰了流体形态，不利于精细水利研究，急需发展非接触式测量技术；②测流测沙传感器精度仍受到多种因素干扰，限制了对水沙参量的感知能力；③无线数据交互过程中仍存在数据丢包或串并等错误，限制了多点、大容量数据无线交互技术的应用；④数据智能化分析欠缺，急需融合水利专业相关理论对数据进行校核和评估；⑤尚无通用性大数据分析平台，数据测试与深入分析分离，影响到测试效率及成果水平。借助全国水利量测技术综合学术研讨会，一方面展示水利量测技术最新成果，另一方面努力吸引更多年轻人参与交流，共同为我国水利量测技术的快速发展贡献一份力量。

本书编辑委员会

2016年7月

目　录

模型试验技术

原型观测技术

安全监测技术及其他

模型试验技术

河工模型断面水面边界激光快速扫描测量*

胡向阳[1] 许 明[1] 张文二[1] 马志敏[2]

(1.长江科学院,武汉 430100;2.武汉大学电子信息学院,武汉 430072)

摘 要 针对河工模型大范围流速的自动采集系统水面边界快速测量的需要,研制出了一种基于激光扫描原理的水面边界快速测量装置,该装置采用高分辨率线阵式CCD和激光三角法原理,实现了模型断面水面边界的快速扫描测量,并已成功应用于河工模型大范围流速同步采集与应用示范项目中。该方法具有测量速度快、精度高、无接触等优点,不失为河工模型水面边界快速测量的很好解决方案。

关键词 河工模型试验;激光扫描测量;CCD应用;模型水面边界

Laser Scanning Measurement of the Water Surface Boundary in River Model

HU Xiangyang[1] ***,XU Ming*** [1] ***,ZHANG Wener***[1] ***, MA Zhimin***[2]

(1. Changjiang River scientific Research Institute ,Wuhan 430010,China;

2. School of Electronic Information,Wuhan University,Wuhan 430072,China)

Abstract According to thefast measuring need of the water surface boundary in a wide range of flow velocity automatic acquisition for a physical model,a device of fast testing the surface boundary based on laser scanningprinciple is developed. The device adopts the high-resolution line matrix CCD and laser triangulation principle, implements the rapid scanning measurement of the water surface boundaries,and has been successfully applied to the synchronization acquisition of a wide range of flow velocity in physical model. The method has advantages of high speed and precision of measurement, and non-contact measuring. It, after all, is a good solution of the rapid measurement of water boundary in physical model .

Key words River model test;Laser scanning measurement;CCD application;Model water surface boundary

河工模型大范围流速同步采集与应用示范项目是国家重大科学仪器设备开发专项的子项目,其任务是实现河工模型大范围流速的自动快速采集。实现这一目标,首先要解决模型断面流速的自动快速测量,而要实现模型断面多路流速快速自动采集,又必须预先知道断面水面边界的准确位置,也就是说,事先应当完成断面水面边界的自动测量,测量系统才能根据已知的水面边界信息,正确地实现各垂线流速仪的水平定位,进而完成断面垂线流速的自动采集。其次,过水面积、断面流量的计算都需要知道断面水面边界的准确坐标。实际上,断面水面边界自动测量在河工模型测量系统中有着许多的应用。例如,在模

* **基金项目:**国家重大科学仪器设备开发专项(2011YQ070055)。

型水下地形超声扫描过程中,需要事先知道断面水面的范围和位置,才能正确控制测量探头的自动入水和控制扫描测量的范围;在表面流场的成像测量时,需要根据模型断面水面边界信息,完成水面与河岸图像边界的分割,以便表面流场信号的分析提取。水面边界测量应用的实例很多,不一一例举。

遗憾的是,目前还未见到一种自动、快速、准确测量模型水面边界的方法和相关的应用报道,实际模型测量过程中主要依靠人工目测或采取现场人工定位的方法,将流速仪定位到相应位置,再进行流速采集,显然无法满足断面流速自动、快速测量的要求。

所以,要实现大范围流速同步自动采集的任务,必须先解决模型断面水面边界的自动测量。同时,模型断面水面边界的测量方式和测量速度也将影响系统的测量效率和系统的自动化程度。因此,寻求断面水面边界的快速自动测量的方法、研制相应的测量装置,也是本子项要解决的问题之一。

1 测量方案分析

为较好解决模型断面水面边界的测量,寻求最好的解决方案,本项目先后对阻抗、超声、图像测量及激光测量方法进行了分析和试验验证。

1.1 阻抗点式测量

阻抗点式测量即利用阻抗电极并配合力传感器,根据事先设定的步距,沿模型断面方向逐点施测。这种方法有两个弱点:一是分辨率低,水面边界的识别精度取决于设定的测量步距,步距太密,测量耗时太多;二是只能采用逐点测量模式,所以测量速度慢,难以满足水面边界快速测量的要求。

1.2 超声扫描

超声扫描即利用高频气介式超声探头沿断面方向进行扫描,测得超声波传感器与在岸坡或水面的距离,分析距离的变化情况可以确定水面的位置和水面的边界。

该方法的优点是实现水面边界的快速扫描,并适合断面多个孤立水域边界的自动识别,但由于气介式超声波声束的开束角比较大,地形分辨率比较低,所以岸坡地形扫描的数据偏差比较大,不宜作为地形测量的结果使用。同样,因为如此,水面边界识别的误差也相对较大。

1.3 图像测量

图像测量与人工目测的原理相同,即利用视频摄像头对水面边界进行成像,并根据水面边界图像信号的变化确定水面的边界。这一方法原理上似乎可行,但试验证明,该方法实际影响因素很多,如岸边和洲滩的坡度、模型沙颜色、周围的光照、水面的浮沙等都会影响水面边界的正确判别,特别是在岸坡很平缓的情况下,水面边界的图像信号的差别并不明显,有时人眼都很难判别,何况计算机只是在几种规定算法下做出的判断,难免出错,可靠性比较低。

1.4 激光 CCD 扫描测量

激光扫描测量方法利用激光微距测量原理,实现水面和岸坡的无接触快速扫描,直接获取断面岸坡的高度和水面的高度,通过数据分析处理即可得到水面边界和岸坡地形,具有测量精度高、光斑小、分辨率高、速度快、适应性好的特点,能同时测量水上岸坡地形,所以不失为水面边界快速识别的有效方法。

2 激光扫描测量原理

激光微距测量单元主要由半导体激光器、线阵式 CCD 传感器、光学聚焦系统和信号处理电路组成,见图 1。

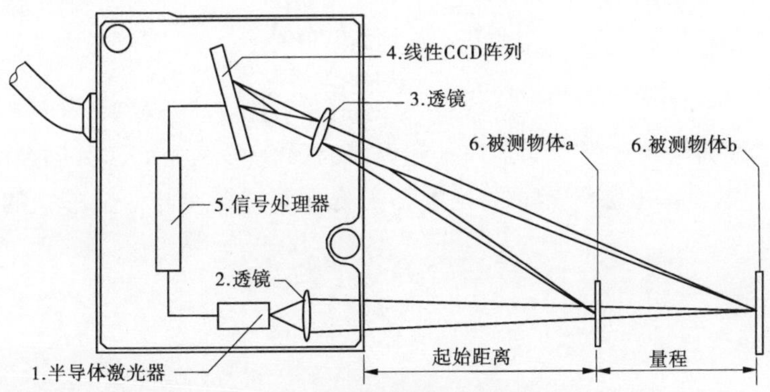

图 1 激光微距测量单元组成

激光器发出的激光束经透镜 2 聚焦准直,得到精细的光束,投射到被测界面,形成细小明亮的光斑,透镜 3 将被测界面反射的光斑成像到 CCD 阵列的相应单元。CCD 阵列是一种线阵式图像传感器,光斑的像单元受光斑激发形成与光斑强度对应的电脉冲输出。而光斑在 CCD 阵列中的位置与被测界面位置相对应,构成特定三角几何关系。利用像距与物距之间的三角关系就可计算出被测界面的位置,也即激光三角法测距[1]。图 2 给出了激光三角法测量物距与相距的几何关系。

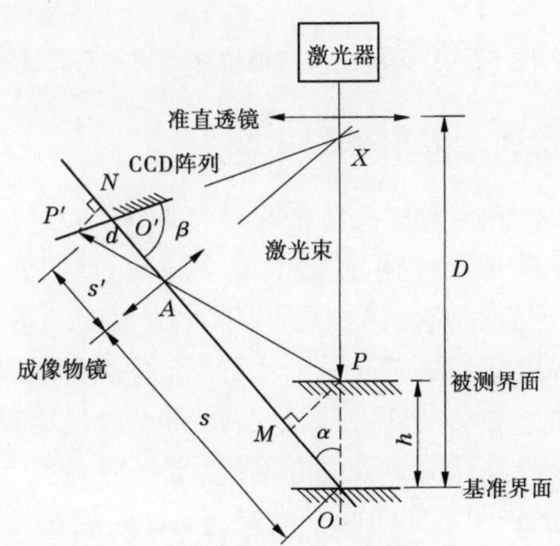

图 2 激光三角法测量原理图

图 2 中:O 为测量激光光轴与成像物镜光轴的交点(测量参考点);D 为激光出光平面至被测表面参考点的距离;α 为测量激光光轴与成像物镜光轴的夹角;β 为检测器激光接受表面与成像物镜光轴的夹角;h 为被测界面高度;s 和 s'为物距和像距;d 为检测器上成

像点的位移,即像移。

从图 2 不难看出,$\Delta P'NA \sim \Delta PMA$,即有:

$$\frac{P'N}{AN} = \frac{PM}{AM}$$

根据几何关系,将有关参数代入得:

$$\frac{d\sin\beta}{h\sin\alpha} = \frac{s' + d\cos\beta}{s - h\cos\alpha}$$

化简得:

$$h = \frac{ds\sin\beta}{s'\sin\alpha + d\sin(\alpha + \beta)} \tag{1}$$

式中:s、s'、α、β 均为结构常数;d 为对应被测界面的影像位移,由 CCD阵列读出。

由式(1)可以计算出被测界面的位置。实测界面位置 h 与像位移 d 的关系曲线见图 3。

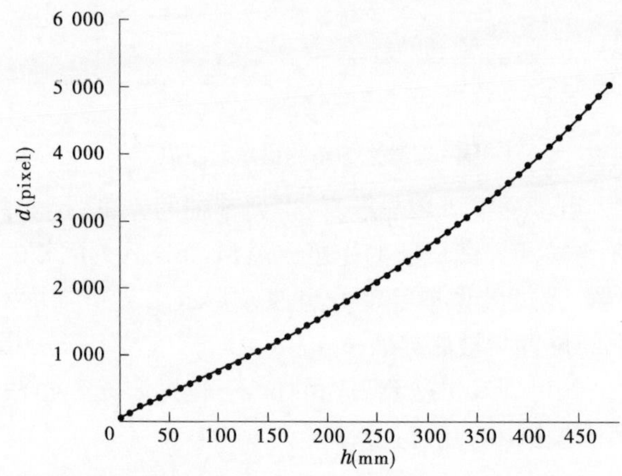

图 3　实测界面位置 h 与像位移 d 的关系曲线

3　水面信号的特征与水面边界信号的提取

实际上,激光投射到水面和无水床面的信号特征是不一样的。当激光投射到无水岸坡上时,形成单个较强的光斑,CCD 输出较强的单个脉冲信号,见图 4(a),其中横坐标为 CCD 阵列对应的像数单元位置,垂直坐标为输出脉冲的幅度。系统计算出该光斑的垂直距离就可得到岸坡地形的高度;当激光投射到水面时,通常会形成两个强弱不同的光斑,见图 4(b)。这是由于水面反射性比较弱,形成的水面光斑也比较弱,大部分激光进入水体,水流清澈时会在床底形成较强的光斑。可见,当激光照射在无水床面时,只有一个光斑,而照射到水面时,会形成强弱不同的两个光斑,且水面光斑的位置在水下床面光斑之前。根据这一特点,分析 CCD 输出的脉冲信号的个数和强弱情况,就可以确定当前光斑是水上坡岸地形还是水面和水下床面地形,进而提取出整个水面线。图 4(c)是经过放大整形后输出的光斑脉冲信号。

设 δ 为 CCD 像单元的间距,N_i 为水面光斑对应的脉冲中心像单元数,则总像位移为:$d = N_i\delta$,代入式(1)得:

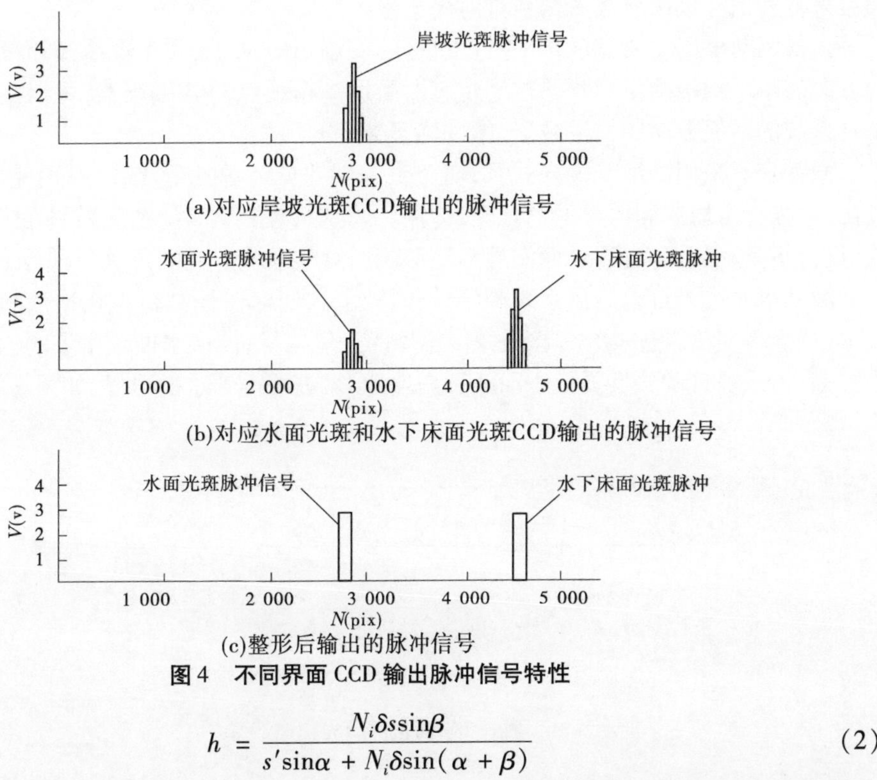

图4　不同界面 CCD 输出脉冲信号特性

$$h = \frac{N_i \delta s \sin\beta}{s' \sin\alpha + N_i \delta \sin(\alpha + \beta)} \tag{2}$$

由此可以计算出水面和岸坡地形的位置，水面线与岸坡的交界处即为断面水面边界。

4　测量系统硬件设计

激光水面边界扫描测量单元由 CCD 线阵式传感器、CCD 驱动电路、水平扫描驱动电路、水平行走机构、水平位置传感器、无线通信接口、微处理器等部分组成，见图5。

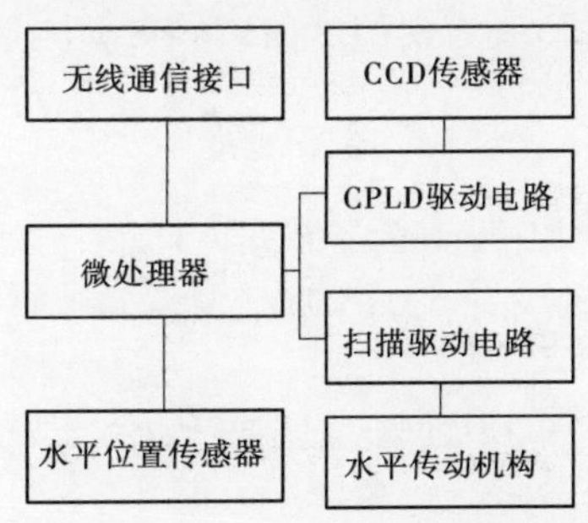

图5　水面边界激光扫描测量系统硬件组成

CCD 图像测量单元包含半导体激光器、光学聚焦单元和高分辨率的线阵式 CCD 图像传感器。系统采用松下 1501D 线阵 CCD 传感器，有效像素为 5 000 单元，设计有效量程为 500 mm，最高分辨率为 0.1 mm/pix，最低分辨率为 0.2 mm/pix，精确率定后测量精度可达 0.5 mm。CCD 驱动电路采用 CPLD 可编程逻辑器件[2,3]，主要完成 CCD 图像传感器信号采样和信号读出所需要的各种时序信号产生。

扫描驱动电路主要完成水平行走机构的控制与驱动,从而实现激光测量系统的沿断面方向的水平扫描测量。水平位置传感器采用高精度绝对式编码器,可以实时给出激光测量系统的断面方向的水平位置,精度优于1 mm。

微处理器采用高性能嵌入式系统,负责控制协调各单元的工作,从而完成CCD信号读出、扫描行走控制和信号的后处理、传输。该单元与上位测量系统采用无线网络通信方式,进行指令和数据交换,进而实现与地形流速测量系统的数据共享和联合工作。

激光水面边界自动测量系统测量过程是,由微处理器控制行走机构沿断面方向进行扫描,每隔1 cm采集一次CCD图像传感器的光斑信号,读取水面或岸坡的位置。完成断面扫描后,系统自动分析提取水面线和岸坡地形,进而得到水面边界,如图6所示。

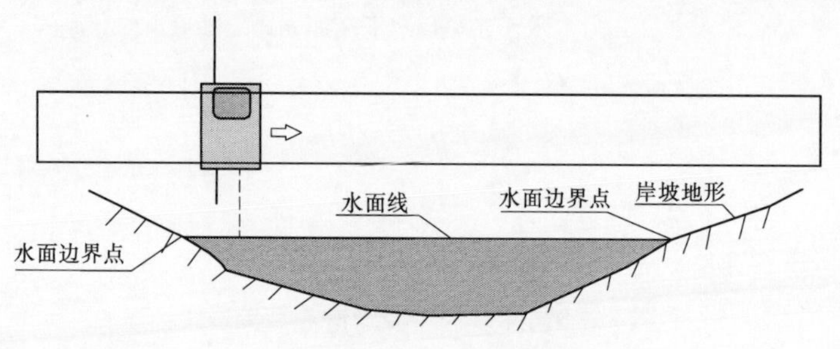

图6　水面边界激光扫描测量

5　结　语

激光水面边界扫描测量已成功应用于国家重大仪器专项子项目“长江防洪模型大范围流速同步采集与应用示范”系统中,实现了模型断面水面边界的自动、准确测量和多路流速传感器的自动定位,促进了大范围流速自动测量系统的成功研制与应用。该方法还具有无接触测量、精度高、速度快、密度高、测量可靠等特点,能实现单一水域和含洲滩的复杂水域多重边界的自动识别,不失为模型水面边界自动测量的先进有效手段。

参考文献

[1] 田原蝾,谭庆昌. 基于激光三角测距传感器的最优设计[J]. 微计算机信息,2008(5).

[2] 项大鹏,杨江,杨建. 基于CPLD的线阵CCD驱动时序电路设计[J]. 大地测量与地球动力学,2010(z2).

[3] 赵震方,刘治华,李建鹏. 一种新型CCD的驱动时序产生方法[J]. 机床与液压,2010(22).

【作者简介】　胡向阳(1964—),女,教授级高级工程师,主要从事河道治理研究和科研条件建设等工作。E-mail:huxiangyang9789@163.com。

河工模型试验综合搭载测桥的研制*

黄海龙　王　驰　赵日明　霍晓燕

（南京水利科学研究院，南京 210029）

摘　要　针对现有河工模型量测仪器搭载测桥自动化程度低、定位精度不高、满载挠度较大、安全性能不足、搭载能力有限的缺点，本文介绍了一种河工模型试验自动综合测量仪器搭载测桥的研制方法，该测桥由桥体、行走机构、六角轨道、控制系统、低压供电系统等组成，实现该搭载测桥 X 向定位精度小于 2 mm，满载情况下挠度小于 1 mm，安全供电并且能够本地及远程实时控制。

关键词　河工模型；量测仪器；搭载测桥

The Research of the Comprehensive Carrying Test Bridge of the River Physical Model Experiment

HUANG Hailong, WANG Chi, ZHAO Riming, HUO Xiaoyan

（Nanjing Hydraulic Research Institute, Nanjing　210029）

Abstract　There are many shortcomings of the existing carrying test bridge of the river physical model experiment, such as the low automation level, low positioning accuracy, strength full load deflection, insufficient safety performance, limited carrying capacity. This paper instruct a comprehensive carrying test bridge of the river physical model experiment. It consists of the bridge, hexagon track, travelling mechanism, low voltage power supply system and other components. This carrying test bridge can realize that the X direction positioning accuracy of can reach 1 mm, the load defection is less than 1 mm and have the safe power supply system. It also has the local control and remote control function.

Key words　River physical model; measuring instrument; Carrying test bridge

1　引　言

流速仪、含沙量测量仪及地形仪等仪器是目前国内外河工物理模型试验使用到的量测仪器，对揭示流体、泥沙运动、地形冲刷规律具有重要意义，为重大水利工程的决策和实施提供科学依据[1]。这些量测仪器在河工模型试验测量时都需要沿测量断面移动测量，目前常用的仪器设备搭载方式是采用简易的测桥或支架等搭在模型试验断面上，人工移动测桥或支架至需要测量的断面，这种方法定位精度低且费时费力。国内现有的测桥系

* **基金项目：**国家重大科学仪器设备开发专项（2011YQ070055）。

统[2-4],其设计双面测桥,一面用于测量地形,另一面用于测量流速,其搭载能力及搭载仪器设备种类有限,测桥 X 向断面定位精度虽然比人工移动方式提高了很多,但仍不能满足日益深入的河工模型试验测量需要,同时搭载仪器设备较多时,测桥的挠度也随之增大。由于模型试验现场工人操作水平有限、安全意识不高且实际试验时模型易发生漏水等情况,现有测桥采用 AC220V 供电方法,因此采用这种高压供电方式,安全性能不足。

本文根据"我国大型河工模型智能测控系统"项目研发需要,研制河工模型试验综合搭载测桥,实现各类量测仪器的搭载和同步测量,该综合搭载平台包括测桥、轨道、行走系统、控制系统等部分。该综合搭载平台可搭载地形仪[5,6]、水位仪、无线测速仪、含沙量测量仪等河工模型常用的量测设备。

2　桥体设计

河工模型量测参数如地形、流速、含沙量等都需要沿测量断面移动测量,受现有河工模型地形测量方法限制,地形仪不能与其他河工模型量测仪器共同置于同一工作面,为减少测桥数量及降低成本,本文采用传统双工作面的桥体,即一面用于搭载地形仪,另一面用于搭载量测仪器定位装置,可供搭载其他河工模型量测仪器。

桥体采用笼形设计结构,前后侧面采用 W 形交叉对称的斜拉刚体结构,能提供多点弹性支撑,使主梁弯矩、挠度显著减小,且跨越能力较强,能较好地克服桥体因自重产生的挠度形变问题,即使测桥满载时,测桥的挠度 <1 mm。同时斜索拉力的水平分力为主梁提供预压力,即使在悬臂工作状态下,通过调整斜拉结构索力使主梁受力均匀合理,提高主梁的加载抗裂性能,保障测桥的稳定和安全。测桥上下底面则采用"日"字形结构,方便在内部空间挂载各种仪器设备和控制驱动机箱等(见图1)。

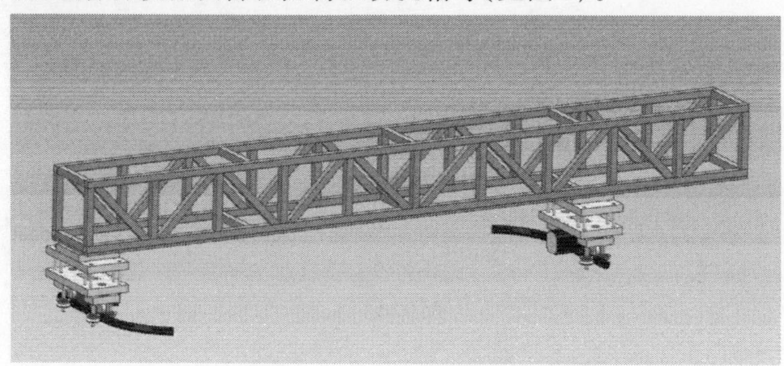

图1　测桥结构示意图

3　行走机构

测桥的行走机构为沿模型纵向(X 向)自动行走机构,如图 2 所示,行走机构采用 V 槽方向滑轮、承重从动轮、主动轮以及基座、轮座,中间接板,动静旋转板,平面推力轴承等构成,能够适应模型不规则复杂地形条件的准确定位。V 槽滑轮与滑轮座组成运动自由体,该自由体下端的滑轮与配套设计的六角轨道实现无缝卡接,上端与基座之间使用大直径屏幕推力轴承连接,在测桥运动中起引导作用,承重从动轮垂向于导轨,起到测桥主体的承重。

图2 行走机构结构图

与传统方法相比,本文研制的行走机构具有如下优点:

(1)切力终端保护:V槽滑轮组能与六角导轨无缝卡接,同时配合设计的六角轨道,能克服圆形导轨在测桥拐弯或非平行规则运动时产生的切力。与传统测桥相比,这样既保证了测桥的横向测量精度,又提高了测桥运动的终端安全性能。且与V槽滑轮组配套设计的六角轨道,传统的圆形导轨仅靠测桥自身重力压在导轨上,其结构决定无法实现非平行直线运动时的切力终端保护,可能会导致桥体侧滑、扭转、仰倾等状况的发生。

(2)避免导轨磨损:因V槽滑轮组在测桥运动中仅起引导运动方向的作用,不起承重作用;避免了常规设备中V槽滑轮组既起到引导运动方向的作用又起到承重作用时,因V槽滑轮与导轨接触面积小而导致导轨磨损严重的现象,有效提高了导轨的使用寿命。

(3)定位精度较高:因从动轮起承重作用,其在运动过程中不会打滑,且始终运动在导轨的中心线上。2个从动轮上增加光电编码器,实现霍尔开关定点、隔点定位,且测桥X方向的运动定位精度偏差在2 mm以内。

(4)运动稳定平滑:主动轮选用邵氏65°高弹力天然橡胶材质,能将行驶时因撞击地面障碍物所产生的噪声瞬间全部吸收,且接触面有反对称纹理层,摩擦力较大,不易打滑,保障测桥运动时稳定平滑,无抖动,噪声小。

为克服河工、水工模型试验中设备生锈和腐蚀性问题,本文设计六角轨道,配合设计的行走系统,增加了导轨的使用寿命,安装在连续基座上,具有结构稳定,转弯平稳,经久耐用等优点(见图3)。

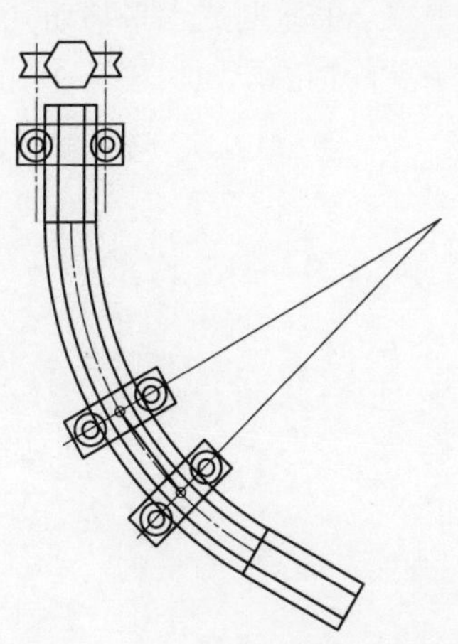

图3 行走机构及轨道设计图

4 测桥控制方案

本文研制的测桥控制系统由工业平板电脑、PLC、电机驱动器、伺服电机、无线传输模块等组成。

测桥启动时,控制系统首先进行初始化,确定测桥所在位置,通过软件界面设定所要移动到的断面位置及移动速度,电机根据设定值进行转动,同时带动测桥 X 向运动,直至检测到相应的断面位置时,电机和测桥停止运动(见图4)。工业平板电脑能实现测桥的本地控制,无线传输模块将测桥控制系统与上位机相连,上位机可直接设置测桥的运行参数,实现测桥的远程控制。

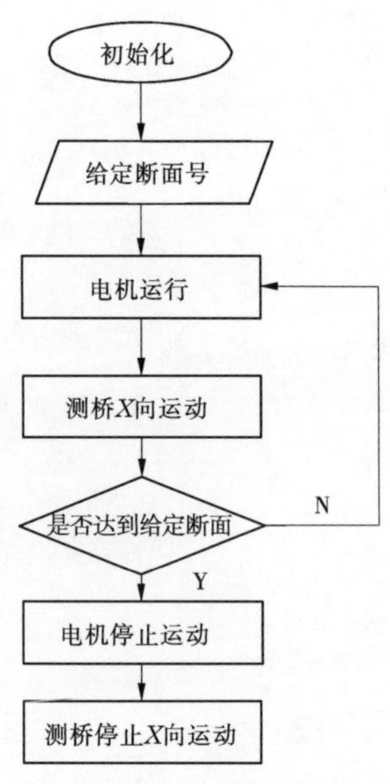

图4 测桥控制流程图

5 低压供电系统

为保证测桥系统纵向行走顺畅,并保证配电系统的安全、可靠、稳定,对试验人员和其他测量设备无影响,本研究采用直流 48 V 级安全电压供电,并采用锂电池和滑线束双重供电模式,替代目前常用的 AC220 ± 15% 供电方式。测桥上配有独立的中频稳压、短路保护、过载保护、触电保护、接地保护等装置。48 V 级电源接入后,经由直流斩波稳压模块分别输出 5 V、12 V、24 V 等标准等级直流安全电压供测桥上所挂载的所有仪器设备使用,每种电压等级的输出接口均采用不同的接插件,以避免错接不同电压接口造成仪器设备烧毁损坏。

6 量测仪器综合搭载

河工模型量测参数如地形、流速、含沙量等都需要沿测量断面移动测量,现有的地形需要扫描测量(见图5),因此地形仪需单独搭载在测桥的一个工作面,另一个工作面用于搭载其他河工模型量测仪器。本研究根据实际需要研制一套可垂直、水平移动的搭载支架,该搭载支架安装在测桥的非地形工作面上,可搭载“我国大型河工模型智能测控系统”项目所研制的流速仪、含沙量测量仪、水位仪及其他类似的仪器设备,每台升降架均能实现独立的垂向或水平移动,能实现量测仪器的准确定位(见图6)。因研制的测桥、搭载支架及传感器质地均较轻,测桥在满载情况下,挠度保持在 1 mm 以内。

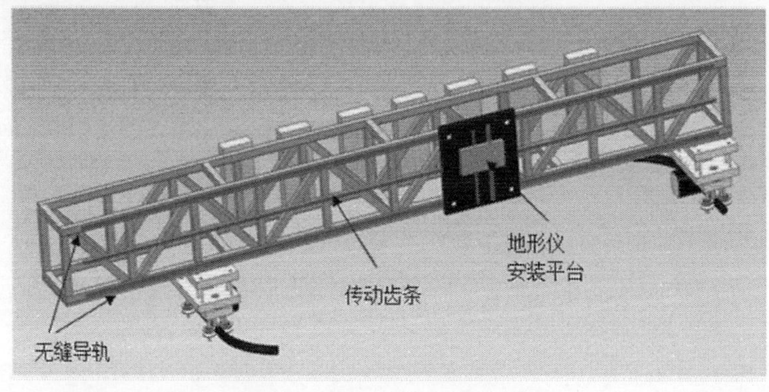

图5 测桥地形测量示意图

图6 测桥搭载定位架示意图

7 结 论

河工模型试验综合搭载测桥的成功研制,实现了测桥 X 向定位精度 <2 mm,满载条件下测桥挠度 <1 mm,解决了长期以来河工模型试验断面测量定位精度不高的问题;测桥采用牢固的斜拉刚体材料及轻质的搭载支架,解决了搭载种类及搭载能力有限的问题;采用本地及远程控制,提升了模型试验自动化程度;应用低压供电模式,改善了测量系统安全供电的问题。

参 考 文 献

[1] 吴浩书,陈诚,王驰,等.国家重大科学仪器专项“我国大学河工模型试验智能测控系统开发”研究进展[C]//水利量测技术论文选集(第九集).郑州:黄河水利出版社,2014.

[2] 胡向阳,马辉,许明,等.河工模型断面垂线流速自动测量系统的研制[J].长江科学院院报,2015,32(12):139-143.

[3] 巨军让,颜建国.江河水文测桥自动化系统的设计[J].自动化与仪器仪表,2003(4):23-25.

[4] 杨三青,武洪涛,刘忠保,等.湖盆沉积模拟测桥控制系统设计[J].江汉石油学院学报,1999,21(3).

[5] 马志敏,范北林,许明,等.河工模型三维地形测量系的研制[J].长江科学院院报,2006,2(2):47-49.

[6] 陈诚,唐洪武,陈红,等. 国内河工模型地形测量方法研究综述[J].水利水电科技进展,2009,29(2):76-79.

【作者简介】 黄海龙(1976—),男,湖北武汉人,高级工程师,从事水利水运工程物理模型试验研究。E-mail:hlhuang@ nhri. cn。

一种河工模型多用途搭载平台的研制

王　驰　霍晓燕　黄海龙　赵日明

(南京水利科学研究院,南京　210029)

摘　要　针对目前河工模型量测仪器搭载措施简陋、定位精度不高及自动化水平低的问题,本文根据国家重大科学仪器设备开发专项“我国大型河工模型试验智能测控系统开发”的实际需要,研制出河工模型多用途搭载平台。该搭载平台主要由滚珠丝杆、步进电机、数字驱动器、夹具、MGN导轨、控制软件等组成,实现多种河工量测仪器的搭载及垂向与水平方向的自动定位且水平定位精度≤±2 mm,垂直高程定位精度≤±1 mm,同时采用的多路同步控制机远程控制的方法,解决了现有搭载平台自动化水平低的问题,提升了河工模型试验研究水平。

关键词　河工模型;多用途;搭载平台;定位

The Research of the River Physical Model Multipurpose Carrying Platform

WANG Chi*, *HUO Xiaoyan*, *HUANG Hailong*, *ZHAO Riming

(Nanjing Hydraulic Research Institute, Nanjing 210029)

Abstract　Up till the present moment, the river physical model carrying measures are very simple and crude and the positioning accuracy is not high as well as the low level of automation. In this paper, according to the national major scientific instruments and equipment development project “Intelligent Measurement and Control System Development of China Large-scale River Physical Model Experiment” of the actual need, we research the river physical model multipurpose carrying platform. This carrying platform is mainly composed of ball screw, servo motor, motor drive, clamp, gear, control software and other components. It can carry variety of river physical measurement instruments and realize vertical and horizontal automatic positioning, which the level positioning accuracy is less than 2 mm and vertical positioning accuracy is less than 1 mm. This carrying platform use the multi-channel synchronous control and remote control method, which solves the problem of the low positioning accuracy of the carrying platform and enhance the level of the river physical model experiment research.

Key words　River physical model; Multipurpose; Carrying platform; Positioning

1　研究背景

传统的河工模型量测仪器搭载主要使用塑料或金属夹具、钢圈等固定在试验平台上,搭载方式简易,其定位大多是由试验人员根据直尺测量的高度、宽度和水深进行相对固定

*基金项目:国家重大科学仪器设备开发专项(2011YQ070055)。

的,仪器设备定期精度受人员操作水平限制,同时对于大的试验模型来说,测点较多,这种方法费时费力。现有的定位量测仪器是将水深传感器固定在仪器上,利用水深传感器测量水深高度实现测量仪器的自动定位[1],这种方法一定程度上解决了河工模型量测仪器的定位方法,但需要对应用在断面测量上的每台仪器设备进行改造,因此其通用性不强。同时,多套传感器只能同时一起垂直升降或左右水平移动,不能独立升降或左右移动,灵活性不足,自动化程度不高。

本文根据国家仪器设备开发专项"我国大型河工模型试验智能测控系统开发"项目实际需要研制河工模型多用途搭载平台,便于大多数河工模型试验量测仪器的搭载,实现量测仪器的水平及垂向定位,提升河工模型自动量测水平。

2 结构形式选择

实现水平移动、升降功能的结构类型主要有齿轮齿条升降、剪叉式液压升降、螺旋传动升降。齿轮齿条升降结构通过在齿轮轴上加装搭载平台,齿轮与齿条立柱做啮合运动,实现升降功能,其运动平稳,传动效率高;剪叉式液压升降机构主要采用液压或气压装置做角运动实现升降等功能要求,结构简单、升降行程大,但是过程速度非线性,可靠性低;螺旋传送升降机构,其上的丝母套在做旋转运动的丝杠上做直线运动,构成一套螺旋传动副,从而实现搭载平台上下运动,其结构加工方便,传动相对平稳,可靠性好[2-5]。本系统根据实现需要,采用螺旋传送升降机构作为搭载平台的垂向运动方案,选用齿轮与齿条做啮合运动,实现搭载平台的水平运动。

3 设计原理及系统组成

多用途搭载平台的升降机构工作原理是通过直流步进电机的驱动,电机轴上的齿轮与丝杠上的齿轮座啮合运动,带动丝杠转动,同时带动丝杠上的齿形带轮转动,从而带动夹具做上下运动,夹具带动河工模型量测仪器做运动。水平移动机构的工作原理是齿轮齿条升降结构通过在齿轮轴上加装搭载平台,齿轮与齿条立柱做啮合运动,实现夹具的水平移动,夹具带动量测仪器。

多用途搭载平台主要由双向电机、控制器、滚珠丝杠、驱动电机、滑块、杆夹具等组成,该平台首先进行水平定位,后进行垂向定位,其工作流程如图1所示。开始测量时,控制箱内的控制器发送控制信号给脉冲发生模块,脉冲发生模块产生相应脉冲信号并送至步进电机驱动器,步进电机驱动器驱动相应的垂向或水平电机转动,带动滚珠丝杠垂向移动或水平传动,实现量测仪器垂向定位或水平运动。搭载平台装有霍尔电限位装置,可对搭载平台进行限位保护,同时该搭载平台具有过流保护作用,防止电机损坏。升降架图如图2所示。

4 技术指标

升降范围:0~60 cm(可定制);

垂直定位运行速度:≥7 cm/s;

垂直高程定位精度:±1 mm;

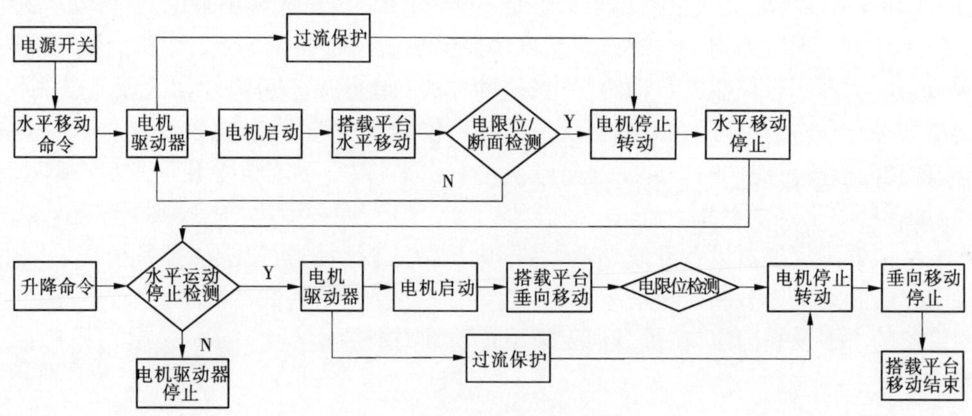

图1　搭载平台工作流程图

水平定位精度：±2 mm；

水平定位运行速度：≥7 cm/s；

通信方式：RS485/无线。

5　定位方法及搭载方式

现有的河工模型量测仪器及“我国大型河工模型试验智能测控系统开发”项目研制的量测仪器多具有杆状结构或圆形结构，如超声多普勒流速仪、含沙量测量仪、旋桨流速仪、超声波水位仪等，将这些量测仪器细杆部分放置在搭载平台底板及夹具凹槽部分，然后拧紧夹具，从而实现量测仪器的搭载(见图3)。

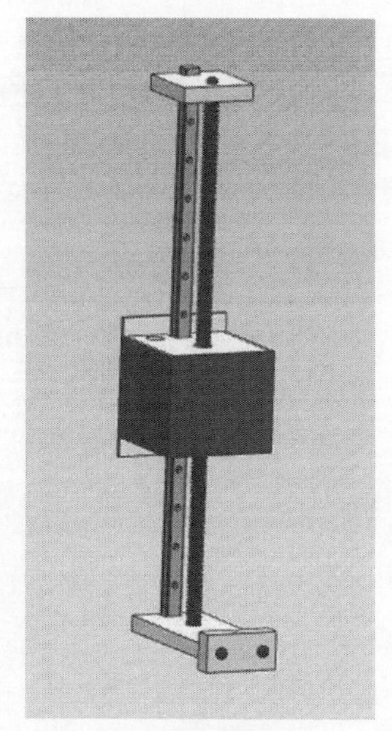

图2　升降架图

该多用途搭载平台适宜在测桥上搭载使用，该系统水平定位系统可与断面水边界识别系统配合使用，实现水平方向自动定位；与水位仪、地形仪配合使用，能实现垂直方向自动定位。水平方向定位时，系统根据断面水边界反馈的信息计算断面宽度，自行判定或手动设定测量点数及测量间距。垂直方向定位时，参考传统旋桨流速仪的定位法则(1点法、3点法、5点法和任意指定点法)完成传感器的垂向自动定位。水平方向定位完成后，多用途搭载平台系统通过水位与地形数据分析各测点处的水深，并根据相应的法则或需要自行将搭载平移台向上或向下移动定位。

6　多路同步控制及软件开发

为了便于量测设备的扩展和简化设备的连接，每台搭载平台均含有RS485及无线通信模块，支持控制参数的有线、无线传输。多台搭载平台通过RS485总线或无线接入路由器或交换机组成多用途搭载系统，系统中载搭载平台的数量可根据实际需要拓展，各搭

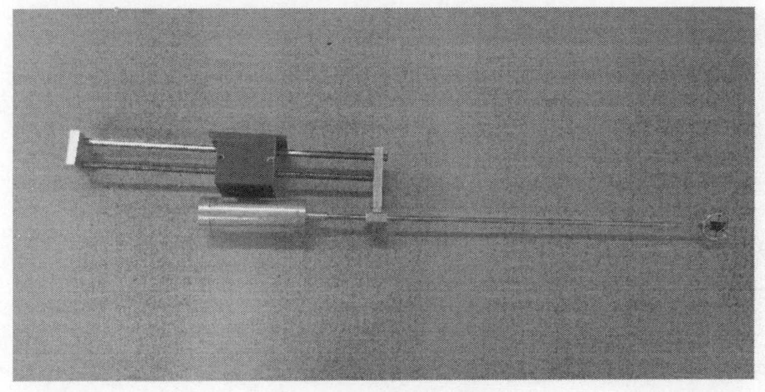

图3 搭载旋桨流速仪

载平台均含有通信地址,上位机通过专有地址访问各台搭载平台,实现搭载系统的本地同步控制或远程同步控制。

多用途搭载平台软件分为两个部分,即子系统同步控制部分与总系统同步控制部分,各子系统可以完成多路搭载平台的水平及垂向定位控制、数据同步采集、数据指令传输等功能,总系统控制部分除包含子系统控制功能外,还可以将多个子系统组联网,实现多系统远程无线控制和控制数据显示、记录保存、历史数据查询等功能(见图4)。

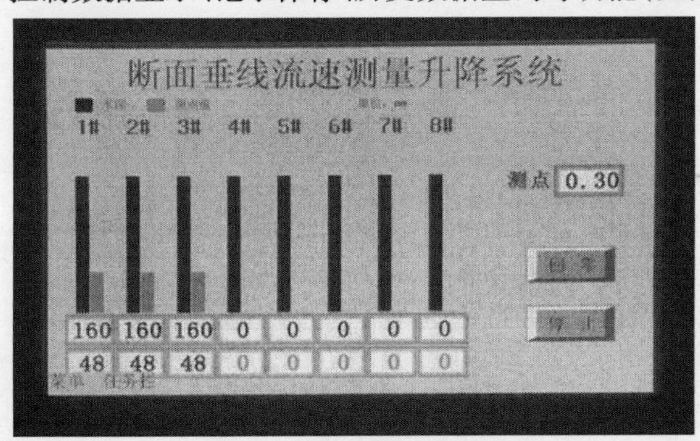

图4 软件控制系统

7 总 结

本文通过采用有齿轮齿条移动和螺旋传动升降方式研制河工模型搭载平台,实现水平定位精度≤ ±2 mm,垂直高程定位精度≤ ±1 mm;根据现有量测仪器特点,合理设计夹具,实现多种河工量测仪器的搭载;霍尔电限位开关及过流保护等,搭载平台安全稳定运行;采用多路同步控制及无线传输模块,实现搭载平台的本地及远程控制;该搭载平台可以与测桥控制系统、断面水边界识别模块、地形仪等组合使用,实现量测仪器的自动定位,提升了模型试验自动化程度,满足河工模型试验发展需要。

参 考 文 献

[1] 胡向阳,马辉,许明,等. 河工模型断面垂线流速自动测量系统的研制[J]. 长江科学院院报,2015,32

(12):139-142.

[2] 程志峰.无人机载光电平台升降结构设计与分析[J].仪器仪表学报,2014,35(6):95-98.

[3] 王亚军,陈东生,蒲洁,等.双电机驱动升降机构运动实时同步控制技术[J].控制与检测,2009,9:61-63.

[4] 徐长航,吕涛,陈国明,等. 自升式平台齿轮齿条升降机错齿优化动力学分析[J].机械工程学报,2014,19(10):66-72.

[5] 李敏,朱建江,臧铁钢,等.自行式高空作业平台防护板升降机构设计[J].机电一体化,2013(3):59-61.

【作者简介】 王驰(1962—),男,江苏南通人,高级工程师,从事河工模型控制系统研究。E-mail:chiwang@ nhri. cn。

激光测距传感器在泥沙浓度场的研究*

霍晓燕　夏云峰　王　驰　黄海龙

（南京水利科学研究院，南京　210029）

摘　要　激光测距传感器测量地形的方法为近年来河工模型试验测量水下地形的热点。本文选用高精度工业级激光测距传感器，搭建激光测量系统，通过分析该系统在不同泥沙浓度场中的测量结果，验证激光测距传感器测量河工模型常见含沙水流地形的可行性。

关键词　激光测距传感器；泥沙浓度；地形

The Research of the Laser Ranging Sensor in the Sediment Concentration Field

HUO Xiaoyan, XIA Yunfeng, WANG Chi, HUANG Hailong

(Nanjing Hydraulic Research Institute, Nanjing 210029)

Abstract　In recent years, using the laser ranging sensor to measure the size of the underwater terrain is a hot spot in the river physical model experiment. This article selects the high precision industrial laser ranging senor and setup the measurement system. Through the analysis the measurement result of this system in different sediment concentration, this paper is mainly to verity the feasibility of the laser ranging sensor in measuring river physical model of common sediment flow conditions.

Key words　Laser ranging senor; Sediment concentration; Terrain

1　研究背景

由于激光具有单色性和高亮度性的特性，且激光传感器在工业测量中精度可达0.1 mm，实际测量中，激光测距传感器输出的电压信号值与距离测值之间存在线性关系[1]，相关试验也已证明激光水下测量时具有较好的静态精度[1]。虽然激光测量距离有限，鉴于激光测距的高精度性，而河工模型地形测量中的量程不大的情况，越来越多的研究人员将激光测距传感器应用于河工模型试验地形测量，如激光三维扫描系统、水下地形激光自动测量系统等，为河工模型试验提供一种新的测量方法[2,3]。河工模型试验分为定床和动床两大类[4]，其水流状态也相应分为清水和携带泥沙水流，本研究主要通过分析激光传感器在泥沙浓度场的试验结果，验证激光传感器在含沙水体中测量地形的可行性。

* **基金项目：**国家重大科学仪器设备开发专项（2011YQ070055）。

2　测量原理

激光测距传感器测量原理为激光三角法,光源发出一束激光照射在待测物体平面上,通过反射,最后在检测器上成像(见图1)。当物体表面的位置发生改变时,其所成的像在检测器上也发生相应的位移,像移和实际位移之间存在一定的关系,物体实际位移可由对像移的检测和计算得到[5]。

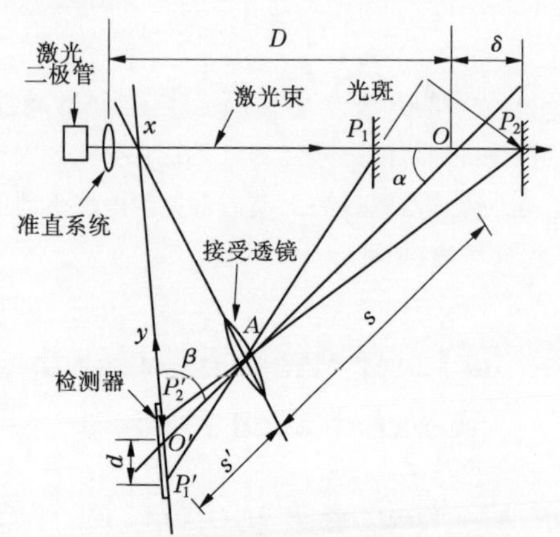

图1　激光测距传感器测量原理图

激光三角法测量原理是对激光束在被测物体表面形成光斑的散射光进行感知,当光线由一种介质进入另一种介质时,光线必然发生折射,使光路发生弯曲,则光源在检测其上的成像出现偏移,造成测量误差。本文通过试验分析激光传感器在不同浓度条件下的测量效果。

3　系统组成

激光传感器测量系统主要由激光测距传感器及数据采集系统组成。本文通过比选,选用德国宝盟公司生产的 OADM21I6580/S14F 激光测距传感器(见图2),测量范围为 100 ~ 600 mm,测量分辨率为≤0.25 mm,线性误差≤ ±1 mm,传感器尺寸为 20.4 mm × 135 mm × 45 mm。数据采集系统负责测量信号的采集和数据的显示与存储。

图2　宝盟激光传感器

4 系统测试

试验验证方案如图 3 所示,将激光传感器水平固定在烧杯上方,保证激光传感器的光束能垂直射入,且传感器距离水面的高度及水深条件不变。本研究采用搅拌器搅拌含沙水体产生沙样的浓度长。试验前先记录无搅拌状态下的测量值,然后通过配比不同浓度的含沙水体,记录不同浓度下的测量结果,不同浓度的水体测试,采集样本数为 100。本实验选用的沙样为河工模型常用的蓝色塑料沙,粒径约为 0.2 mm。

图 3 激光传感器定点测量图

如图 4 所示,清水无搅拌情况下,激光传感器的检测值为 362.5,为一定值;清水在搅拌的情况下,受搅拌器搅拌的影响,烧杯内的水体跟随搅拌棒一起转动形成旋涡,烧杯内水体表面形成曲面,导致采样数值在一定范围内波动。从图 4 中可以看出,随水中含沙量浓度的增加,检测值逐渐变小,且波动幅度降低。

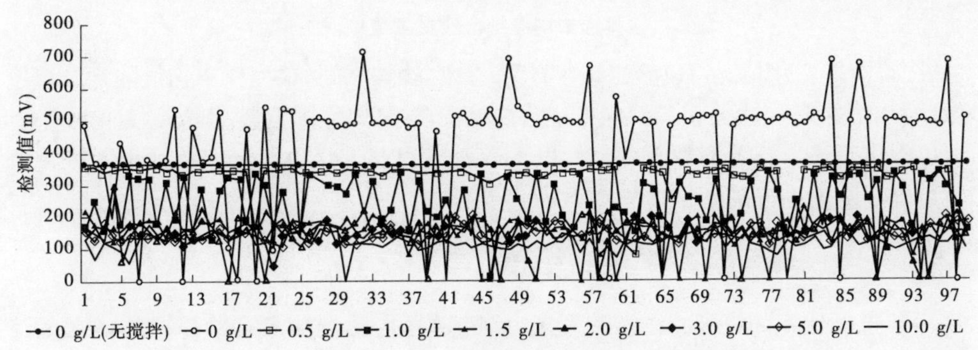

图 4 激光传感器测浓度试验

由于样本数据在一定范围内波动,本文对搅拌情况下所测样本数据做均值处理与滑动平均滤波处理后取均值[6],其数据结果如表 1 所示。从表 1 中可以看出,与清水无搅拌条件测量结果相比,清水有搅拌下的测量值略高,且样本均值处理结果与滑动平均滤波后取均值差异不大,且变化趋势一致,以样本均值为例,绘制检测样本均值与含沙量浓度之间关系曲线,如图5所示。

表1　测量数据分析表

含沙量(g/L)	样本均值(mV)	滑动平均滤波取样本均值(mV)
0	372.5	373
0.5	318.3	318
1	234.7	234
1.5	151.7	151.9
2	140.7	140.8
3	145.2	145.2
5	143.6	143.7
10	131.1	129.3

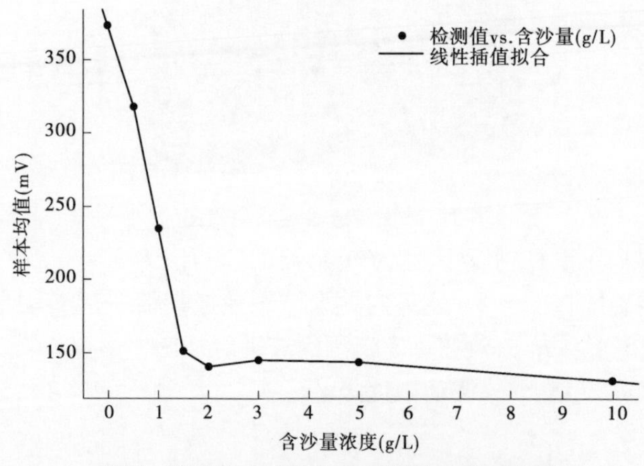

图5　检测样本均值与含沙量浓度曲线关系

从图5曲线变化情况可以看出,0~1.5 g/L含沙量之间,检测样本均值随含沙量浓度的增加而减小并成线性关系;1.5 g/L之后,检测样本均值随含沙量浓度变化较小。因此,可以得出激光传感器测量1.5 g/L以下含沙水体的地形可行,且通过线性校正等方法,可以提高测量的准确性。

5　结　语

(1)通过配比不同浓度的泥沙浓度场,研究激光传感器测量含沙量水体地形的可行性,试验研究证明,激光法适用于测量含沙浓度在1.5 g/L以内的地形测量。

(2)本文采用搅拌器搅拌含沙量产生浓度场,在一定程度上可以验证激光法测地形的可行性,但因搅拌时易产生旋涡,烧杯内水体表面形成曲面,影响测量结果的精确性,如何进行激光传感器测量含沙水体的地形及其测量校正,是下一步研究的方向。

参考文献

[1] 杨文. 水下激光自动测量系统的开发与应用[D]. 上海交通大学硕士学位论文,2009.

[2] 陈诚. 三维地形测量方法研究[C]//水利量测技术论文选集(第九集). 郑州:黄河水利出版社,2013.

[3] 张国辉. 基于三维激光扫描仪的地形变化监测[J]. 仪器仪表学报,2006,27(6):96-97.

[4] 徐华,夏益民,夏云峰,等. 潮汐河工模型三角块梅花形加糙试验研究及其应用[J]. 水利水运工程学报,2007(4):55-61.

[5] 丁忠军,李玉伟,徐松森,等. 水下微地貌三维激光地形仪研制[J]. 海洋工程,2013,31(1):84-89.

[6] 裴益轩,郭民. 滑动平均方法的基本原理及应用[J]. 火箭炮发射与控制学报,2000(1):21-23.

【作者简介】 霍晓燕(1989—),女,江苏连云港人,工程师,从事河工模型控制系统研究。E-mail:huoxiaoyan888@126.com。

模型试验中粒子图像表面流场测量系统检测方法研究*

陈 诚 夏云峰 黄海龙 王 驰 金 捷 周良平

(南京水利科学研究院水文水资源及水利工程科学国家重点实验室,南京 210029)

摘 要 在河工模型试验中,粒子图像表面流场测量方法得到了广泛的应用。本文介绍了一种对模型试验中粒子图像表面流场测量系统进行精度检测的新方法,该方法通过精确控制匀速旋转平台模拟水流运动,将流场测量系统实测数据与旋转平台上各点标定数据进行对比,可对粒子图像表面流场测量系统的图像采集时间控制、图像畸变校正及流场提取算法精度等进行检测。

关键词 模型试验;流场测量;粒子图像;检测方法

Research on Detection Method for Measurement System of Particle Image Surface Flow Field in Model Test

CHEN Cheng, *XIA Yunfeng*, *HUANG Hailong*, *WANG Chi*, *JIN Jie*, *ZHOU Liangping*

(State Key Laboratory of Hydrology-Water Resources and Hydraulic Engineering, Nanjing Hydraulic Research Institute, Nanjing 210029, China)

Abstract In river model tests, the particle image measurement methods for surface flow field have been applied widely. A new detection method for measurement system of particle image surface flow field is introduced in this paper. Water flow can be simulated by the accurate control of the uniform rotation of the platform. The measured data of flow field measurement system and the accurate data of rotating platformwere compared. The accuracy of the time of image acquisition control, calibration of image distortion and flow extraction algorithm can be detected.

Key words Model test; Flow measurement; Particle image; Detection method

目前在水流模型试验研究中,粒子图像测速技术(PIV, Particle Image Velocimetry)已广泛应用于河工及港工模型大范围瞬时表面流场的测量[1-4]。

模型试验中粒子图像表面流场测量系统主要包括示踪粒子、摄像机、图像采集控制系统及图像处理系统。示踪粒子跟随性、摄像机分辨率、镜头畸变、安装高度、图像采集时间

* **基金项目:** 国家重大科学仪器设备开发专项(2011YQ070055)、国家自然科学基金资助项目(51309159)、中央级公益性科研院所基本科研业务费专项资金(Y214002、Y216004)。

控制精度及流场提取算法等都直接影响系统测量精度，在流场系统实际使用过程中，PTV 算法（粒子图像跟踪）中粒子图像阈值及 PIV 互相关算法中相关窗口大小的确定也会直接导致测量误差[5]。

为了分析研究模型试验中的粒子图像测速技术，便于不断完善和提升表面流场测量系统的各项性能指标，从而促进河流泥沙科学研究水平不断提高，有必要研究表面流场测量系统测量精度的检测方法。

目前常用的检测方法主要是在模型试验中使用常用的流速仪包括旋桨流速仪、ADV 声学多普勒流速仪等进行对比测量，但这些流速仪都需要放置于一定水深才能测量，无法直接测出表面流速，而且当布置较多测点时对流场也有一定干扰，这些因素会直接对检测结果造成影响。为了解决上述问题，本文提出了一种对模型试验中粒子图像表面流场测量系统进行精度检测的新方法。

1 检测方法介绍

模型试验中水流运动通常较为复杂，在边界突变等情况下容易产生旋转流等，为了尽量接近模型试验中真实流动情况，同时便于提取精确标定数据，设计匀速旋转平台来模拟水流运动。如图 1 所示，用计算机精确生成随机粒子图像（粒子大小与分布可调），然后打印固定在旋转平台上，以恒定的角速度 ω 旋转模拟模型试验中表面流场的粒子运动。

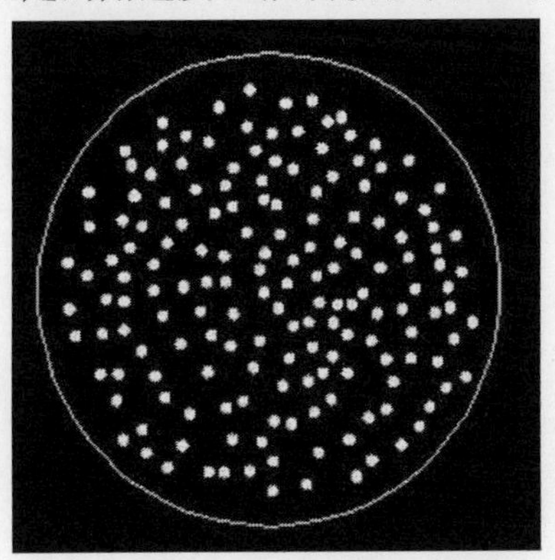

图 1 旋转平台粒子随机分布图

由于旋转平台上的粒子是由计算机精确生成的，其在平台的坐标位置可以精确测定。将表面流场测量系统摄像机拍摄的平台中心与平台中心精确对应标定，旋转平台上任意位置的速度大小可通过 $v=\omega r$ 精确确定，速度方向为该点的切线方向。将表面流场测量系统实测流场数据与旋转平台精确值进行对比，便可直接测出误差。

2 检测装置组成

检测装置主要包括圆形旋转平台、步进电机、控制器、传动机构等，如图 2 所示。

圆形旋转平台是直径为 30 cm 的光滑平整铝制转盘。步进电机分辨率为 0.001°，最大转速可达 50°/s。驱动模式采用蜗轮蜗杆结构，传动比为 90∶1。旋转轴系采用多道工艺精密加工而成，配合精度高。转盘刻度圈是激光刻划标尺，方便初始定位和读数，采用

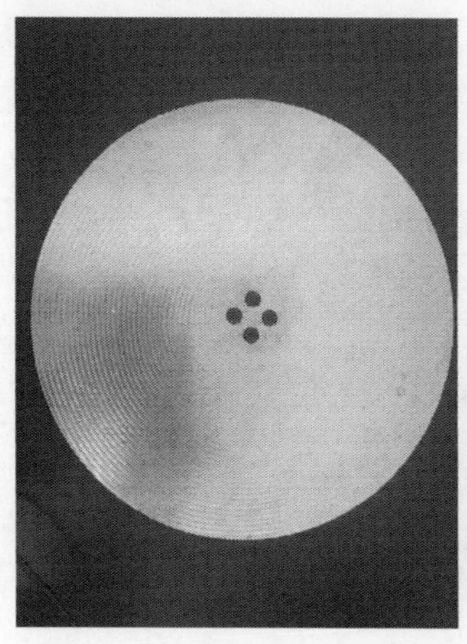

图 2　检测装置组成

精密研配的蜗轮蜗杆结构，可以任意正向和反向旋转且空回极小。步进电机和蜗杆通过弹性联轴节连接，传动同步，消偏性能好，大大降低了偏心扰动且噪声小。控制器总是工作在四种状态之一：自动状态、手动状态、程序编辑状态、参数设定状态。控制器上电后，控制器处于手动状态且坐标值自动清零，可进行手动/自动模式切换，设置旋转速度、旋转时间、旋转方向等参数。控制器连接见图 3。

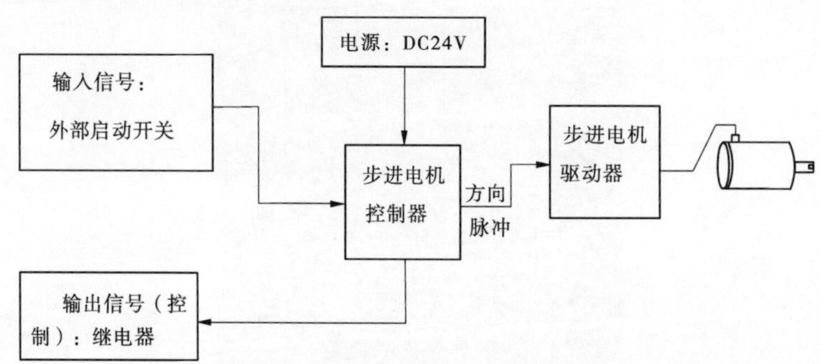

图 3　控制器连接示意图

3　检测步骤及应用

对于每一套表面流场测量系统，为了全面分析研究系统的各项性能指标，通过匀速旋转检测平台检测系统的摄像机分辨率、镜头畸变、图像采集系统及流场提取算法等对测量结果的影响，主要检测步骤如下：

（1）将计算机生成的粒子图像打印后贴到平台表面，注意将图像中心位置与平台中心位置对齐，并确保平整光滑；

（2）检查旋转平台线路连接是否正确，确保工作正常；

（3）检查表面流场系统中线路连接是否正确、摄像机成像是否清晰，确保图像采集系统正常工作；

（4）通过系统标定软件，按照标准流程，完成摄像机的标定工作，通常垂直安装方式

标定两个坐标点,倾斜安装标定四个坐标点,用于系统中将图像坐标转换为实际坐标;

(5)如图 4 所示,首先将旋转平台旋转在拍摄图像中心位置 P_1,分别设置旋转平台旋转速度为 1°/s、5°/s、10°/s、20°/s、30°/s、40°/s、50°/s,在平台平稳运行过程中使用表面流场系统进行测量,保存测量数据;

(6)为了检测系统的畸变校正性能,如图 4 所示,在拍摄图像中心位置与图像边缘间的 P_2 及 P_3 位置分别放置旋转平台,按照与步骤(5)相同的方法进行检测;

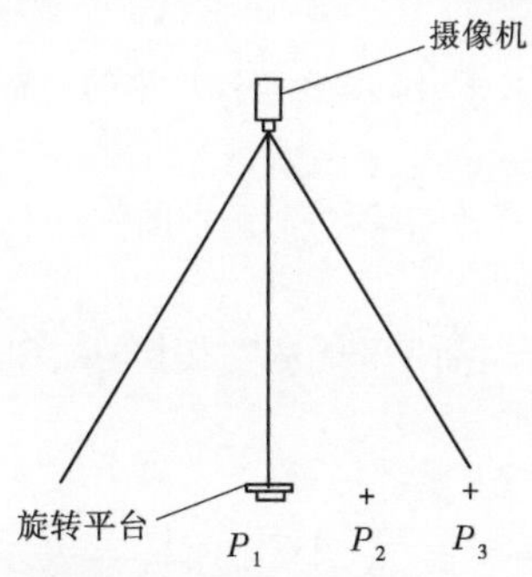

图 4 旋转平台检测位置示意图

(7)为了检测系统在不同高度的测量性能,变换安装高度,按照步骤(5)及步骤(6)相同的方法进行检测;

(8)针对每一安装高度及检测位置,可通过变换 PTV 算法(粒子图像跟踪)中粒子图像阈值及 PIV 互相关算法中相关窗口大小,检测其对测量性能的影响;

(9)对表面流场系统测量数据进行整理,与旋转平台精确值进行对比,进行误差分析。如图 5 所示,通过流场等值线图可直观检测测量结果。

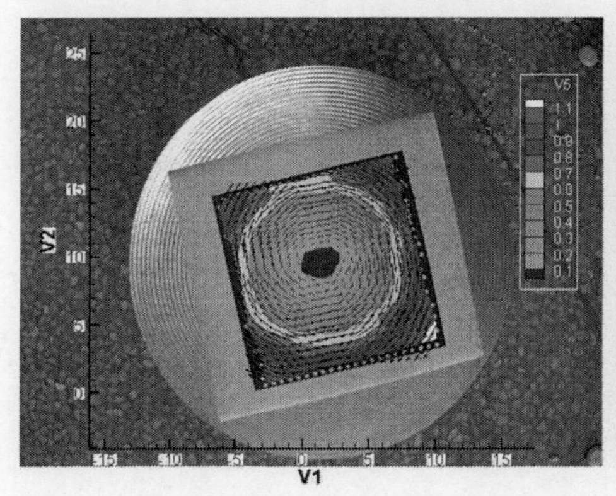

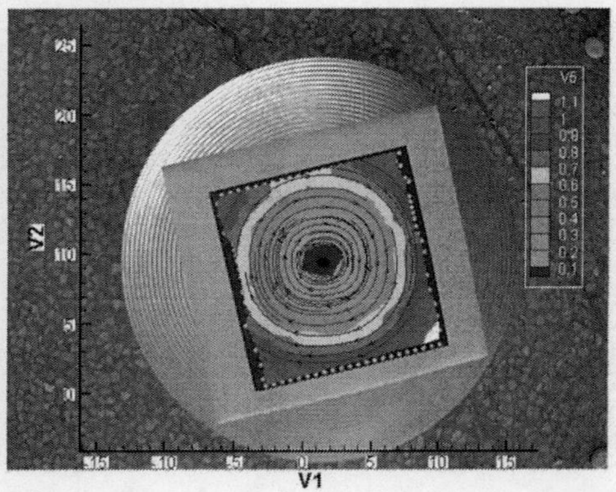

图 5 检测数据分析

4 结 语

(1)本文设计制作了一种对模型试验中粒子图像表面流场测量系统进行精度检测的检测装置,通过精确控制匀速旋转平台模拟水流运动,可将流场测量系统实测数据与旋转平台上各点标定数据进行对比检测。

(2)本文的检测方法是基于示踪粒子完全跟随水流运动的情况下进行检测的,没有考虑示踪粒子跟随性对系统测量误差的影响,在今后的工作中需进一步补充完善。

参考文献

[1] 唐洪武.复杂水流模拟问题及图像测速技术的研究[D].南京:河海大学,1996.

[2] 王兴奎,东明,王桂仙,等. 图像处理技术在河工模型试验流场量测中的应用[J].泥沙研究,1996(4):1-26.

[3] 田晓东,陈嘉范,李云生,等.DPIV 技术及其应用于潮汐流动表面流速的测量[J].清华大学学报(自然科学版),1998,38(1):103-106.

[4] 唐洪武,陈诚,陈红等.实体模型表面流场、河势测量中图像技术应用研究进展[J]. 河海大学学报(自然科学版),2007,35(5):567-571.

[5] 吴龙华,严忠民,唐洪武.DPIV 相关分析中相关窗口大小的确定[J].水科学进展,2002,13(5):594-598.

【作者简介】 陈诚(1982—),男,贵州贵阳人,高级工程师,博士,主要从事水利量测技术及河流海岸泥沙研究。E-mail: cchen@ nhri. cn。

基于时空图像的河流水面成像测速方法研究*

张 振 顾朗朗 陈 哲 王慧斌

(河海大学计算机与信息学院,南京 211100)

摘 要 针对现有大尺度粒子图像测速技术存在的测量空间分辨率低和控制点布设困难等问题,研究了一种新的河流水面成像测速方法。首先,提出了一种基于时空图像的运动矢量估计方法。方法以测速线为分析区域,将时间和空间上的像素值合成一幅时空图像,通过在频域中检测与时空图像的纹理主方向正交的频谱主方向,估计与之相关的示踪物运动速度。相比基于互相关的方法,流速测量的空间分辨率可达到单像素水平。其次,在透镜成像模型的基础上引入相机拍摄倾角及相机到水面的动态高程参数,建立了一种变高平面的视觉测量模型,并据此设计了一种相机和激光测距仪及倾角传感器协同的水面流场定标装置及操作流程。相比直接线性变换法,无须布设地面控制点,将显著提高图像法在河流水面流场观测中的实用性。

关键词 河流水面成像测速;运动矢量估计;流场定标

Study on River Surface Imaging Velocimetry based on Spatial-Temporal Image

ZHANG Zhen*, *GU Langlang*, *CHEN Zhe*, *WANG Huibin

(College of Computer and Information Engineering, Hohai University, Nanjing 211100, China)

Abstract To solve the problems of low spatial resolution and difficulties on GCP deployment in the existing Large-Scale Particle Image Velocimetry (LSPIV), a novel River-Surface Imaging Velocimetry (RSIV) is studied. Firstly, a motion vector estimation method based on Spatial-Temporal Image (STI) is proposed. It takes a testing line as the Interrogation Area (IA) and synthesizes a STI with the gray values of spatial and temporal pixels on the line. The velocity of tracers is estimated by detecting the main direction of frequency spectrum, which is orthogonal to the main direction of the STI texture. Compared to the Cross-Correlation-based method, the spatial resolution of our STI-based method can achieve single pixel level. Secondly, a vision measurement model for varying-height plane is built according to the Lens Imaging Model (LIM), the tilt shooting angle and the dynamic height from camera to river surface. Furthermore, a river-surface flow field calibration device combined with a camera, a laser range finder and a tilt angle sensor is designed, as well as its operating procedure. Compared to the Direct Linear Transform (DLT) method, it has no need to deploy Ground Control Points (GCP), which will significantly improve the practicality of RSIV in river-surface flow field observation.

Key words River-Aurface Imaging Velocimetry; Motion vector estimation; Flow field calibration

* **基金项目:**本项目得到中央高校基本科研业务费专场(2014B00714)资金资助。

1 引 言

大尺度粒子图像测速(Large-Scale Particle Image Velocimetry, LSPIV)是近年来新兴的河流流场观测技术。它采用河岸一侧架设的相机拍摄河流水面的视频图像,通过估计水流示踪物在图像序列中运动矢量的大小并转换到世界坐标系下实现河流水面成像测速[1]。相比流速仪法、声学法和雷达法具有非接触式全场测量的优势,因此在高流速、高危险性等常规方法难以施测的条件下具有特别的应用潜力[2-6]。

目前,LSPIV 中主要采用基于互相关的运动矢量估计方法[7]。通过图像分析区域内像素灰度的相关匹配估计其中示踪物的运动矢量,得到网格化的二维流速场,适用于密度较高的天然水面模式。但获得的结果是矩形分析区域内所有示踪物运动矢量的均值,区域过大会产生明显的空间平均效应,降低测量的空间分辨率,这在相机以小倾角拍摄时尤为严重;区域过小又缺乏足够的目标信息,降低相关曲面的信噪比,导致误匹配。此外,互相关的运算量很大,使得测量的实时性受限。LSPIV 中的流场定标是将图像光流场中的像素级运动矢量从图像坐标系转换到世界坐标系,得到真实流速矢量场的过程。相比工业检测中的机器视觉,河流水面的视觉测量存在水位动态变化、难以同场布设控制点以及倾斜拍摄视角等难点。现有基于二维或三维直接线性变换的方法要么精度不高,不实用,要么需要采用全站仪等复杂设备勘测两岸布设的控制点,费时费力,难以快速部署[8]。

针对上述河流水面成像测速中的难点,本文将首先根据示踪物时空运动的相关性及纹理图像的频谱特性研究一种基于时空图像的运动矢量估计方法;然后根据相机在倾斜视角下的透镜成像模型研究一种免控制点的河流水面流场定标方法;最后通过室内模型实验和现场比测试验验证两种方法的有效性。

2 基于时空图像的运动矢量估计方法

对于满足质量守恒定律的水流和示踪物,其运动在短时内通常满足连续性的假设,使得它们在三维时空域中的位置必然满足某种相关性。这种相关性在一维图像空间和一维序列时间组成的时空图像中表现为具有显著方向性的纹理特征,反映了示踪物在指定一维空间方向上时均运动矢量的大小。基于上述思想,提出以下基于时空图像的运动矢量估计方法。

2.1 时空图像合成

河流水面时均流场由网格化的流速矢量构成,为了获得断面方向的时均流速分布,在图像中沿待测水流的运动方向设置一组长度为 L 像素的测速线,每条测速线对应于一个时均流速矢量,如图 1 所示。以 Δt 为时间间隔采集时长为 T 的 N 帧图像序列,并以测速线上像素的位置为横坐标、以测速时长为纵坐标对每个矢量合成大小为 $L \times N$ 像素的时空图像。可以看出,河流水面测速线对应的时空图像具有显著的纹理特征,表现为具有特定方向性的纹理条带。这里将纹理主要走向和纵坐标轴间的夹角 δ 定义为时空图像的纹理主方向,则该参数反映了测速线上时均光流运动矢量的大小。

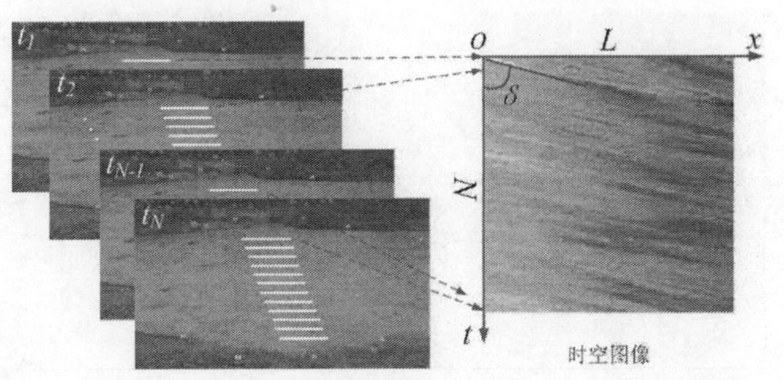

图 1　时空图像合成示意图

2.2　纹理特征提取

由于示踪物形成的纹理占据着图像高频部分，而水面背景占据着图像的低频部分，为达到提高信噪比和纹理主方向检测鲁棒性的目的，首先采用基于双高斯差（DOG）模型的自适应带通滤波器对时空图像进行空域滤波来抑制背景[9]，然后采用 Canny 边缘检测算子来提取能够反映纹理走向特征的图像边缘信息，效果如图 2 所示。

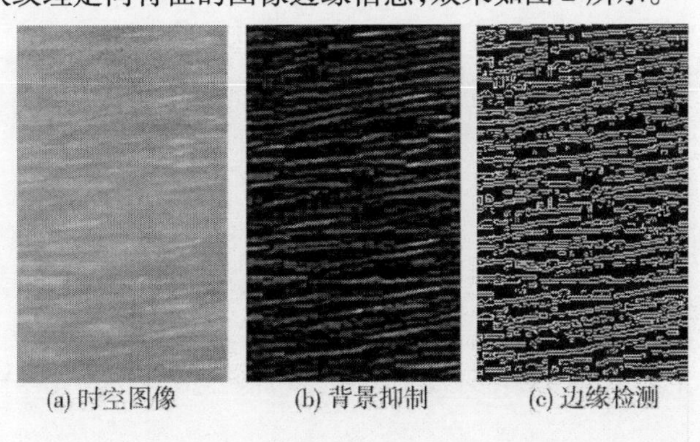

图 2　时空图像的纹理特征提取

2.3　频谱主方向检测

根据傅氏变换的自配准性质[10]，纹理图像在频域中的能量分布于经过图像中心且与纹理主方向正交的直线上。因此，设计将空域较为复杂的纹理主方向检测问题转换为纹理图像频谱主方向的检测问题来解决。首先，对边缘检测后的纹理图像进行补零处理，得到一个大于原尺寸且长宽相等的矩形图像（见图 3(a)）；由于补零可以拓展傅氏变换后频谱图像的尺寸而不引入额外的信息，因此是合成时空图像的尺寸受限时提高纹理主方向检测精度的有效手段。然后，对补零图像进行二维离散傅里叶变换并将频谱的原点平移至图像中心（见图 3(b)），可以看出，示踪物形成纹理的频谱能量集中分布在一条过原点的条带上，将其中心定义为频谱主方向。最后，以频谱图像中心点为原点 O、短边的大小为搜索半径 R、$0° \sim 180°$为搜索范围建立极坐标系，以 $\Delta\theta = 0.1°$为搜索步进累加搜索线上的像素值，得到搜索范围内能量分布的直方图，其中最大值对应的角度 θ_m 即为待求的频谱主方向（见图 3(c)）。具体实施时，可根据待测流速的先验知识设定更小的搜索范围并采用由粗到精的搜索策略以提高算法效率。

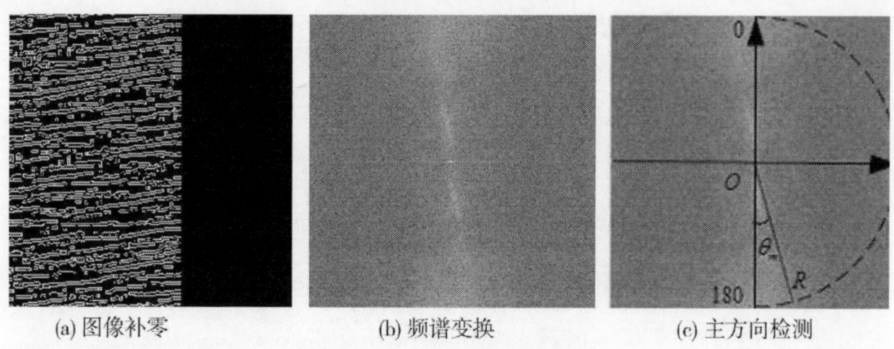

(a) 图像补零　(b) 频谱变换　(c) 主方向检测

图 3　频谱主方向检测示意图

2.4　流速矢量估计

由于时空图像的纹理主方向 α 与频谱主方向 θ_m 相互正交,有 $\delta=\theta_m-90°$。若示踪物在时间 T 内沿测速线方向运动了距离 S_x,则测速线上的一维流速矢量 V 可以表示为:

$$V=\frac{S_x}{T}=\frac{L\cdot\Delta S_x}{N\cdot\Delta t}=\tan\delta\cdot\frac{\Delta S_x}{\Delta t} \tag{1}$$

其中,$\tan\alpha$ 反映了像素级位移矢量的大小;ΔS_x 表示测速线上的物像尺度因子,通过水面流场定标获得;Δt 为时间间隔,对于帧速率为 25 fps 的监控视频 $\Delta t=0.04$ s;V 的测量精度由以上三者共同决定,取值的正负反映了流速的方向。

由于正切函数的非线性特性,位移矢量估计精度和纹理主方向间存在非线性的变化关系(见图 4)。当 $\Delta\theta=0.1°$时,位移矢量估计精度小于 0.1% 对应的纹理主方向变化区间为 1.7°~81.5°,小于 0.01% 对应的变化区间为 18.4°~57.4°。通过设置合适的帧速率可以满足各条测速线对不同测速量程和测量精度的需求,如表 1 所示。

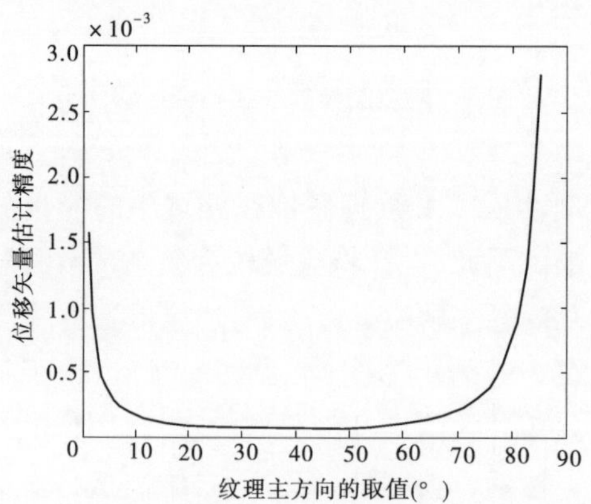

图 4　位移矢量估计精度和纹理主方向的关系

表1　不同帧速率下的像素级流速测量值(pixel/s)

帧速率(fps)		100	50	25	10	5	1
U (pixel/s)	$\delta=10°$	17.633	8.816	4.408	1.763	0.882	0.176
	$\delta=20°$	36.397	18.199	9.099	3.640	1.820	0.364
	$\delta=30°$	57.735	28.868	14.434	5.774	2.887	0.577
	$\delta=40°$	83.910	41.955	20.977	8.391	4.195	0.839
	$\delta=50°$	119.175	59.588	29.794	11.918	5.959	1.192
	$\delta=60°$	173.205	86.603	43.301	17.321	8.660	1.732
	$\delta=70°$	274.748	137.374	68.687	27.475	13.737	2.747
	$\delta=80°$	567.128	283.564	141.782	56.713	28.356	5.671

3　基于透镜成像模型的水面流场定标方法

河流水面视觉测量的核心问题是如何建立河流水面物方坐标和图像平面像方坐标之间的映射关系。当相机以正射视角拍摄时,若忽略畸变像差,可以认为二者间满足一个简单的二维尺度缩放关系;而当相机以倾斜视角拍摄时,由于存在透视畸变,这种二维尺度缩放关系变得更为复杂。因此,解决河流水面运动矢量的流速值和起点距定标的关键就是二维物像尺度因子的求解。鉴于上述思想,不同于现有 LSPIV 技术中利用控制点物像坐标求解映射关系的非量测化方法,本文提出了一种免控制点的河流水面成像测速流场定标量测化方法。

3.1　倾斜视角下变高平面的视觉测量方法

3.1.1　透镜成像模型的描述

根据透镜成像原理,当镜头的畸变像差可以忽略时,像平面上的像点、透镜平面上的光心和物平面上的对应物点满足三点共线的关系。在相机主光轴 oOO' 垂直于 X 方向并且仅存在俯仰角的情况下,可以建立如图5所示的倾斜视角下变高平面的透镜成像模型。其中,像平面的大小用(m,n)表示,物平面坐标系用(X,Y)表示;O 为透镜平面的光心,o、O'分别为其在像平面和物平面上的投影点;c 为像平面延长线和通过光心的水平线的交点;H 为光心到物平面的垂直距离;C 为对应的垂足点;相机的俯仰角 α 定义为相机主光轴和物平面间的夹角。

3.1.2　物像尺度因子的计算

图像中坐标为 (i,j) 的像素 $p_{i,j}$ 的物像尺度因子表示该像素在物平面坐标系下对应的实际物理尺寸,可以用其物点 $P_{i,j}$ 和 x 、y 方向上相邻像素对应物点的距离来描述,即

$$\begin{cases}\Delta S_x(i,j) = |X_{i+1,j} - X_{i,j}| \\ \Delta S_y(i,j) = |Y_{i,j+1} - Y_{i,j}|\end{cases} \tag{2}$$

为求解 y 方向的物像尺度因子,假设像素 $p_{i,j}$ 位于图像的远场(见图5(a)),其在 y 方向相邻像素 $p_{i,j+1}$ 对应的物点用 $P_{i,j+1}$ 表示,两点在物平面主纵线上的投影点分别为 P_j 和

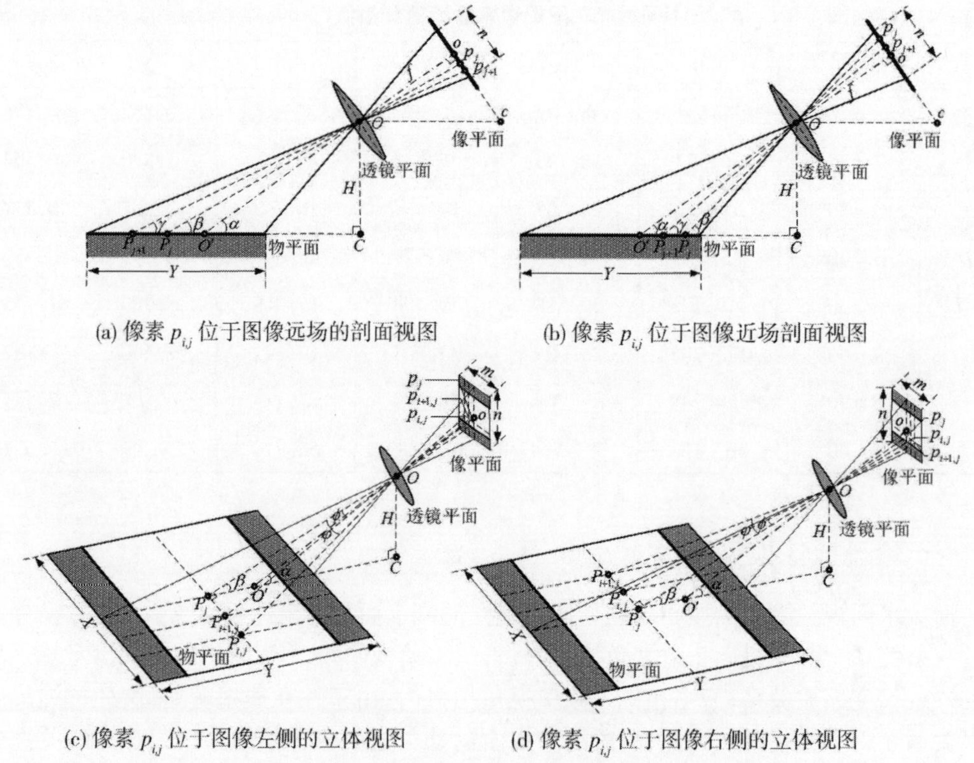

(a) 像素 $p_{i,j}$ 位于图像远场的剖面视图　(b) 像素 $p_{i,j}$ 位于图像近场剖面视图

(c) 像素 $p_{i,j}$ 位于图像左侧的立体视图　(d) 像素 $p_{i,j}$ 位于图像右侧的立体视图

图5　倾斜视角下变高平面的透镜成像模型示意图

P_{j+1}，与物平面的夹角分别为 β 和 γ，在像平面主纵线上的投影点分别为 p_j 和 p_{j+1}。根据式(2)，$p_{i,j}$ 在 y 方向的物像尺度因子可表示为

$$\Delta S_y(i,j) = \Delta S_y(j) = H\cdot\left\{1/\tan\left[\alpha + \arctan\frac{(n/2-j-1)s}{f}\right] - 1/\tan\left[\alpha + \arctan\frac{(n/2-j)s}{f}\right]\right\} \tag{3}$$

其中，s 表示传感器的像元尺寸。由于 arctan( )是奇函数，当像素 $p_{i,j}$ 位于图像近场(见图5(b))时同样满足上式。

为求解 x 方向的物像尺度因子，假设像素 $p_{i,j}$ 位于图像的左侧(见图5(c))，其在 x 方向相邻像素 $p_{i+1,j}$ 对应的物点用 $P_{i+1,j}$ 表示，射线 $P_{i,j}O$ 和 $P_{i+1,j}O$ 与投影线 P_jO 的夹角分别用 φ 和 ϕ 表示。根据式(2)，$p_{i,j}$ 在 x 方向的物像尺度因子可表示为：

$$\Delta S_x(i,j) = \Delta S_x(j) = \frac{Hs}{\sqrt{[(n/2-j)s]^2+f^2}}\Big/\sin\left[\alpha + \arctan\frac{(n/2-j)s}{f}\right] \tag{4}$$

当像素 $p_{i,j}$ 位于图像右侧(见图5(d))时同样满足上式。

3.1.3　像点间物理距离的测量

根据上述推导，对于图像中任意两点 (x_1,y_1) 和 (x_2,y_2)，其在物平面坐标系下沿 X 和 Y 方向的物理距离可以通过两点间各像素物像尺度因子的累加和求得，即

$$\begin{cases} D_X = \sum_{i=x_1}^{x_2} \Delta S_x(i,j) = \sum_{i=x_1}^{x_2} \Delta S_x\left(i, \frac{y_2 - y_1}{x_2 - x_1}(i - x_1)\right) \\ D_Y = \sum_{j=y_1}^{y_2} \Delta S_y(i,j) \end{cases} \tag{5}$$

因此,这种倾斜视角下变高平面的视觉测量方法适用于一维及二维流速场的定标。

3.2 河流水面流场定标装置及操作流程

在上述视觉测量方法中,图像大小(m,n)及像元尺寸 s 为已知量,光心到物平面的垂直距离 H 和相机的俯仰角 α 为待测量。为实现模型参量的精确测量,设计了一种相机、激光测距仪及其内置倾角传感器协同的水面流场定标装置,如图 6 所示。相机通过连接件或支架和激光测距仪固连,在测量前利用尺寸已知的平面标定板对相机和激光测距仪的倾角差值进行标定,或经过调校使得相机光轴和激光测距仪的光轴平行。定标流程如下:

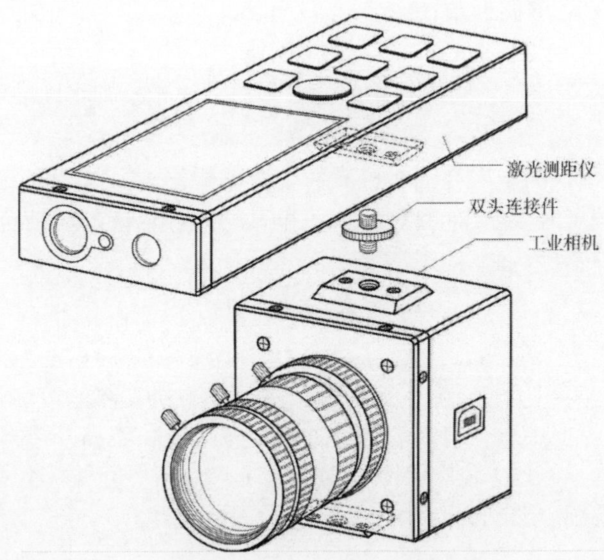

图 6　河流水面流场定标装置示意图

(1)设置断面标志杆和水位计。

在测量断面上设置和水面相交的标志杆用于指示断面方向,并将标志杆和水面的交点作为水位参考点,如图 7 所示。对于经过边坡改造的混凝土人工断面,可以直接在测量断面的两岸边坡上绘制垂直于河道并和水面相交的显著标志线用来取代上述标志杆。在水位变化的条件下,可以在测量断面上设置一台高精度水位计,如测站现有的自记式水位计或布设一台测量精度优于 1 cm 的高精度电子水尺,用于对相机至水面的高程进行补偿。

(2)测量相机高程和俯仰角。

首先将装置架设在河岸一侧,调节三脚架的位置及云台的水平,使得相机光轴位于测量断面上;然后用激光测距仪测量其到水位参考点的斜距 D 和俯仰角 σ,并由内置的三角

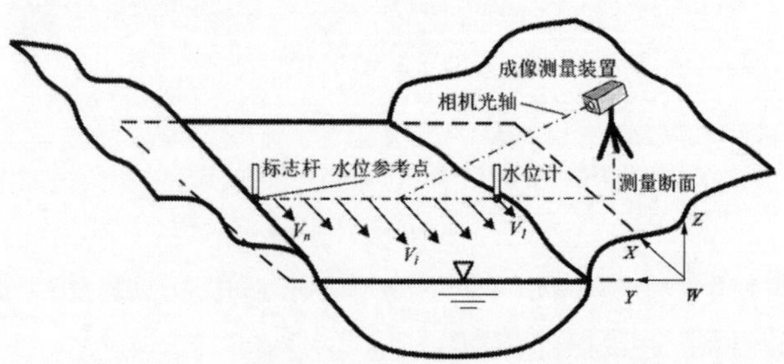

图 7　河流水面流场定标方法示意图

测量程序计算测距仪到水面的垂直距离：

$$H_L = D \cdot \sin\sigma \tag{6}$$

接下来选择焦距 f 合适的光学镜头并调节拍摄俯仰角,使得相机视场覆盖完整的测量断面并具有尽可能高的空间分辨率。在采集图像序列的同时,根据激光测距仪当前的俯仰角 α' 求出相机光轴的俯仰角：

$$\alpha = \alpha' + \Delta\alpha \tag{7}$$

其中,$\Delta\alpha$ 表示预先标定的二者间的倾角差值。最后计算相机到水面的垂直距离：

$$H = H_L - d \cdot \cos\alpha \tag{8}$$

其中,d 表示激光测距仪测量中心到相机成像中心的距离;若考虑水位变化,则根据水位计和激光测距仪在同一时刻获得的测量值 L_0 和 H_0 标定出高程差,结合当前实测水位值 L_t,代入上式得到相机到水面的动态高程：

$$H_t = H_0 - L_0 + L_t \tag{9}$$

(3)计算起点距和流速值。

对于采用基于时空图像的运动矢量估计方法,用 (x_i, y_i) 表示第 i 条测速线中点的图像坐标,并在图像中提取水位参考点的图像坐标 (x_0, y_0) 作为计算测速线起点距的参考零点。将两点坐标代入式(5),利用图像中纵坐标 j 从 y_0 到 y_i 的各像素点在 Y 方向的物像尺度因子 $\Delta S_y(j)$ 计算测速线的起点距：

$$Dist_i = \sum_{j=y_0}^{y_i} H \cdot \left\{1/\tan\left[\alpha + \arctan\frac{(n/2 - j - 1)s}{f}\right] - 1/\tan\left[\alpha + \arctan\frac{(n/2 - j)s}{f}\right]\right\} \tag{10}$$

由于测速线平行于图像 x 方向设置,因此仅需将测速线的图像纵坐标 y_i 代入式(4)获得物像尺度因子 $\Delta S_x(y_i)$,进而根据式(1)计算测速线上流速值的大小：

$$V_i = \tan\delta_i \cdot \frac{\Delta S_x(y_i)}{\Delta t} = \frac{\tan\delta_i}{\Delta t} \cdot \frac{Hs}{\sqrt{[(n/2 - y_i)s]^2 + f^2}} \Big/ \sin\left[\alpha + \arctan\frac{(n/2 - y_i)s}{f}\right] \tag{11}$$

按上述方法计算每条测速线的起点距和流速值就完成了水面流场的定标。

4　实验与结果分析

本文通过一组室内模型实验和一组现场比测试验验证所提出方法的有效性。

4.1 室内模型实验

实验装置采用一台 USB 工业相机和一台激光测距仪固连而成，如图 8 所示。相机的图像分辨率为 1 280 × 1 024 像素，像元尺寸 $s = 4.8$ μm，全分辨率下的最大帧速率为 25 fps，定时误差小于 0.1 ms；光学镜头采用 $f = 12$ mm 的工业定焦镜头以减少非线性畸变。激光测距仪采用 Leica 公司的 DISTO D5，测量距离不小于 200 m，测距精度优于 3 mm；内置倾角传感器可测量俯仰角的范围为 −45° ~ +45°，测角精度为 0.1°。采用印刷有一组河流水面图像的滚动画幅来模拟河流水面的运动，如图 9 所示。画幅尺寸为 2 m × 0.78 m，经多次计时测量，匀速滚动速度约为 0.058 772 m/s；在画幅两侧均匀布设 10 个 GCP 并采用全站仪勘测世界坐标，用于变高单应法（VHH）流场定标[8]。

图 8 工业相机和激光测距仪的固连

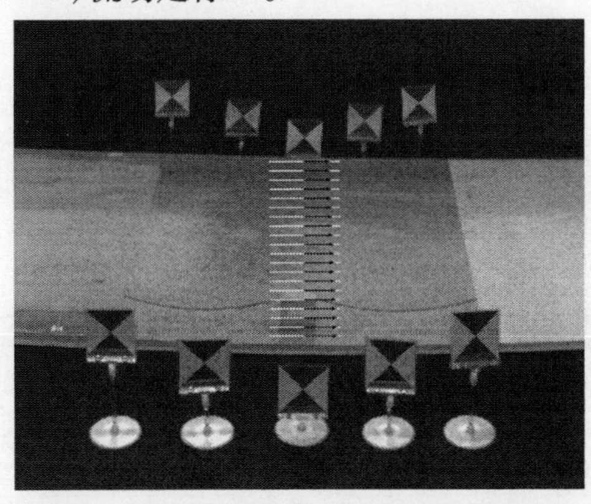

图 9 滚动画幅的速度场可视化结果

测量时相机拍摄的俯仰角 $\alpha = 29.9°$，距待测平面的高程 $H = 1.151$ m。在图像中沿断面方向设置了 20 条测速线，长度 $L = 155$ 像素；以 0.04 s 为间隔采集了 $N = 255$ 帧用于合成时空图像，得到测量时长 $T = 10.16$ s 的时均速度场，如表 2 所示。值得注意的是，L 和 N 的取值越大，时空图像中包含的示踪物信息越多，越有利于运动矢量估计，但测量的空间和时间分辨率也会降低。STI 法运动矢量估计得到的纹理主方向在 65.5° ~ 70.7° 的范围内变化，对应的位移矢量估计精度为 0.016% ~ 0.023%。

为评价运动矢量估计结果的有效性，定义频谱能量峰值信噪比参数如下：

$$PSNR = \frac{P(\theta_m)}{\max(P(0), P(90))} \tag{12}$$

其中，$P(\theta_m)$ 表示频谱主方向上的能量，反映了目标信号的强弱；$P(0)$、$P(90)$ 分别表示 0° 和 90° 方向上的频谱能量，二者中的最大值反映了背景噪声的强弱。表 2 中相对误差大于 0.7% 的测速线（4、8、13）的 *PSNR* 都小于 1.05，说明示踪条件不良（稀疏、分布不均）及水面背景噪声（倒影、耀光）的干扰是引起运动矢量估计误差过大的主要原因。而经过背景抑制和边缘检测后 *PSNR* 得到了明显提高，验证了纹理特征提取的必要性。

表 2　滚动画幅的速度场测量结果

测速线	STI 法运动矢量估计		LIM 法流场定标					VHH 法流场定标		
	纹理主方向(°)	信噪比	ΔS_x (mm/pixel)	ΔS_y (mm/pixel)	起点距(m)	真实速度(m/s)	相对误差(%)	起点距(m)	真实速度(m/s)	相对误差(%)
1	65.5	1.199	1.075	2.514	0.456	0.059 00	0.388	0.474	0.059 304	0.905
2	65.7	1.123	1.058	2.435	0.505	0.058 60	0.293	0.525	0.058 820	0.082
3	66.2	1.108	1.042	2.359	0.553	0.059 05	0.473	0.574	0.059 194	0.718
4	66.6	1.047	1.026	2.286	0.600	0.059 25	0.813	0.621	0.059 329	0.948
5	66.7	1.076	1.010	2.217	0.645	0.058 63	0.242	0.666	0.058 642	0.221
6	67.1	1.114	0.995	2.151	0.689	0.058 88	0.184	0.710	0.058 832	0.102
7	67.5	1.060	0.980	2.088	0.731	0.059 16	0.660	0.753	0.059 058	0.487
8	67.5	1.021	0.966	2.028	0.772	0.058 30	0.803	0.794	0.058 149	1.060
9	68.0	1.061	0.952	1.970	0.812	0.058 91	0.235	0.834	0.058 717	0.094
10	68.3	1.054	0.939	1.915	0.851	0.058 97	0.337	0.872	0.058 731	0.070
11	68.6	1.055	0.926	1.862	0.889	0.059 04	0.456	0.910	0.058 772	0.000
12	68.9	1.098	0.913	1.811	0.926	0.059 14	0.626	0.946	0.058 838	0.112
13	68.9	1.048	0.900	1.762	0.962	0.058 34	0.735	0.982	0.058 012	1.293
14	69.3	1.050	0.888	1.715	0.996	0.058 77	0.003	1.016	0.058 425	0.590
15	69.5	1.057	0.877	1.670	1.030	0.058 62	0.259	1.050	0.058 248	0.892
16	69.9	1.062	0.865	1.627	1.063	0.059 11	0.575	1.082	0.058 720	0.088
17	70.1	1.150	0.854	1.585	1.095	0.058 98	0.354	1.114	0.058 585	0.318
18	70.3	1.117	0.843	1.545	1.127	0.058 88	0.184	1.145	0.058 469	0.516
19	70.4	1.182	0.833	1.507	1.157	0.058 46	0.531	1.175	0.058 048	1.232
20	70.7	1.267	0.822	1.470	1.187	0.058 71	0.105	1.205	0.058 290	0.820

由于参考点不同,两种定标方法获得的起点距绝对值不同,但相对值的误差在 1 mm 以内。速度测量误差的均值分别为 0.413% 和 0.527%,一致性较好。此外,LIM 法的最高误差为 0.813%,小于 VHH 法的 1.293%,这是由于后者的坐标解算精度易受 GCP 布设条件的影响,导致误差分布不均。

4.2　现场比测试验

选择江西省吉安市坳下坪水文站禾源水断面作为试验点开展和转子式流速仪间的流速比测,该河段为典型的山溪性中小河流测量断面[11]。相机采用一台 Nikon D7100 单反数码相机,架设于河流左岸,光轴垂直于顺流方向,镜头焦距为 $f = 35$ mm,距水面高程 $H = 4.510$ m。激光测距仪安装于相机热靴上,测得拍摄俯仰角 $\alpha = 17.1°$。测量时,相机拍摄 1080P@30fps 的视频,对应的像元尺寸 $s = 12.24$ μm。在河流水面图像中沿断面方向设置 17 条测速线，长度 $L=155$ 像素，并选取 $N=455$ 帧合成时空图像，得到测量时长 $T=15.13$ s 的时均流场，如图 10 所示。

图 10　禾源水断面河流水面流场可视化结果

从表 3 可以看出，现场条件下测速线的 *PSNR* 普遍低于室内模型的数值，并且两岸附近的测速线（1、2、17）由于流速较低且缺乏明显的示踪物，*PSNR* 小于 0.9，低于其他测速线的数值。从 ΔS_y 可得测速线所代表的物理尺寸在 1.500 m × 0.06 m 到 0.582 m × 0.009 m 之间，相比 LSPIV 数平方米以上的量级，空间分辨率得到了显著提高。流速仪法共测量了断面上 10 条垂线位于相对水深 0.6 处的水下一点流速，如图 11 所示。若根据垂线流速分布考虑水面和水下流速间存在约为 0.8 倍的流速转换关系后，起点距大于 9 m 的测点在变化趋势和数值上都具有较好的一致性；而 2 ~ 6 m 附近的粗大误差很可能是由于流速仪测点过于稀疏和施测操作不当引起的，因为该区域正对应于断面的最大水深附近，水流受河床糙率的影响较小，在此处测得水面流速峰值是合理的。

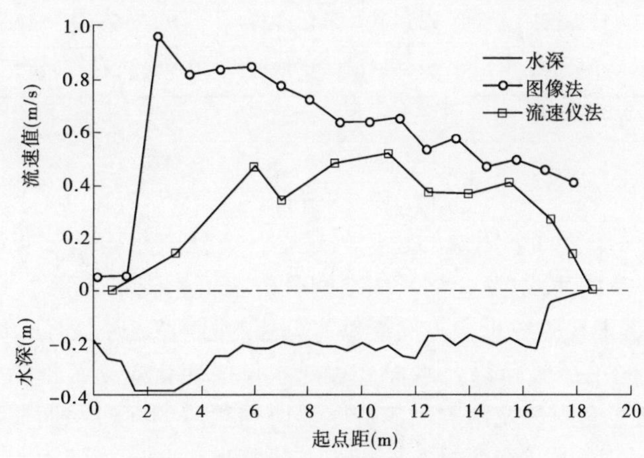

图 11　断面流速比测结果及水深曲线

以上两组实验初步验证了本文提出的 STI 运动矢量估计方法和 LIM 流场定标方法的正确性和有效性。

表3　河流水面流场测量结果

测速线	STI 法运动矢量估计			LIM 法流场定标			
	纹理主方向(°)	像素流速(pixel/s)	信噪比	ΔS_x(mm/pixel)	ΔS_y(mm/pixel)	起点距(m)	真实流速(m/s)
1	-10.1	-5.344	0.780	9.658	59.392	0.120	-0.052
2	-11.0	-5.831	0.850	9.277	54.797	1.263	-0.054
3	-74.6	-108.914	0.902	8.891	50.331	2.420	-0.968
4	-72.7	-96.319	0.983	8.506	46.055	3.578	-0.819
5	-73.9	-103.937	0.997	8.124	42.010	4.724	-0.844
6	-74.7	-109.661	0.974	7.749	38.222	5.848	-0.850
7	-74.1	-105.316	0.951	7.373	34.597	6.977	-0.776
8	-73.9	-103.937	0.962	7.010	31.276	8.064	-0.729
9	-72.8	-96.914	0.964	6.635	28.012	9.190	-0.643
10	-73.6	-101.931	1.038	6.272	25.032	10.277	-0.639
11	-74.9	-111.185	0.960	5.910	22.222	11.364	-0.657
12	-72.7	-96.319	1.115	5.548	19.579	12.450	-0.534
13	-74.9	-111.185	1.001	5.187	17.114	13.531	-0.577
14	-72.9	-97.516	1.032	4.825	14.809	14.615	-0.471
15	-74.9	-111.185	0.939	4.468	12.696	15.685	-0.497
16	-74.9	-111.185	0.935	4.112	10.756	16.750	-0.457
17	-74.6	-108.914	0.885	3.758	8.980	17.812	-0.409

5　结论与展望

本文提出了一种基于时空图像的运动矢量估计方法。相比基于灰度相关匹配的方法,其观测窗口为单宽测速线,流速测量的空间分辨率可达到单像素水平;基于傅氏变换的自配准性质在频谱中检测纹理主方向能够将算法的时间复杂度降低10倍以上。此外,通过全面考虑相机的拍摄倾角以及水面高程随水位的变化建立了量测化的视觉测量模型,并设计了一种激光测距仪及内置倾角传感器协同测量的河流水面流场定标装置及操作流程。相比现有方法,无需在两岸布设控制点并勘测其坐标,可在数分钟内完成测点布设,将显著降低设备成本和野外工作量,特别适合河流流速、流量的定期巡测和极端条件下的应急监测。

未来的工作将围绕以下几个方面展开:①在时空图像中区分有效示踪物和干扰杂质,使测速结果更准确地反映出局部流体的运动规律;②在不同测量条件下更有效地评价运动矢量估计结果的有效性,以便对错误结果进行识别和修正;③全面分析视觉测量模型中各参数的敏感性,建立流场定标方法的不确定度评估体系,以指导测量仪器的选取及其操作过程中的误差控制;④研制集成一体化成像测速仪及智能终端 APP,进一步提高测量仪器的便携性和易用性。

参考文献

[1] 张振,徐枫,王鑫,等. 河流水面成像测速研究进展[J]. 仪器仪表学报, 2015, 36(7): 1441-1450.

[2] Muste M, Fujita I, Hauet A. Large-scale particle image velocimetry for measurements in riverine environments[J]. Water Resources Research, 2008, 44: W00D19.

[3] Jodeau M, Hauet A, Paquier A, et al. Application and evaluation of LS-PIV technique for the monitoring of river surface velocities in high flow conditions[J]. Flow Measurement and Instrumentation, 2008, 19(2): 117-127.

[4] Le Coz J, Hauet A, Pierrefeu G, et al. Performance of image-based velocimetry (LSPIV) applied to flash-flood discharge measurements in Mediterranean rivers[J]. Journal of Hydrology, 2010, 394(1): 42-52.

[5] Tsubaki R, Fujita I, Tsutsumi S. Measurement of the flood discharge of a small-sized river using an existing digital video recording system[J]. Journal of Hydro-environment Research, 2011, 5(4): 313-321.

[6] Dramais G, Le Coz J, Camenen B, et al. Advantages of a mobile LSPIV method for measuring flood discharges and improving stage-discharge curves[J]. Journal of Hydro-environment Research, 2011, 5(4): 301-312.

[7] 严锡君, 张振, 陈哲, 等. 基于 FHT-CC 的流场图像自适应运动矢量估计方法[J]. 仪器仪表学报, 2014, 35(1): 50-58.

[8] 张振, 徐枫, 沈洁, 等. 基于变高单应的单目视觉平面测量方法[J]. 仪器仪表学报, 2014, 35(8): 1860-1868.

[9] 张振, 陈哲, 吕莉, 等. 基于视觉感受野的自适应背景抑制方法[J]. 仪器仪表学报, 2014, 35(1): 191-199.

[10] 王东峰, 邹谋炎. 傅氏变换的自配准性质及其在纹理识别和图象分割中的应用[J]. 中国图象图形学报, 2003, 8(2): 140-146.

[11] 张振, 徐立中, 樊棠怀, 等. 河流水面成像测速方法的比测试验研究[J]. 水利信息化, 2014(5): 31-41.

【作者简介】 张振,分别于 2007 年、2013 年于河海大学获得学士学位和博士学位,现为该校讲师,主要研究方向为光电成像与多传感器系统、大尺度粒子图像测速。E-mail: zz_hhuc@163.com。

斜向波作用下斜坡海床上埋置管线三维冲刷试验研究

程永舟[1,2]　李典麒[1]　鲁显赫[1]

(1.长沙理工大学水利工程学院,长沙　410004;
2.水沙科学与水灾害防治湖南省重点实验室,长沙　410004)

摘　要　斜坡海床上波浪的变形以及波浪的入射角对海底管线的局部冲刷有很大影响。基于波浪港池实验,考虑规则波的作用,采用中值粒径为0.22 mm的原型沙铺设与波浪传播方向成45°夹角的斜坡,研究斜向波作用下斜坡上海底管线的三维冲刷特性。通过对不同埋深时管线周围波浪变形情况的分析,进一步研究不同埋置深度下管线周围床面的冲刷形态和冲刷发展过程。试验表明:波浪斜向入射斜坡时,左侧波高略大于右侧波高且管线的不同埋置深度对管线前后的波高影响很大。管线在斜向波浪作用下,右侧冲刷深度大于左侧,具有明显三维特性。管线的埋置深度关系到管线前后是否产生连通的冲刷坑,同时影响冲刷的发展速率,埋深的增加减小了冲刷初级阶段的发展速率。管线肩部左右侧冲刷坑的扩展速率是不一致的,实际工程中应考虑管道左右侧扩展速率不同带来的不利影响。

关键词　海底管线;冲刷;斜坡海床;斜向波;埋深

Three-dimensional Scour Around Embedded Submarine Pipeline Under Oblique Waves

CHENG Yongzhou[1,2], *LI Dianqi*[1], *LU Xianhe*[1]

(1. School of Hydraulic Engineering, Changsha University of Science&Technology, Changsha 410004, China;
2. Key Laboratory of Water-Sediment Sciences and Water Disaster Prevention of Hunan Province, Changsha 410004, China)

Abstract　The three-dimensional scour around embedded submarine pipeline under oblique wave is studied experimentally using regular waves that the incident angle is 45 °. Through the analysises of the wave deformation around the pipeline with different embedment depth, the development process of the scour of seabed around the pipeline with different embedment depth is further studied. Experimental results show that different embedment depth of pipeline greatly influences the wave height in font and back of the pipeline. Under the action of oblique wave, the scour depth of the right side of the pipeline is larger than that of the left side, with a clear three-dimensional distribution. Embedment depth of Pipeline is related to whether to generate scour hole blew the pipeline, while influences the rate of scour development. The increase of embedment depth decreases scour rate of the rapid phase of development. And scour hole expansion rate along the pipeline is inconsistent at the left and right side of the pipeline, it should be taken into consideration in practical engineering.

Key words　Submarine pipeline; Scour; Sloping seabed; Oblique wave; Embedment depth

1 前 言

随着经济飞速发展,石油和天然气的需求量越来越大,海洋是油气资源开发的重要场所。海底管线是海上油气开发系统的重要组成部分,是开发与生产海底油气资源的重要设施。近岸带海底管线的损坏会导致严重的经济损失和环境破坏。海底管线局部冲刷容易导致海底管线悬空进而影响管线的安全运营,因此海底管线的局部冲刷一直受到学者和工程师们的关注。

很多学者针对管线的冲刷机制进行了大量的研究,海流流经管线时在管线前后产生的涡流[1]、管涌[2]是引起管线冲刷的主要原因。范菲菲等[3]、Muhammad and Cheng[4]、文君风[5]对海流经过管线时,管线周围涡流的形成发展及消失的过程进行了深入研究。臧志鹏等[6,7]、Wu and Chiew[8,9]对单向流作用下,海底管线局部冲刷坑的发展进行了研究。Chiew[10]、Yasa and Etemad-Shahidi[11]在单向流作用下,研究得出了冲刷深度的计算公式。Gao 等[12]、Voropayev and Testik[13]、潘冬子等[14]分析了波浪作用下管线局部冲刷深度的发展过程。Sumer and Fredsøe[15,16]研究了 *KC* 数、埋深对管线的极限平衡冲刷深度的影响,研究发现管后尾流冲刷是管线冲刷的主要因素,平衡冲刷深度与 *KC* 数之间为线性关系。Esin and Yalc[17]对规则波作用下海底管线在不同斜坡上的局部冲刷进行研究并分析了影响平衡冲刷深度的主要因素。张靖等[18]研究了不同波浪作用角下海底管线的冲刷深度,发现波浪作用角增大时,管线前后压差增大,冲刷坑深度增加。程永舟等[19]通过改变斜坡上管线的位置,分析了规则波作用下管线位置对冲刷坑深度,沙坝长度、高度和位置的影响。Cheng 等[20]、刘盈溢[21]对波流共同作用下管线的冲刷机制进行了深入研究。

近岸管线容易受到风、浪、流等的综合作用,使海底管线出现搁置、半埋或浅埋于海床的埋设方式。虽然对各种埋设方式的海底管线局部冲刷已有大量研究,但是目前大都集中于水平海床上波浪正向入射时的情形。部分国内外学者开始注意到对斜坡海床上海底管线冲刷机制研究的必要性,但很少涉及斜向波作用下管线的冲刷情形。实际工程中,由于环境因素复杂,波浪的方向也是不断改变的。斜坡的存在和波浪的入射角必然改变波浪对管线及海床的作用特性。因此,有必要对波浪斜向入射斜坡时管线的局部冲刷进行系统研究。

2 试验概况

试验在长沙理工大学港航中心的港池中进行,港池长 40 m、宽 20 m、深 1.2 m,港池端头配有造波机。如图 1 所示,斜坡位于港池中与造波机正对的一侧,斜坡长 10 m、宽 3.5 m,坡度为 1∶15,为实现波浪斜向入射,斜坡坡脚线与波浪入射方向夹角为 45°。斜坡两侧用水泥抹面,中间铺设中值粒径为 0.22 mm 的泥沙。选用钢管作为管线模型,管线外径 D 为 48 mm,并保证其有足够的刚度。钢管平行坡脚线,设置在距坡脚 3.3 m 处,两端固定。浪高测量采用加拿大 RBR(Richard Branker Research)公司生产的 WG-50 型浪高仪,采样误差为 0.4%,试验时浪高仪采样频率为 51.2 Hz,试验共布置了 10 个浪高仪。以造波机处为外海,斜坡为近岸,1#浪高仪位于外海,爬坡前浪高仪为 2#,从外海往近岸看,左侧从外海到近岸依次为3#~6#,右侧为7#~10#,且3#和7#浪高仪均距坡脚2.8 m,后面浪高仪间隔1 m布置。

试验中将多普勒流速仪(NDV)固定在模型试验多功能控制系统上,根据NDV测深功能,结合地形仪移动模式,实现对床面地形的测量[22]。为减小边界影响,只研究中部1.2 m范围内的泥沙运动规律。垂直波浪传播方向向左为 x 正方向,波浪传播方向为 y 方向。

考虑管线尺寸和海浪波高、周期的主要分布区间[23],结合实验室造波机限制,试验水深设定为0.35 m。试验采用波高 H=7.17 cm,周期 T=1.4 s的规则波45°斜向入射斜坡。管线的埋深比 e/D(e 为埋深)分别设定为0、1/4、1/2、3/4、1,管线与岸线平行,试验工况如表1所示。

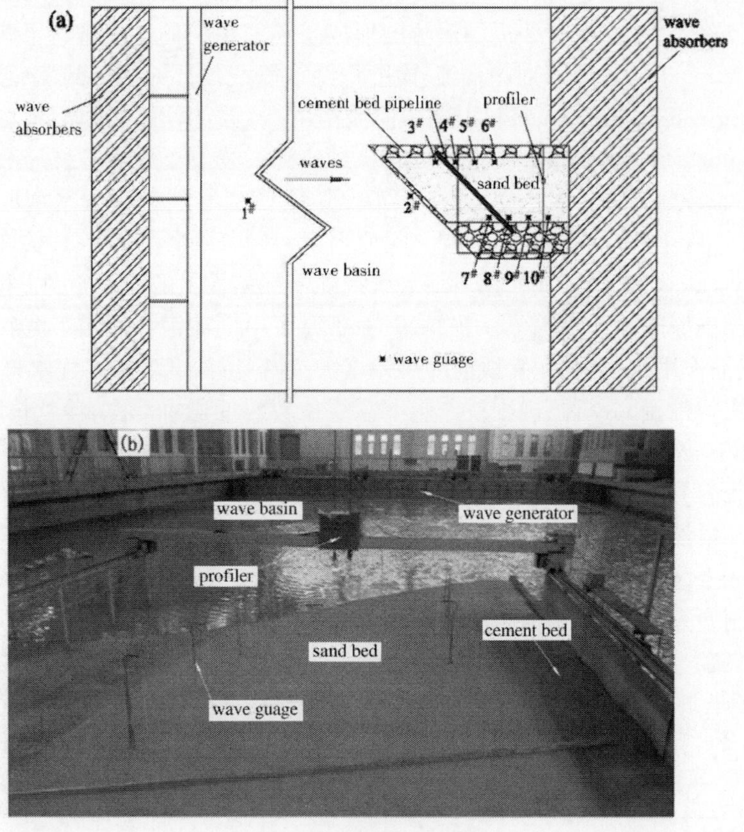

图1　试验布置示意图

表1　试验工况

工况	波高 H(cm)	周期 T(s)	管线与坡脚线的角度(°)	埋深 e/D
1	7.17	1.4	0	0(搁置)
2	7.17	1.4	0	1/4
3	7.17	1.4	0	1/2
4	7.17	1.4	0	3/4
5	7.17	1.4	0	1

3 试验结果分析

3.1 管线埋深对波浪的传播变形的影响

图2给出了管线不同埋深情况下冲刷平衡后平均波高沿波浪传播方向的变化情况。波浪向前传播至斜坡时受浅水变形的影响，波高逐渐增大，在 $y=4$ m（y 为距坡脚距离）处接近破碎。管线埋深的改变对斜坡上的波浪变形影响很大，特别是管前的3#浪高仪采集的波高和管后的4#浪高仪采集的波高变化很大。

冲刷平衡后，管线搁置和1/4埋时管线前后形成连通的冲刷坑，1/2埋、3/4埋和全埋时管线前后不形成连通的冲刷坑。取3#浪高仪和4#浪高仪所采集的波高分析不同埋深管线前后波高变化，如图3所示。2#浪高仪的波高为爬坡前的平均波高，可见入射波高变化不大。管线1/4埋时由于管线顶端高程比搁置时减小，导致管前波高和管后波高均有所减小。管线半埋时虽然管线顶端高程较1/4埋减小，但由于管线前后没形成连通的冲刷坑，波高却增大。3/4埋管前管后波高较半埋时有所降低，但是较1/4埋时有所增加，这说明没有形成连通的冲刷坑时，管线对波高增高作用更大；相比于3/4埋，管线全埋时管前波高变大，管后波高有所减小，管线前后波高受管线影响减小，使得管线前后波高差异减小。

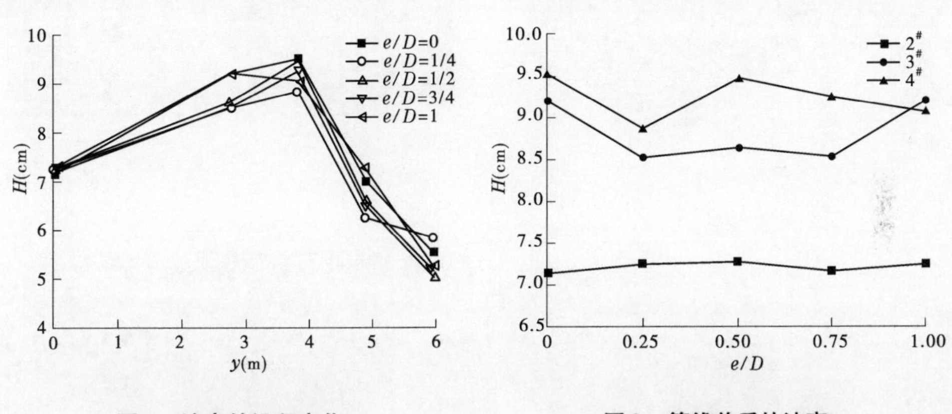

图2 波高的沿程变化

图3 管线前后的波高

当管线前后形成连通的冲刷坑时，波浪可以通过管线下方继续传播，管线对管线前后波高的增大作用大幅减小，管线前后的波高随埋深增加而减小；而管线前后在没有形成连通的冲刷坑时，波浪无法通过管线下方继续向前传播，只能通过管线上方传播，导致管后波高有所增加，且埋深增加时管线前后波高差值逐渐减小，全埋时管线前后波高差异基本消失。

3.2 管线周围海床形态演变

图4给出了不同埋深时冲刷平衡后的海床演变结果。管线搁置与1/4埋时的冲刷形态相似。图4(a)为管线1/4埋时海床的地形演变结果，管线下方形成了明显的冲刷坑，管后淤积泥沙平行于管线，管后沙纹由平行于管线向垂直于波浪传播方向过渡，管线对管前沙纹的影响不大，管前沙纹与波浪传播方向正交并且直接延伸至管线交界处。图4(b)为管线半埋时海床演变结果，管线前后并没有出现连通的冲刷坑，管后依然出现了较为明

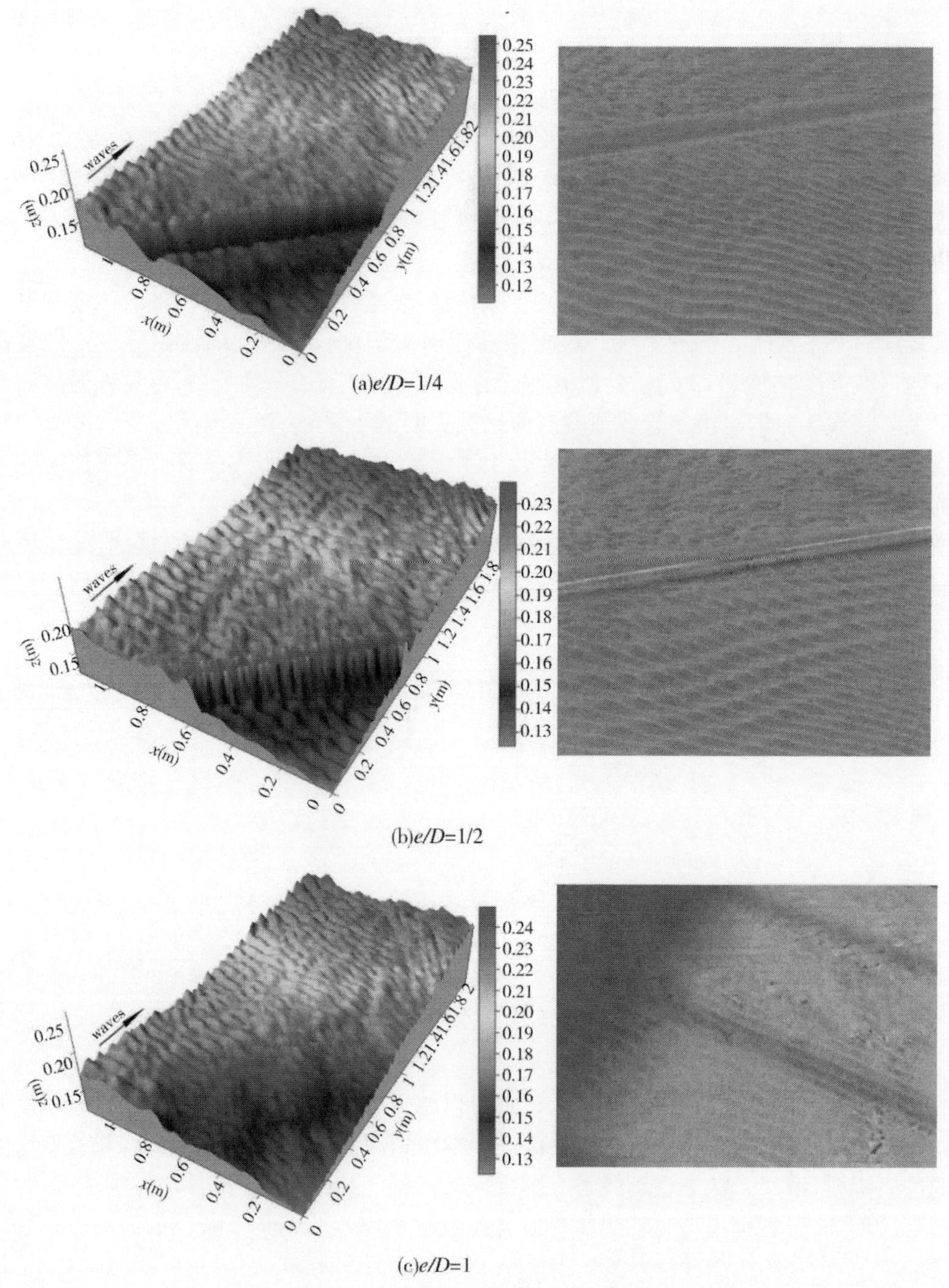

(a)e/D=1/4

(b)e/D=1/2

(c)e/D=1

图4 管线不同埋深时海床演变结果

显的淤积泥沙,沿管线分布,管后出现了少许平行于管线的沙纹,与周围沙纹并没有较好的连接,管前则出现了平行于管线的“大沙纹”和垂直于波浪传播方向的“小沙纹”。管线3/4埋时海床的冲刷形态相似,但管后淤积高度大大减小,且管前“大沙纹”数量减少。图4(c)为管线全埋时的海床演变结果,从沙纹的分布可以看出,管线的存在依然对海床附近的床沙输移产生影响，管后沙纹平行于管线且与周围沙纹连接较好，管前沙纹受管线影响不大。

对比发现，管线搁置和1/4埋时形成了前后连通的冲刷坑，造成了管线的悬空，而半埋、3/4埋和全埋时，没有形成前后连通的冲刷坑，但是管前冲刷较为剧烈，管后并没有出现冲刷，甚至出现了微微隆起的沙垄，与管后淤积泥沙相连。

管线半埋和3/4埋时管前出现由平行于管线的"大沙纹"和垂直于波浪传播方向的"小沙纹"组成的复合沙纹。这是由于管线下方没有形成连通的冲刷坑，波浪传至管线时，由于管线的作用波浪产生反射，对床沙形成逆向冲刷。经测量，"大沙纹"的沙纹波长约为8 cm，"小沙纹"的波长约为5 cm，说明通过管线的反射，近底水质点运动轨迹的直径增大，导致沙纹波长增加；沙纹坡度保持常数，所以沙纹高度也增加。复合沙纹的出现说明了入射波浪和反射波浪对沙波运动的作用既相互影响又相互独立。管线搁置和1/4埋时，由于形成了前后连通的冲刷坑，波浪通过管线下方继续向前传播，反射波浪能量较小，没有出现明显的复合沙纹。

管线周围冲刷表现为管前冲刷、管后淤积，用管线前侧的冲刷深度作为管线的局部冲刷深度。图5给出了冲刷平衡后沿管线的冲刷深度，可以发现冲刷深度有明显的沿岸特性，管线右侧（x 较小的一侧）冲刷深度普遍略大于左侧。管线搁置和1/4埋时管线前后形成连通的冲刷坑，冲刷深度比管线前后不形成冲刷坑时大。当管线前后形成连通的冲刷坑时，冲刷深度随埋深增大而增大。当管线前后不形成连通的冲刷坑时，冲刷深度随埋深增大而减小。

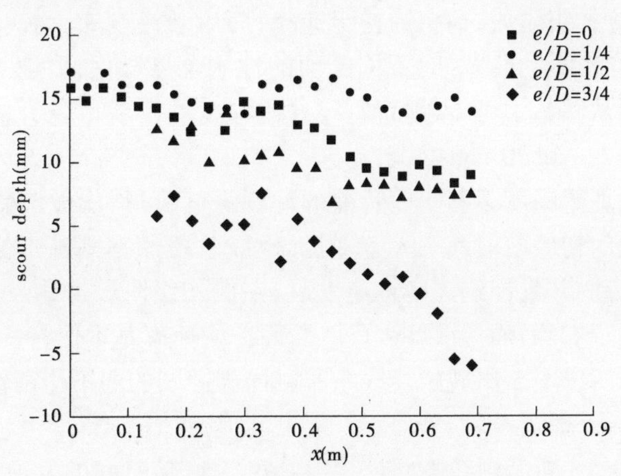

图5 不同断面管前冲刷深度

3.3 管线冲刷深度的发展过程

图6给出了半埋时 $x=0.36$ 断面5 min后、10 min后、20 min后、40 min后、60 min后的地形演变结果，可见管后沙纹发展迅速，管前沙纹发展缓慢，但是沙纹波长和沙纹高度基本一致；由于没有形成前后连通的冲刷坑，管线周围表现为管前冲刷、管后淤积。

由图6发现管线两侧的冲刷深度的差异慢慢加大，管前冲刷深度逐渐加大，管后则逐渐淤积，且管后地形的最低点并不在紧挨管线处。紧挨管线处由于管线前方的冲刷作用使向管后的渗流力加大，管后床沙厚度较大，不足以形成管涌，所以管后紧挨管线处微微隆起,而这在一定程度上也阻止了冲刷的发展。波浪通过管线上方而在管后形成的涡流进一步向管后约 $2D$ 范围内输送泥沙,导致管线后方的淤积泥沙形成明显的沙垄,进一步阻止了管线冲刷坑的发展。管后淤积在 30 min 后基本稳定,管前冲刷则在 40 min 后趋于平衡。

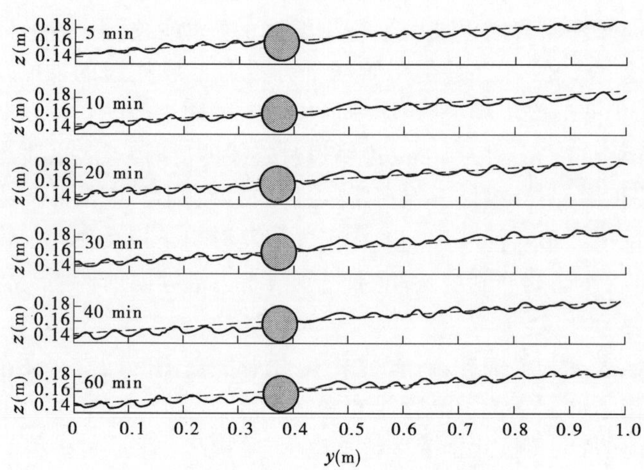

图 6　管线半埋时 x = 0.36 断面地形演变

很多学者[12-24]对管线冲刷深度随时间的发展进行了研究,得到管线冲刷深度随时间先急剧增加,此阶段为初级阶段,速率为初级速率;而后缓慢发展,为次级阶段,发展速率为次级速率。图 7 为管线不同埋深时不同断面的冲刷深度随时间的发展情况,x 值由右侧到左侧依次增大。从图 7 中可得,埋置管线冲刷深度的发展也分为初级阶段和次级阶段,其临界时间在 15 min 和 20 min 之间。

比较图 7 中相同埋置深度下各断面管前的冲刷深度,可得出波浪斜向入射斜坡时管线右侧冲刷深度发展的初级阶段速率大于左侧,次级阶段速率则基本保持一致。这说明管线右侧泥沙率先起动,并且冲刷深度迅速发展,左侧初级阶段冲刷发展比右侧缓慢,这造成左侧冲刷深度小于右侧;而后次级阶段各断面冲刷速率基本保持一致,所以最终右侧冲刷深度大于左侧。所以图 5 出现的管线左右侧局部冲刷的弱不均衡性是在冲刷坑的初级阶段形成的。

图 8 给出了 x = 0.12 断面管线不同埋深时冲刷深度随时间的发展趋势,可知管线冲刷过程中初级速率大且基本保持稳定,次级阶段的次级速率小,且有所变化。管线埋深增加时,初级速率减小,但次级速率基本不变。说明管线埋深的增加减小了管线初级阶段冲刷深度的发展速率。

为了研究管线由肩部向中间的发展过程,对管线 1/4 埋时冲刷坑的扩展进行观察分析。图 9 为管线 1/4 埋冲刷坑的扩展过程示意图。为了在照片中清楚表现出波浪的传播方向,沿波浪传播垂直方向放置不锈钢杆作为参照杆。波浪垂直参照杆从照片下方入射,管线右侧所在海床高程较小,左侧高程较大。由于实际拍摄照片中冲刷坑的扩展边缘不清晰,故用红线标示冲刷坑扩展的边缘。

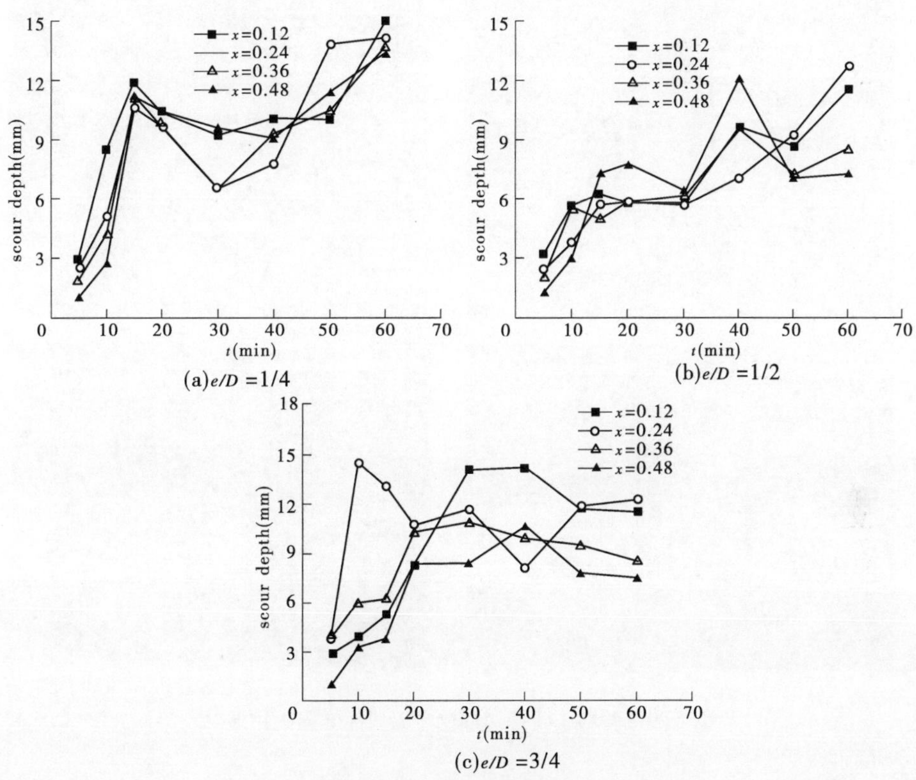

图7　管前冲刷深度的发展

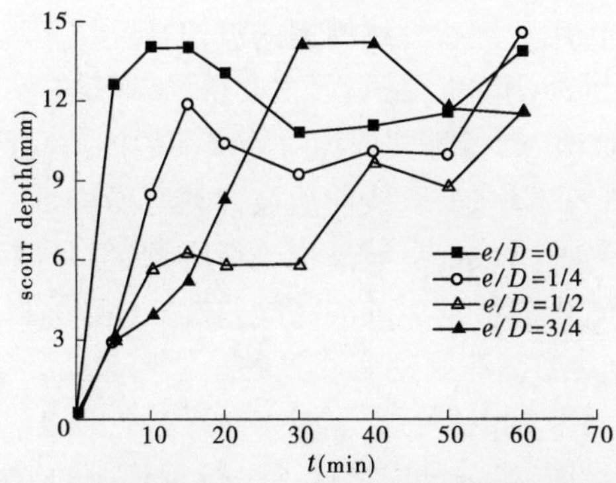

图8　不同埋深时 $x=0.12$ 断面冲刷深度的发展

由图9可发现冲刷前10 min冲刷坑由两侧向中间发展，且管线左右两侧的发展速度基本一致。冲刷15 min后左侧冲刷坑扩展长度基本不变，右侧冲刷坑不断向左扩展，最终管线左右两侧冲刷坑在管道左侧 $1/4L$（L 为管线长度）处合拢。冲刷坑沿管线方向的扩展过程说明管道肩部左右侧冲刷坑的扩展速率是不一致的，右侧冲刷坑的扩展速率大于左侧。随着冲刷的进行，管下冲刷坑在管线靠左侧合拢。若管道两端不固定，将出现管道自埋现象，对管道起到一定的保护作用。但也由于斜向波作用下，管线左右侧冲刷坑扩展速率不平衡，需要考虑管线整体失稳破坏。

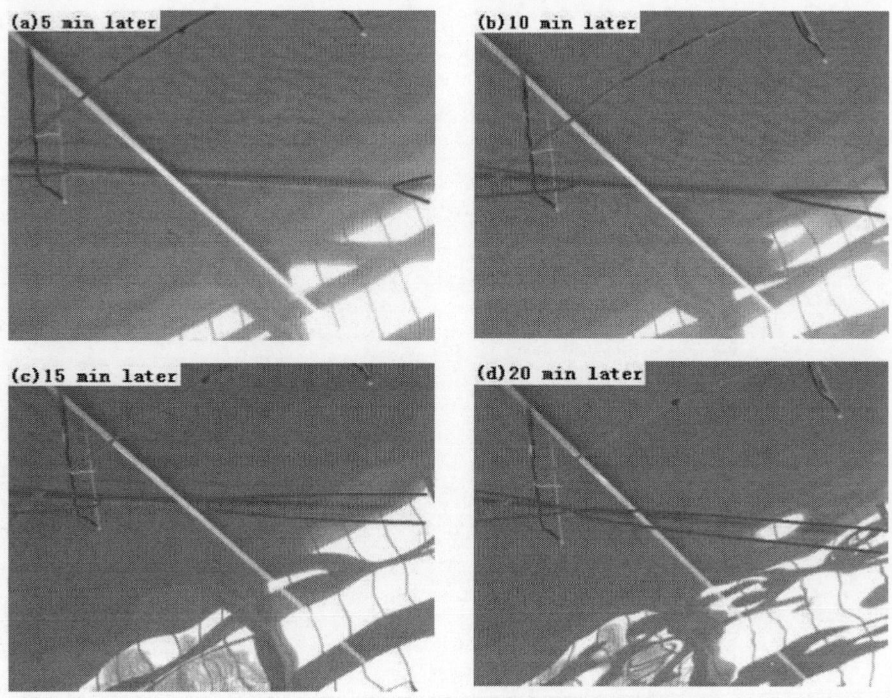

图9 管线1/4埋时冲刷坑沿管线方向的扩展

4 结论

本文主要通过港池物理模型试验,研究了斜向波作用下斜坡海床上埋置管线的三维冲刷。通过研究斜向波浪作用下埋置管线周围的波浪特性,进一步研究不同埋置深度管线三维冲刷形态演变及三维冲刷的发展过程,主要得出以下结论:

(1)波浪斜向入射斜坡时,管线不同埋深对管线前后的波高影响很大:当管线前后形成了连通的冲刷坑时,随埋深的增加,管线前后波高均有所降低;当管线前后没有形成连通的冲刷坑时,随埋深的增加,管线前后波高也略有降低,但是波高比形成连通的冲刷坑时的波高大。管线的存在影响管线前后的波高的差值,全埋时管线前后的波高相差不大。

(2)管线不同埋深时,其局部冲刷都有明显的三维特性,即右侧冲刷深度大于左侧。从管线搁置到管线全埋管后沙纹由平行于管线方向逐渐向与波浪传播方向正交发展。在没有形成前后连通的冲刷坑时,管前同时形成了平行于管线的波长较大的沙纹和与波浪传播方向正交的波长较小的沙纹;管线前后形成了前后连通的冲刷坑时,管线对管前沙纹的影响不大。

(3)管线不同埋深时,其局部冲刷的发展有明显的三维特性,即左侧冲刷深度的初级速率小于右侧,次级速率则基本一致,冲刷深度的不均衡性是在初级阶段形成的。随埋深的增加,冲刷深度的初级发展阶段的速率逐步减小,埋深的增加减小了冲刷的发展速率。

(4)管线1/4埋时,管线肩部左右侧冲刷坑的扩展速率是不一致的,右侧冲刷坑的扩展速率大于左侧。

参考文献

[1] Mao Y. The interaction between a pipeline and an erodible bed[D]. Technical University of Denmark, 1986.

[2] Chiew Y M. Mechanics of local scour around submarine pipelines[J]. Journal of Hydraulic Engineering, 1990,116(4):515-529.

[3] 范菲菲,拾兵,刘勇,等.海底水平管线回流区水力特性研究[J].中国海洋大学学报,2012,42(7-8):173-177.

[4] Muhammad S Alam, Cheng L. A parallel three-dimensional scour to predict flow and scour below the submarine pipeline[J]. central European journal of physics,2010, 8(4): 604-619.

[5] 文君风,勾莹,宋伟华,等.海流作用下海底管线局部冲刷数值分析[J].海洋工程,2012,30(1):75-82.

[6] 臧志鹏,滕斌,程亮,等.水流作用下海底管线三维冲刷扩展速度试验研究[J].大连理工大学学报,2009,49(1):110-114.

[7] Zang Zhipeng, Cheng L, Zhao M, et al. A numerical model for onset of scour below off shore pipelines[J]. Coastal Engineering,2009,56:458-446.

[8] Yushi Wu, Chiew Y M. Three-dimensional scour at submarine pipelines[J]. Journal of Hydraulic Engineering,2012,138(9):788-795.

[9] Yushi Wu, Chiew Y M. Three-Dimensional Scour at Submarine Pipelines in Unidirectional Steady Current [J]. Geotechnical Special Publication,2010,5:471-481.

[10] Chiew Y M. Prediction of maximum scour depth at submarine pipelines[J]. Journal of Hydraulic, ASCE, 1991,117(4):452-466.

[11] Yasa R, Etemad-Shahidi A. Classification and Regression Trees Approach for Predicting Current-Induced Scour Depth Under Pipelines[J]. Journal of Offshore Mechanics & Arctic Engineering, 2013,136(1): 190-198.

[12] Gao F P, Gu X Y, Jeng D S. Physical modeling of untrenched submarine pipeline instability[J]. Ocean Engineering, 2003, 30(10):1283-1304.

[13] Voropayev S I, Testik F Y, Fernando H J S, et al. Burial and scour around short cylinder under progressive shoaling waves[J]. Ocean Engineering,2003,30(13):1647-1667.

[14] 潘冬子,王立忠,潘存鸿,等.推进波作用下海底管线周围局部冲刷试验研究[J].海洋工程,2007,25(4):27-32.

[15] Sumer B M, Fredsøe J. Scour blow pipelines in waves[J]. Journal of Waterway, Port, Coastal, and Ocean Engineering, ASCE,1990,116(3):307-323.

[16] Sumer B M, Fredsøe J. Onset of scour below a pipeline exposed to waves[J]. International Journal of Offshore and Polar Engineering,1991,I(3):189-194.

[17] Esin C E, Yalc Y K. Scour under submarine pipelines in waves in shoaling conditions[J]. Waterw., Port, Coast. Ocean Eng. 1999,125(1):9-19.

[18] 张靖,拾兵,赵恩金,等.复杂波浪条件下海底管线冲刷深度实验研究[J].水动力学研究与进展,2015,30(2):123-128.

[19] 程永舟,杨桥梁,黄筱云,等.斜坡海床上管线位置对其周围冲刷影响试验[J].长沙理工大学学报,2015,12(1):55-62.

[20] Cheng L, Yeow K, Zang Z P, et al. 3D scour below pipelines under wave and combined wave and currents [J]. Coastal Engineering 2014, 83: 137-149.

[21] 刘盈溢,吕林,郑苗子,等. 波流作用下海床稳定性和海底管线局部冲刷分析[J]. 浙江大学学报, 2012, 46(6): 1135-1142.

[22] 郭荣,童思陈,张曼,等. 基于声学多普勒流速仪的地形测量试验[J]. 水利水电科技进展, 2010, 32 增刊(2): 52-54.

[23] 陈子荣,李志龙,冯砚青,等. 近岸带波高与周期分布的核密度估计[J]. 海洋与湖沼, 2007, 38(2): 97-103.

[24] Myrhaug D, Muk Chen Ong, Cecilie Gjengedal. Scour below marine pipelines in shoaling conditions for random waves[J]. Coastal Engineering, 2008, 55: 1219-1223.

【作者简介】 程永舟(1974—),男,教授,博士研究生,长沙理工大学水利工程学院工作,主要从事河流海岸动力学及泥沙运动方面研究。E-mail: chengyongzhou@163.com。

基于水声速自标定的高精度超声动态水位传感器

吴 俊 舒岳阶 丁甡奇 周远航

（重庆交通大学 西南水运工程科学研究所，重庆 400016）

摘 要 现有超声波水位传感器的温度补偿测速法和阈值比较测时法易引入较大误差，导致水位测量精度偏低，无法满足水工物理模型实验测量需求，针对这个问题，提出基于水声速自标定的超声动态水位传感器精度提升方法，采用声速直接测量补偿法和归一化包络时差法分别测量声速和时间，理论分析表明，这两种改进的方法能有效的减小测量误差，为了检测本水位测量仪的性能，对超声波水位传感器进行了静态水位和动态频率检定实验，实验结果表明，开发的超声波水位传感器精度为 0.1 mm，动态测量频率最大误差为 0.1 Hz(2000 点 FFT)，可广泛应用于模型试验静动态水位测量。

关键词 自标定；高精度；超声；水位；包络时差法；动态

High Precision Ultrasonic Dynamic Water Level Sensor Based on Acoustic Velocity Self-calibration

WU Jun, *SHU Yuejie*, *DING Shenqi*, *ZHOU Yuanhang*

(Southwestern Research Institute of Waterway Engineering, Chongqing Jiaotong University, Chongqing 400016, China)

Abstract The temperature compensation method and the threshold comparison method used in the existing ultrasonic level sensor are easy to introduce larger errors, and result in low water level measurement accuracy, which cannot meet the demand of hydraulic physical model experiments. To solve this problem, a high precision ultrasonic water level dynamic measuring instrument based on acoustic velocity self-calibration is put forward, velocity is measured directly, and time is measured by normalized envelope time difference method. Theoretical analysis shows that the two improved method can effectively reduce the measurement errors. To test the performance of the water level measuring instrument, the static water level and dynamic frequency verification experiment are conducted, the experimental results show that the precision development is up to 0.1 mm, and the maximum dynamic measuring frequency error is 0.1 Hz (2000 points FFT). This instrument can be widely used in the hydraulic physical model test for static and dynamic water level measurement.

Key words Self-calibration; High precision; Ultrasonic; Water level; Envelope time difference method; Dynamic

1 引 言

水位是水工物理模型试验最为关键的基础物理参量之一，对模型试验沿程水位的准确获取是模型率定、试验以及认识非恒定流流体流动特性的关键,如何准确快速的获取模型多点水位一直是现代水工量测技术领域研究的热点。

现普遍采用的水位测量方法主要有水位测针[1]与跟踪式水位计。水位测针价格低廉,适合于一般工程应用,但存在人为读数误差大、自动化程度低、无法实时测得水位信息等缺点。跟踪式水位计为了消除水黏滞效应的影响,优化采用逐点探测的方式,使测量精度大大提高,但该方法由于属于电机传动测量,机械部件在长期使用中容易磨损,影响测量精度,而且仅能测量静态水位。

声波是水下目标探测的优良媒介,具有水中衰减系数小、传播速度快、界面反射效率高等优点。在原型观测中,已有大量关于超声波水位测量的成功案例,但由于受超声换能器性能、超声波发射、检波、标定等一系列因素的影响,其测量精度通常在厘米级,少数可达到毫米级,大大限制了其在水工物理模型水位测量中的应用。

为此,提出改进超声波水位传感器测量精度的成套技术,并开发适用于水工物理模型试验的专用测量仪器,不仅具有较高的理论价值,而且具有相当大的实际应用意义。

2　超声波水位测量基本原理及误差分析

2.1　测量基本原理

超声波水位测量原理如图 1 所示,将超声波收发一体式传感器置于水下一定深度,竖直向上发射超声波,超声波在水面位置发生反射,反射的超声波被超声波探头接收,通过数据分析即可实时测得水位。

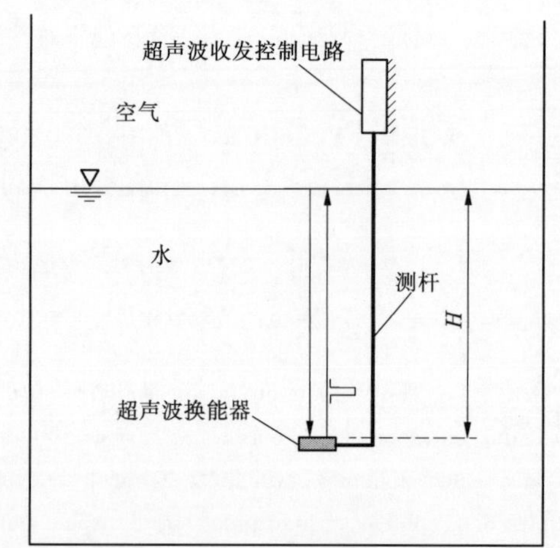

图 1　超声波水位测量原理

设水下声速为 v,超声波从发射到接收之间的时间间隔为 t,则水位高度 H 为:

$$H = \frac{vt}{2} \tag{1}$$

对式(1)取全微分可得:

$$\mathrm{d}H = \frac{t}{2}\mathrm{d}v + \frac{v}{2}\mathrm{d}t \tag{2}$$

则水位高度系统误差 ΔH 为:

$$\Delta H = \frac{t}{2}\Delta v + \frac{v}{2}\Delta t \tag{3}$$

水位高度随机误差 δH 为:

$$\delta H = \frac{t}{2}\delta v + \frac{v}{2}\delta t \tag{4}$$

合成不确定度 σ 为:

$$\sigma = \sqrt{\left(\frac{t}{2}\right)^2 \delta_{v\max}^2 + \left(\frac{v}{2}\right)^2 \delta_{t\max}^2} \tag{5}$$

式中：$\delta_{v\max}$ 为速度的极限误差；$\delta_{t\max}$ 为时间的极限误差。

从式(1-5)中可以看出，影响超声波水位传感器测量精度最关键的两个参数是声速和时间。

2.2 测量误差分析

专门针对声速与时间对测量结果的误差影响进行分析。

2.2.1 声速的影响

水下声速约为 1 500 m/s，易受水温、深度(压强)、水质、水流特性等因素影响，不是一个固定值，传统超声波水位传感器通常通过温度—声速经验公式对其进行补偿。

薛震等[4]实验表明，利用五阶经验公式计算得到的声速与实际水下声速相差数米，如在 25°时，实际声速为 1 498.54 m/s，而经验公式值为 1 495.20 m/s，相差 3.34 m/s。

模型试验水位测量范围在 50 cm 以内，设在满量程情况下，$H=0.5$ m，$v=1\ 498.54$ m/s，$\Delta v=3.34$ m/s，超声波往返时间 $t=2H/v=0.667\ 3$ ms，将这些参数代入式(3)和式(4)中，得到由温度补偿法引起的水位高度测量系统误差和随机误差均高达 1.11 mm。而且，声速在水质、水深、水流运动等不确定性因素的影响下，测量误差毫无规律可循，导致难以减小或消除。

2.2.2 时间的影响

超声波收发控制电路测量超声波从发射到接收之间的往返时间，传统上通常采用阈值比较法[5-8]进行测量，其原理如图 2 所示。

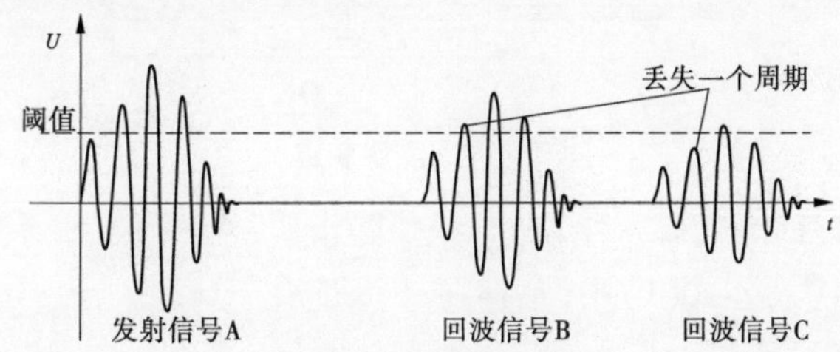

图 2 阈值比较法

其中，A 为发射信号，B、C 为不同距离的回波信号，以某一电压值作为阈值，由于发射信号幅度固定不变，因此计时的起始时刻是确定的；接收信号的强度受距离影响，距离越近，则电压幅度越大，距离越远，电压幅度越小，在阈值比较过程中，极易丢失一个超声波周期以上的时间。为了提高精度，通常做法是提高放大倍数和超声波换能器频率。但放大倍数无法一直提高，并且当放大倍数很大时，环境噪声也随之增大，导致有用信号淹没在噪声中而难以检测。换能器频率越高，在水中衰减越快，导致量程越小。因此，阈值比较法始终存在着丢失周期的问题。设换能器频率为 1 MHz，则丢失一个周期的时间差为 1 μs，设 $v=1\ 498.54$ m/s，代入式(3)和式(4)中，可得系统误差和随机误差均高达 0.75 mm，当丢失更多周期时，测量误差也将会更大。

2.2.3 总 结

从上述分析中可以看出，温度补偿测速法和阈值比较测时法使得系统误差和随机误差较大，将温度补偿测速法随机误差和阈值比较测时法引入的随机误差代入式(5)中，得测量结果的波动幅度高达1.34 mm,同时各种不确定性因素导致系统误差难以消除或减小,系统误差与随机误差综合效应使得超声波水位计误差远大于经典测针式水位测量精度,必须进行改进,否则无法应用于水工物理模型试验水位测量中。

3 精度提高方法

根据误差分析的结果,只有分别提高声速和时间两者的测量精度,才能最终提高超声波水位传感器的测量精度。

3.1 声速直接测量补偿法

由于声速受很多不确定性因素影响而导致测量误差较大,本文采取水体声速直接测量补偿法,如图3所示。将超声波换能器安装在中空透水框架的一端,平行的另一端作为反射面,水可以自由穿透该框架。两端面间的距离为定值 L_0,超声波发射接收控制电路实时测量超声波在该框架腔中的往返时间 t_0,水中声速 V_0表达式为:

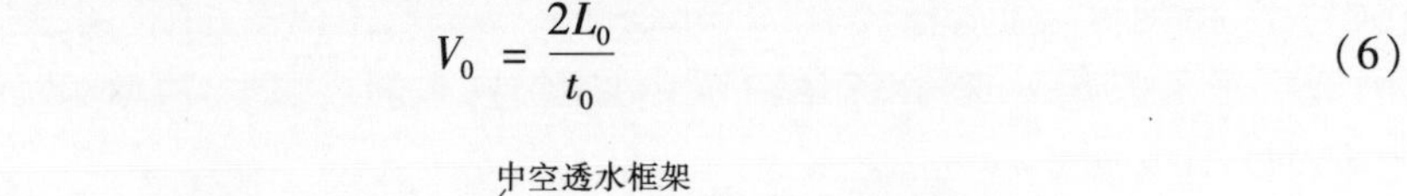

$$V_0 = \frac{2L_0}{t_0} \tag{6}$$

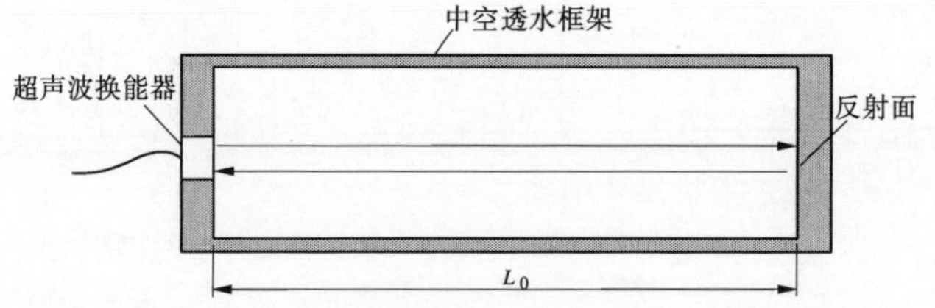

图3 声速测量装置

式(6)中得到的 V_0即为实际水中声速,该值随水质、水流、温度、水深等因素变化而变化,跟随性好,将该值代入公式(1)中,不存在补偿误差。

3.2 归一化包络时差检测法

超声波回波信号采用包络检测法来测量超声波往返的精确时差[9]。发射信号波形、幅度固定不变,作为基准信号。利用数字信号峰值检测法[10]来获取信号包络,根据包络计算时差,算法流程如下:

(1)对超声波模拟信号进行采样,得到数字信号 $f(kT_s)$,采样点数为 K,该信号由发射信号和回波信号组成。

(2)检测 $f(kT_s)$上所有波峰,波峰特征是幅度大于它左右两边数个点的幅度,记录每个波峰的位置及幅值,组成波峰数组。

(3)利用一维样条插值算法,对波峰数组进行插值,插值点数仍为 K,插值结果为 $g(kT_s)$,此即为原始超声波模拟信号的包络。

(4)将包络 $g(kT_s)$分成两部分,前一部分为发射信号包络 $s(mT_s)$,长度为 M,后一部分为包含回波信号的包络 $r(nT_s)$,长度为 N,其中 $M+N=K$。

(5)求 $s(mT_s)$最大值 s_{max},将 $s(mT_s)$除以 s_{max},进行归一化处理,得到归一化的发射信号包络 $s'(mT_s)=s(mT_s)/s_{max}$;同理,对 $r(nT_s)$进行归一化,找到最大值 r_{max},得到归一化

后的信号 $r'(nT_s)=r(nT_s)/r_{\max}$。

(6)对 $r'(nT_s)$ 信号依次滑动取 M 个点,计算范数 $h(i)=||s'(mT_s)-r'((i+m)T_s)||_2$,其中 $0\leqslant i\leqslant N-M$,$h(i)$取最小时的位置为 i,则发射信号与接收信号之间的时间差 $t=(i+M)*T_s$。

将 t 代入式(1)中,即可求得水位。该方法绕过了丢失周期的问题,并且对波形做了归一化处理,消除了回波强度对时间测量没有影响。

4 试验

采用上述方法,设计并开发了超声波水位传感器与测量仪(见图 4),可提供 16 通道传感器信号接入,测量仪信号采用 USB2.0 模式与主机进行通信传输,只需用一根 USB 线缆连接测量仪与笔记本电脑,即可进行现场测量。

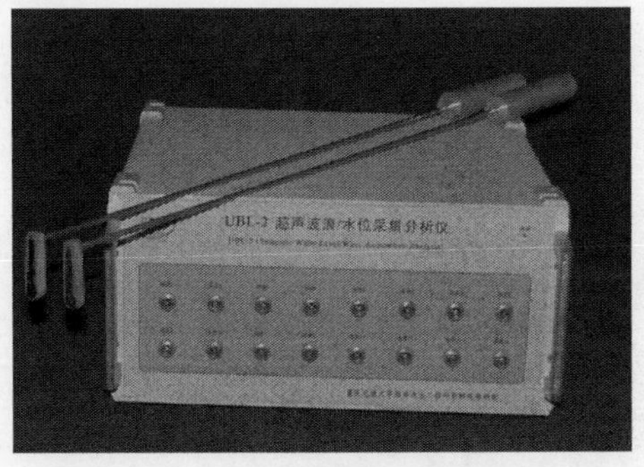

图 4 水位/波浪测量仪实物图

4.1 精度测定试验

为了验证该传感器的精度,进行了计量检定实验。实验系统由超声波水位传感器、高精度电动位移平台、水槽等组成,电动位移平台精度为 5 μm。将超声波水位传感器固定安装在电动位移平台上,超声波水位传感器的换能器淹没在水槽中,控制电动位移平台移动固定距离,记录移动量与传感器实测数值,对该传感器进行检定,实验系统原理如图 5 所示。

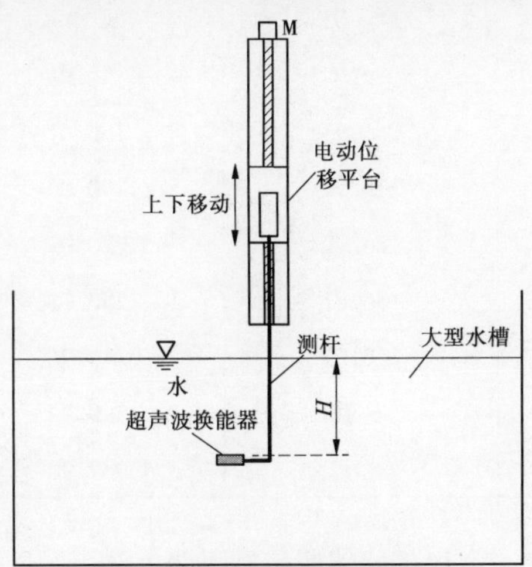

图 5 超声波传感器检定实验

测量结果如表 1、表 2 所示,两次测量的绝对误差均小于 0.1 mm。

表 1　测试结果(第一次)

序号	位移平台定位值(mm)	传感器测量结果(mm)	水位变化量(mm)	绝对误差(mm)
1	0	410.05	—	—
2	30	380.05	29.99	0.01
3	60	350.05	60.00	0.00
4	90	320.07	89.98	0.02
5	120	290.08	119.97	0.03
6	150	259.95	150.10	-0.10
7	180	229.98	180.06	-0.06
8	210	199.98	210.07	-0.07
9	240	170.03	240.02	-0.02
10	270	140.04	270.01	-0.01
11	300	110.09	299.96	0.04
12	330	80.13	329.91	0.09
13	345	65.12	344.93	0.07

表 2　测试结果(第二次)

序号	位移平台定位值(mm)	传感器测量结果(mm)	水位变化量(mm)	绝对误差(mm)
1	0	406.02	—	—
2	10	396.03	9.99	0.01
3	40	366.03	39.99	0.01
4	70	336.04	69.98	0.02
5	100	306.03	99.99	0.01
6	130	276.07	129.94	0.06
7	160	245.95	160.07	-0.07
8	190	215.97	190.05	-0.05
9	220	185.99	220.03	-0.03
10	250	156.01	250.01	-0.01
11	280	126.05	279.96	0.04
12	310	96.10	309.92	0.08
13	340	66.12	339.90	0.10

以位移平台定位值为 x 轴,以传感器测量结果为 y 轴,画成的曲线如图 6 所示,从图中可以看出,标准值与测量值线性相关系数为 1.0。

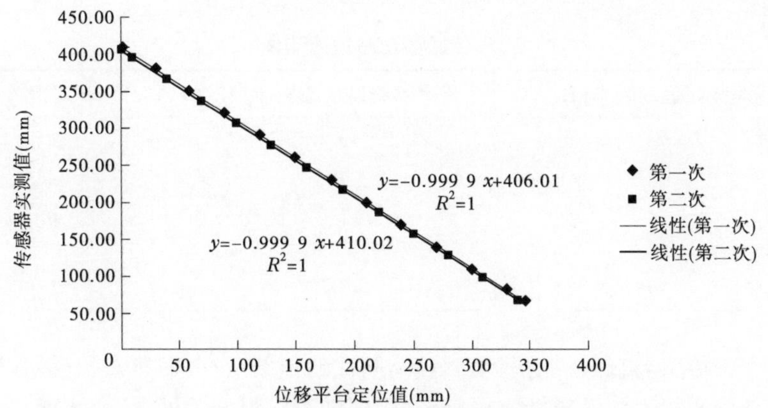

图 6 检定实验结果

本测量系统经重庆市计量质量检测研究院检定,测量精度达到了 0.1 mm。

4.2 动态性能测定试验

动态性能测试系统原理图如图 7 所示,偏心轮将电机的转动运动转化成滑块的竖向直线运动,超声波传感器安装在滑块上,通过传感器的竖向直线运动来模拟水面波动。该系统竖向运动位移为[-25 mm, 25 mm],电机转速最大为 10 r/s(过大对水面扰动太大)。调节电机电压,控制滑块竖向运动频率,采集 2 000 点传感器输出数据(以中间距离为零点),并对其进行频谱分析,测试传感器的动态性能。

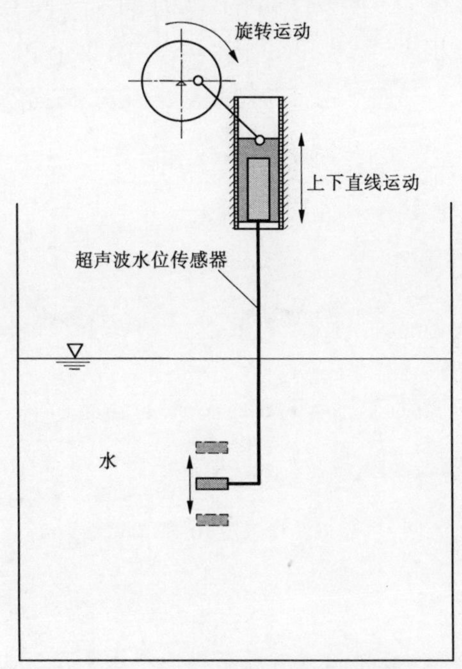

图 7 动态性能测试系统原理图

电机分别以 4 r/s、6 r/s、8 r/s、10 r/s 的转速运动,模拟水面的波动,传感器采样频率为 145 Hz,测试结果如表 3 所示。

表 3　传感器动态性能测试

序号	滑块竖向运动频率(Hz)	传感器频谱中心频率(Hz)	绝对误差(Hz)
1	4	4.0	0.0
2	6	6.1	0.1
3	8	8.1	0.1
4	10	10.2	0.1

如表 3 所示,传感器在电机的驱动下做周期性的正弦运行,通过对传感器输出信号进行频谱分析,其中心频率与电机转速吻合较好,但随着电机转速的增大,水面扰动增加,中心频率产生随机误差,波动频率最大误差为 0.2 Hz。

其中,滑块运动频率为 10 Hz 时的传感器输出数据如图 8(a)所示,对其进行频谱分析,如图 8(b)所示,从图中可以看出,传感器输出数据平滑,无较大毛刺,频谱中最大幅度处频率即为波动频率,传感器动态性能良好。

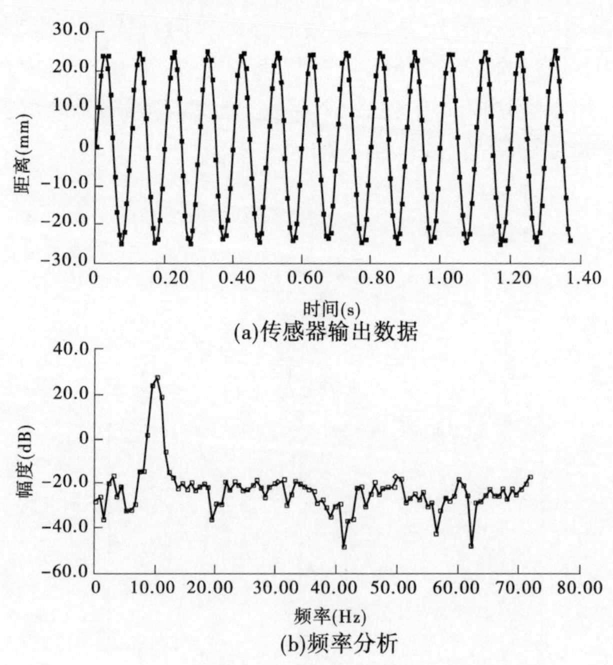

(a)传感器输出数据

(b)频率分析

图 8　超声波传感器 10 Hz 测试结果

5　结　论

阈值比较法导致超声波往返时间测量易丢失一个以上的周期,温度补偿法由于只能补偿温度变化,而无法补偿水质、水深、水流运动等因素,导致声速测量存在着较大误差,阈值比较法和温度补偿法限制了超声波水位传感器的精度。为此,提出直接声速测量法来补偿声速变化,理论上无补偿误差;以归一化包络时差法来测量时间,避开了阈值比较的问题。采用这两种方法改进的超声波传感器经过计量检定实验,实验结果表明,精度能达到0.1 mm,动态性能良好,完全满足现有大部分物理模型水位动静态测试需求。

参考文献

[1] 江大杰. 多用途水位测针[J]. 江西水利科技, 1983(3).

[2] 徐基丰. 数字编码探测式水位仪[J]. 水利水运科学研究, 1982(4).

[3] 江大杰. JS-A 型精密数字水位仪[J]. 江西水利科技, 1983(3).

[4] 薛震,刘阳. 液体声速随温度变化的特性研究[J]. 大学物理实验, 2012, 25(4): 78-80.

[5] Mamullen W G, Delaughe B A, Bird J S. A simple rising-edge detector for time-of-arrival estimation[J]. IEEE Transactions on Instrumentation & Measurement, 1996, 45(4):823-827.

[6] 蓝标. 高精度气介式超声波水位计的设计[J]. 水利信息化, 2012(2): 53-57.

[7] 舒乃秋, 陈小桥. 多点超声水位仪测量精度的研究[J]. 人民长江, 1996, 27(2): 30-32.

[8] 成俊, 张金, 王伯雄. 时差式超声测量回波信号处理研究[J]. 传感器与微系统, 2012, 31(12): 34-37.

[9] 程晓畅,王跃科,苏绍,等. 基于相关函数包络峰细化的高精度超声测距法[J]. 测试技术学报, 2006, 20(4):320-324.

[10] Parrilla M, Anaya J J, Fritsch C. Digital signal processing techniques for high accuracy ultrasonic range measurements[J]. IEEE Transactions on Instrumentation & Measurement, 1991, 40(4): 759-763.

【作者简介】 吴俊(1981—),男,江苏南通人,副研究员。现就职于重庆交通大学西南水运工程科学研究所,主要从事水利量测相关技术研究工作。E-mail:wujun_gd@126.com。

滁州紫薇北路排涝泵站水工模型试验中的流量调节与脉动压力检测系统

武　锋

(安徽省(水利部淮河水利委员会)水利科学研究院,合肥　230088)

摘　要　流量调节和脉动压力检测是泵站水工模型试验中经常会遇到的问题,本文结合滁州市紫薇北路排涝泵站水工模型试验,对排涝泵站水工模型试验中的流量调节及脉动压力检测系统的组成、主要设备部件的选择、应用结果等进行了简要介绍和说明,以供借鉴参考。

关键词　排涝泵站;水工模型试验;流量调节;脉动压力检测

Flow Control and Pressure Pulsation Detection Systemin Chuzhou North Myrtle Drainage Pumping Station Hydraulic Model Test

WU Feng

(Anhui & Huaihe River Institute of Hydraulic Research, Hefei 230088)

Abstract　Flow control and pressure pulsation detection is a problem often encountered in hydraulic model test of pumping station, this paper combination Chuzhou myrtle road drainage pumping station of hydraulic model test, for composition of Flow regulator and pressure pulsation detection system in drainage pump station hydraulic model test, main equipment selection, application of the results, and has carried on the brief introduction and description, for reference.

Key words　Drainage pumping station; Hydraulic model test; Flow control; Pressure pulsation detection

1　前　言

滁州市紫薇北路排涝泵站工程主要任务是解决内城河水系防洪排涝问题,当外河清流河高水位时涝水能通过排涝泵站排除,低水位时洪水能自动排入清流河,同时旅游性船只能够通过闸站通航孔进出内城河。

本站共安装 5 台 1600ZQB - 125 型轴流泵,作一列式布置。进口设检修门,采用浮箱叠梁式钢闸门。出口设防洪门,采用平面滑动钢闸门。

消能采用底流消能形式,挖深式消力池。消力池与闸基连接段采用 1:4缓坡连接,连接段长 4 m。消力池池长 15.0 m、深 1.0 m,池底高程 4.0 m。

下游海漫段设 15.0 m 长护底。海漫末端建抛石防冲槽,防冲槽顶面高程为 5.0 m,槽深 1.0 m,底宽 2 m,边坡 1:2。防冲槽末端与下游河道平顺连接。

本排涝泵站的设计运行条件如下[1]：

(1)内河设计水位:11.2 m。

(2)内河最高运行水位:12.0 m。

(3)内河最低运行水位:10.5 m。

(4)外河设计水位:15.02 m。

(5)外河最高运行水位:15.8 m。

(6)外河最低运行水位:12.7 m。

(7)泵站最大自排流量:291 m^3/s。

(8)泵站抽排最大流量:45.1 m^3/s。

根据模型试验任务书的要求,由于本次模型试验中需要研究不同工况下的泵站和通航孔进出口布置是否合理及对上游铁路桥桥墩和路基的影响;同时还要研究不同工况下的消力池底板的动水压力荷载变化情况,所以在本次模型试验中,其模拟泵的抽水流量应能在一定的范围内进行调节,同时在消力池底板下应布设脉动压力传感器对消力池底板的脉动压力进行检测。

根据《水工(常规)模型试验规程》(SL 155—2012)相似准则规定,水工模型试验在满足重力相似的基础上,水工建筑物模型不得采用变态,必须采用正态模型,因而本模型按正态模型设计,根据试验要求,本方案模型比尺为 $L_r=40$。相应的主要水力要素比尺如下：

流量比尺 $Q_r=L_r^{5/2}=10\ 119.289$

流速比尺 $V_r=L_r^{1/2}=6.325$

滁州市紫薇北路排涝泵站工程整体模型试验布置图如图 1 所示[1]。

2 流量调节与脉动压力检测系统

2.1 系统的组成

本次模型试验中的流量调节与脉动压力检测系统由流量调节部分和脉动压力检测部分组成,其中流量调节部分由自耦调压器、控制开关、单相自吸泵组成;脉动压力检测部分由开关稳压电源、脉动压力传感器、多路 A/D 转换器、通信总线、接口转换器、检测计算机(含检测软件)等环节组成,其组成原理示意图如图 2 所示。

2.2 模拟泵及其流量调节设备

(1)根据泵站的最大抽排流量,结合模型的流量比尺进行模拟泵的选择。

已知本泵站的最大抽排流量为 45.1 m^3/s,单台泵的最大抽排流量约为 9 m^3/s,流量比尺 $Q_r=L_r^{5/2}=10\ 119.289$,由此可得出,模型试验中单台模拟泵的最大抽排流量应为 54 L/min。根据此计算结果,本次模型试验中采用了 220 V/750 W 单相自吸泵进行排涝模拟,在 1 m 以下的低扬程情况下,所选用的模拟泵最大排水量可达 58 L/min 左右,可以满足本模型试验的要求。

(2)根据模拟泵的总功率值选择自耦调压器的功率,本项目中 5 台模拟泵的总功率为 3.75 kW,适当放大余量并考虑功率因数的影响,本项目中选用了 220 V/5 kVA 的自耦调压器。通过该自耦调压器可实时调节模拟泵的工作电压,从而可在一定的范围内对抽排水流量进行实时调节。

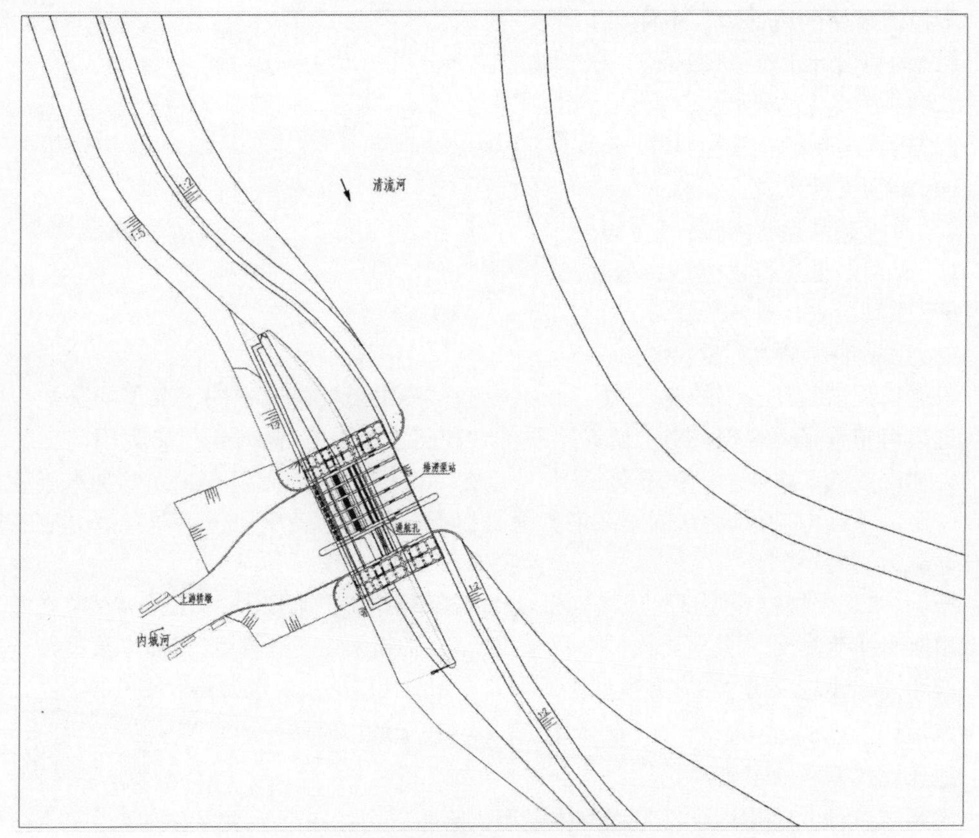

图1　整体模型试验布置图

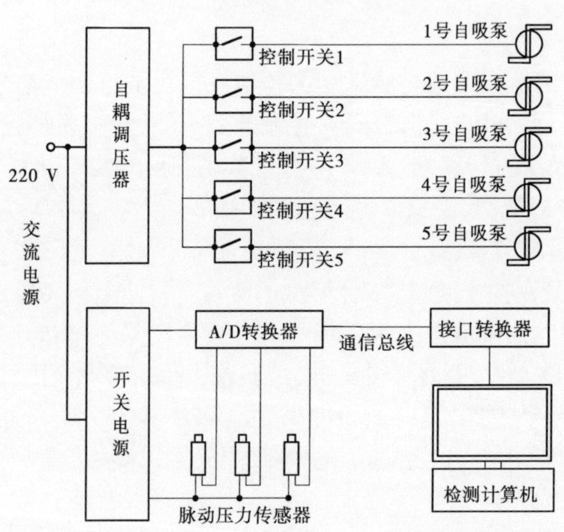

图2　流量调节与脉动压力检测系统组成原理示意图

2.3　脉动压力检测系统

(1)根据模型试验的最大水深值,估算出可能的最大脉动压力范围,根据该值并适当增加余量后，即可确定脉动压力传感器的量程值。另外，考虑到在极端工况情况下，可能会出现短时负压的情况，所选用的脉动压力传感器应具有负压检测功能。

水流的脉动压力变化频率一般较低，根据以往的原型观测资料分析研究的结果表明，作用于挡水建筑物各测点上的水流脉动压力通常为窄带低频随机过程，其含能频率通常不高于 10 Hz，优势频率为 0 ~ 2 Hz[2]。

根据以上选型条件，本次脉动压力传感器选用了 BSH－15 型双向压力传感器，其量程为 ±15 kPa，±5 V 电压输出，动态响应频率 0 ~ 100 Hz，正式使用时应对传感器进行密封防水处理。

本次模型试验中需要对消力池底板上的 3 点位置进行脉动压力检测，其测点布置示意图如图 3 所示。

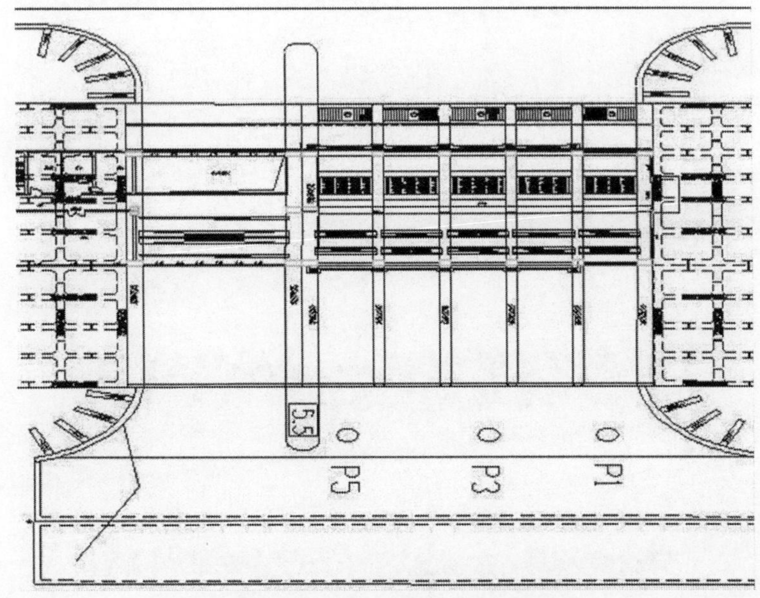

图 3 脉动压力传感器布置示意图

(2)本项目中所采用的 A/D 转换器为 RM4018V，其主要特性如下：

8 路模拟输入，12 位分辨率，支持 ModBus 协议，光隔离 RS485 通信。

输入范围：±5 V、0 ~ 5 V、0 ~ 10 V。

RM4018V 采集的数据可通过通信总线和标准 ModBus 协议传送到上位采集计算机中，进行进一步的分析处理。

(3)上位采集计算机应带有标准 RS232 接口，通过 RS485—RS232 转换器经通信总线与 A/D 转换器 RM4018V 相连。

由于采用标准的 ModBus 协议进行通信，所以采集软件只要能实时读取标准的 ModBus 协议数据即可，给上位机的应用软件开发带来了便利。

3 系统的应用结果

抽排水流量调节由试验人员根据试验工况和前池水位变化情况，实时调节自耦调压器的输出电压,从而即可实时调节模拟泵的抽排水流量,应用效果良好。

在设计洪水位和校核洪水位进行抽排水时消力池底板的脉动压力分布如图4、图5所示。

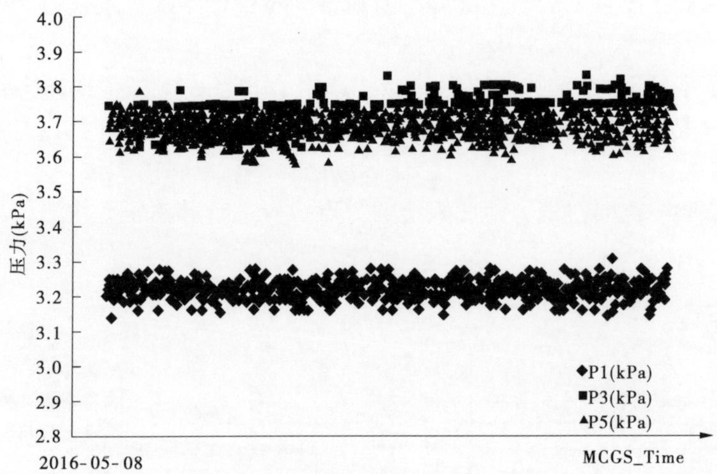

图4　设计洪水位抽排水时消力池底板的脉动压力分布

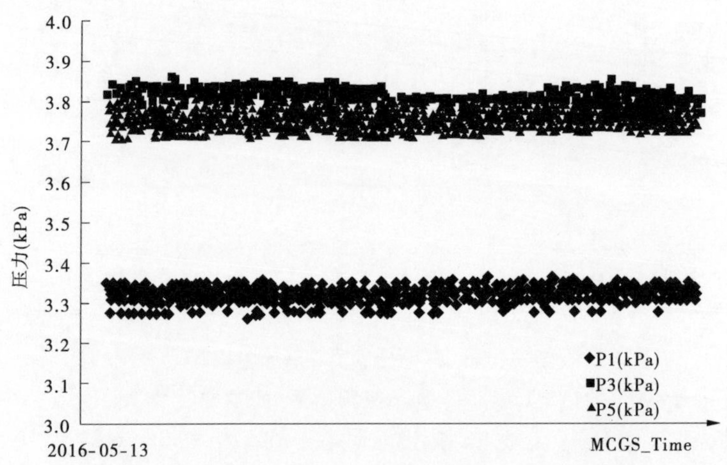

图5　校核洪水位抽排水时消力池底板的脉动压力分布

在自排试验中,试验控制清流河流量为500 m^3/s,清流河水位为10.00 m,内城河自排流量为291 m^3/s,泵站底部流道及通航孔均全开时,消力池底板的脉动压力分布如图6所示。

由图4、图5可见,在抽排水时,泵站消力池底板脉动压力分布较均衡,压力值上限为3.9 kPa,下限为3.1 kPa,消力池左侧脉动压力较右侧略小。

由图6可见,在自排水时,泵站消力池底板脉动压力变幅较小,压力值上限为2.85 kPa,下限为1.85 kPa。

无论是在抽排水工况下还是在自排水工况下,泵站消力池底板均没有发现负压区。

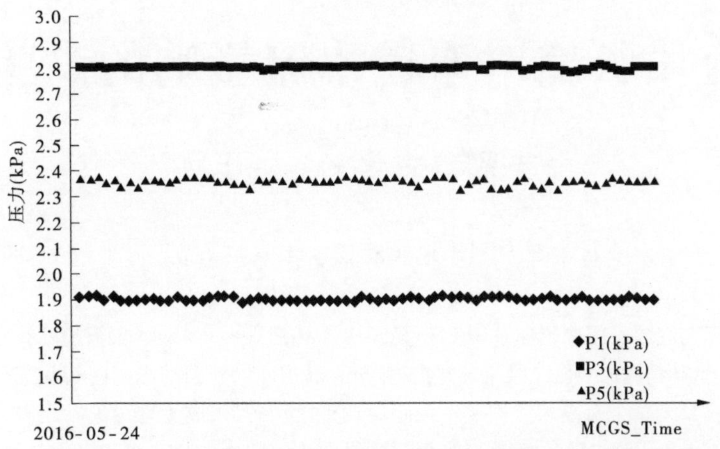

图 6 自排(清流河流量 500 m^3/s)消力池底板脉动压力分布

4 结 语

本文介绍的泵站水工模型试验流量调节和脉动压力检测系统具有简单实用的特点,可在类似的模型试验中借鉴使用。

各设备和部件的选型应适当,参数的选择应留有适当的余量,传感器的输出信号应进行标定后使用。

由于单相自吸泵有一定的工作电压范围,所以采用调压方式的流量调节范围较小,如需更大的流量调节范围,可采用 PWM 调功方式来进行流量调节控制,其流量调节范围能够得到较大的提高。

本次试验脉动压力检测点布设较少,如需进一步的详细了解泵站消力池底板脉动压力分布和变化情况,可适当加密脉动压力检测点的布设。

参 考 文 献

[1] 张波,等.滁州紫薇北路闸站工程水工模型试验研究报告[R].安徽省(水利部淮河水利委员会)水利科学研究院,2016.5.

[2] 刘士和,等.消力池导墙水流脉动压力研究[C]//全国海事技术研讨会.北京:2002:176-181.

【作者简介】 武锋(1963—),男,汉族,教授级高级工程师,安徽省(水利部淮河水利委员会)水利科学研究院,从事水利量测和水电自动化系统研究。E-mail:565667558@qq.com。

上下游直段长度对弯道水流影响的试验探究*

白若男　段炎冲　李丹勋

(清华大学水沙科学与水利水电工程国家重点实验室,北京　100084)

摘　要　利用高频粒子图像测速系统 PIV(Particle Image Velocity)对明渠弯道水流进行了测量,获得了大量高精度的平面二维流场数据,分析了弯道不同断面的纵向时均流速分布。试验结果表明:(1)弯道上直段水流需要一段距离调整至均匀流,成为均匀流后还需一段距离使其能够与弯道段水流自然过渡;(2)水深平均纵向流速的横向分布在弯道段先偏向凸岸,后偏向凹岸并延续至出弯后较长一段距离;(3)为使弯道下直段能够恢复至均匀流状态,保证直段自身不对弯道内水流分布造成影响,下直段需要 200*R* 甚至更长的距离。

关键词　弯道;流速分布;试验;明渠

The Influence of Upstream and Downstream Sections on Bend Flow Characteristics: an Experimental Study

BAI Ruonan*, *DUAN Yanchong*, *LI Danxun

(Sate Key Laboratory of Hydroscience and Engineering, Tsinghua University, Beijing 100084, China)

Abstract　We report new results in this experimental study of the distribution of streamwise velocity in an open channel bend based on two-dimensional measurement with particle image velocity (PIV). The results show that: 1) the flow requires a relatively long distance to be uniform before entering and after exiting the bend, 2) the location of the maximum depth-averaged velocity occurs near the inner bank at the start of the bend, shifts to the outer bank of the channel, and goes back gradually to the channel center after exiting the bend, and 3) a proximate of 200*R* is sufficient for the flow to develop to uniform conditions after exiting the bend.

Key words　Channel bend; Velocity distribution; Experiments; Open channel

1　引　言

弯曲型河流是自然界中最为常见的一种河型,明渠弯道水流运动也是自然界及水利工程中常见的流动形式。作曲线运动的弯道水流,在重力、离心力的作用下,形成一系列的复杂水力现象[1]。因此,研究明渠弯道水流的运动规律,在河流治理、港口兴建、桥墩防冲、引水防沙及改善河道航运等方面都有重要的实际价值。

1870 年,J. Thompson 在试验中发现弯道水流同时存在横向和纵向流动,此后许多学

* **基金项目:**国家自然科学基金面上项目(51379101)。

者开始致力于这一问题的研究，开展了大量模型试验。苏联学者罗索福斯基（1958）在180°的弯曲木槽中较为系统地测量了弯道水流的流速，结果表明弯道出口以后最大流速仍然在凸岸一侧，张红武（1993）的数学模型计算结果与其相符；荷兰学者 De Vriend（1979）也对平面为 U 形的弯道水流进行了详细的量测，最大流速在 165°附近转向凹岸侧[4]；Odgaard（1988）为探究弯曲冲积河道的水流动力特性，在 180°的铺沙水槽模型中进行了试验研究，弯道段及其前后临近段，垂向平均流速均是凹岸侧大于凸岸侧，出弯道后 52R 位置处凹岸侧流速仍然偏大（R 为水力半径）。此外，近年来还有不同角度、变曲率、连续弯道等不同试验模型。

已有的试验模型大多重点关注弯道内部的流态，上下游直段偏短，不能很好地保证其上下游直段达到（恢复）至近似均匀流的状态。此时，进口处的紊动及出口尾门对水流流态的影响会传递至弯道内部，观测到的弯段水流现象并不完全是由于弯段本身的作用而形成的。罗索福斯基（1958）的试验下直段较短，直到弯道出口的水流仍然位于凸岸，未回归至均匀流状态；Odgaard（1988）的弯道槽直段较长，但测量范围内（距离弯道出口 52R）水流没有回归均匀。本文设计包含长直段的弯道槽，用高精度 PIV 流速测量系统测量不同断面的流速，以探究上下游直段长度对弯道水流的影响。

2 水流试验

2.1 试验设备

设计建立了一个包含 180°弯段的 U 形水槽系统，该系统由矩形断面水槽、水位流量自动采集系统及自循环供水系统三部分构成。水槽断面宽 30 cm、高 23 cm，中心线半径 1.5 m，床面和边壁均由高精度超白玻璃构建。水槽结构沿水流方向依次由上游入口直段、180°弯段及下游出口直段组成。全槽身内外壁由圆弧形超白玻璃构成，可观测弯道的连续变化。

就恒定均匀流而言，测量段与尾门和进口应该保持一定的距离，以消除进出口对水流的影响；YEN B. C（2003）初步建议，调节均匀流时上游需要长约 100R 的过渡段，下游需要不短于 50R 的过渡段。本文 U 形水槽的上下游直段长均设置为 11 m，期望对于不同的水力半径，该水槽都能保证上游紊流充分发展，下游不受尾门的影响。

流速测量采用清华大学自主研发的高频 PIV 测量系统，为克服弯道水流曲线运动引起的测量误差，在 PIV 图像采集过程中选取测量断面上 8 mm 左右宽度的画幅，取流向 10 条垂线的平均值作为测量断面位置的流速分布；PIV 采样频率为 500 Hz，单次采样样本容量取最大值 15 000 张（相机内存为 5 GB），可得到 15 000 帧流速场，采样历时为 30 s。

2.2 试验设计

定义坐标系统如下：沿水流流向为 X 轴正方向，与床面平行且由凹岸指向凸岸为 Y 轴正方向，垂直于床面竖直向上为 Z 轴正方向，见图 2（a）。设 U、V 和 u、v 分别为 X、Z 方向的平均速度和瞬时速度。PIV 安装方式见图 2（a）：激光器竖直向上安放在水槽底部，矩形激光片光源平行于 X—Z 面射入水体，相机水平安放在水槽侧面，且垂直于水槽中心线。在此种安装方式下，测量了水槽沿程各个断面上横向坐标 Y 分别为 3、6、9、12、15、18、21、24、27 cm 的 9 条垂线上的 u、v 时间序列，见图 2（b）。

图1　U形弯道水槽

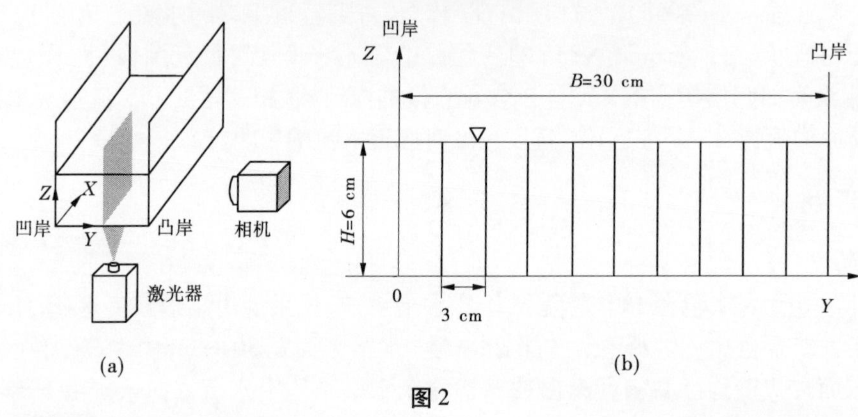

图2

试验过程中,上下游水深 $H=4$ cm,水力半径 $R=3.2$ cm,流量 $Q=3.95$ L/s,水槽底坡全程横向坡降 $S=0$,纵向坡降 $J=0.001$。对于上直段,只要测量段大于 $100R$(320 cm),水流基本能够达到均匀流状态。本文从距离进口 555 cm 处开始布设断面,到下直段可测量的最远端结束,也即从进入弯道前的 445 cm 处到离开弯道后的 848 cm。全水槽共布设 16 个测量断面。其中上直段 3 个,弯段 7 个,下直段 6 个,见表 1。

表1　断面布设位置

编号	1	2	3				
上直段	U445	U250	U88				
编号	4	5	6	7	8	9	10
弯道段	10°	38°	60°	74°	90°	120°	169°
编号	11	12	13	14	15	16	
下直段	D100	D200	D330	D500	D700	D848	

3　测量结果

弯道槽中,水深平均纵向流速的横向分布随各个断面不断变化。本文对每个测量位置处的15 000个流速数据进行平均,得到16(断面)×9(垂线)个时均流速分布;再按照式(1)计算了16个断面中各个垂线的水深平均纵向流速:

$$U = \frac{1}{N}\sum_{i=1}^{N} U_i \tag{1}$$

其中N为每条垂线上的测点数;U_i为垂线上各个点的平均速度,计算结果如图3所示。从图3中可以看出,在上直段部分,1#、2#两个断面的流速分布都比较均匀,符合近似均匀流的状态,这是由于距离进口有较长的距离,满足了经验值(100R),水流得到充分发展;3#断面凸岸有增大的趋势,这是由于弯道的作用使其稍上游部分开始了流速的重新分布。

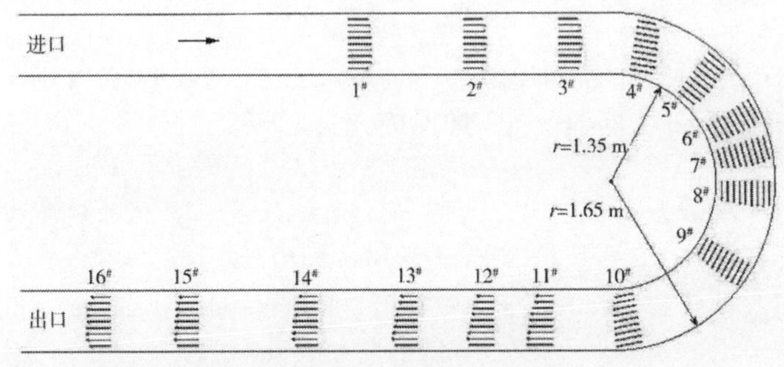

图3 U形水槽各断面水深平均纵向流速的横向分布

刚刚进入弯道(4#断面),凸岸附近水流流速高于凹岸,因为弯道内侧附近区域的水面比降比较陡;随着水流在弯道中发展前进,向心力的作用逐渐将最大流速水流迫向弯道外侧,从而使流速的横向分布发生反转,5#断面已经有偏向外侧的趋势,6#断面则已完全偏向凹岸,该规律一致保持至169°位置处(10#断面)。

水流离开弯道后,11#断面的偏离发生突变,比弯道内10#断面更加偏向凹岸侧,随后慢慢趋于均匀分布,这是由于凹岸侧比降较大,离心力的突然消失使得水流沿切线方向迅速流出。之后随着距离弯道出口越远,流速横向分布偏离程度越小,至15#断面和16#断面位置处已基本回归均匀流状态(约200R)。

4 小 结

水流在从进口流入明渠水槽之后,水泵的作用会产生较强的湍流。因此,进入弯曲段前,需要一段距离发展为近似均匀流;水流离开弯道后,弯段水面横比降、螺旋流等复杂水流现象,需要较长一段距离才能消失。

直槽试验中关于测量段上下游长度的经验在弯道中不再适用,弯道上直段的长度要同时考虑进口与弯段的影响,必须大于100R;下直段则要充分考虑弯道流出的高能量复杂水流能够恢复至均匀状态,就本文中试验条件而言,下直段至少需要200R左右。

已有的研究中,水槽的直段大多偏短,上直段可能不能保证水流充分发展,下直段也没有自然回归至均匀流,并且可能会受到尾门、壅水、跌水的影响。因此,对弯段水流的观测不能充分说明弯道本身对水流的重构作用,提出的数模型和得出的经验参数有待进一步研究。

致谢:本文中试验受到王兴奎教授的精心指导,作者在此表示衷心感谢。

参考文献

[1] 张红武,吕昕. 弯道水力学[M]. 北京:水利水电出版社,1993.

[2] 哈岸英, 刘磊. 明渠弯道水流运动规律研究现状[J]. 水利学报, 2011, 42(12):1462-1469.

[3] 罗索福斯基, 尹学良. 弯道水流的研究[J]. 泥沙研究, 1958(1).

[4] De Vriend H J. Flow measurements in a curved rectangular channel[J]. Tu Delft Department of Hydraulic Engineering, 1979.

[5] Odgaard A J, Bergs M A. Flow processes in a curved alluvial channel[J]. Water Resources Research, 1988, 24(1):45-56.

[6] Yen B C. On establishing uniform channel flow with tail gate[J]. Proceedings of the Institution of Civil Engineers Water & Maritime Engineering, 2003, 156(3):281-283.

【作者简介】 白若男(1991—),女,博士研究生,主要从事试验流体力学研究,采用现代流体测试技术(PIV、ADV 等)。E-mail:bairuonan1991@163.com。

【通信作者】 李丹勋(1970—),男,研究员。E-mail:lidx@tsinghua.edu.cn。

宽视场高频 PIV 技术在明渠流中的应用

陈启刚[1] 齐梅兰[1] 李丹勋[2]

(1. 北京交通大学土木建筑工程学院，北京 100044；2. 清华大学水利系，北京 100084)

摘 要 明渠紊流中的相干结构具有空间尺度大和生存时间长的双重特征，对其进行全貌或全寿命观测超越了现有粒子图像测速(PIV)系统的测量能力。本文通过使用多套常规高频 PIV 系统的硬件设施，研究粒子图像精准拼接技术，研制了宽视场高频 PIV 系统。将该系统应用于测量明渠紊流中横向涡的生存时间。结果表明，随着水流雷诺数的增大，横向涡在生存时间内能达到的极限强度越来越大，但水流紊动加剧使强度的增长率和衰减率以更快的速度变大，导致涡的生存时间逐渐缩短。

关键词 高频 PIV；宽视场测量；明渠紊流；横向涡；生存时间

Time-resolved PIV Measurement of Open-channel Turbulence With a Wide Field-of-view

***CHEN Qigang*[1], *QI Meilan*[1], *LI Danxun*[2]**

(1. School of Civil Engineering, Beijing Jiaotong Uinversity, Beijing 100044;
2. Department of Hydraulic Engineering, Tsinghua University, Beijing 100084)

Abstract Coherent structures in the open-channel turbulence are characterized by either large length scales or long lifespans. To capture the entire shape or evolution process of these structures goes beyond the ability of existing Particle Image Velocimetry (PIV) systems. In the present investigation, two existing time-resolved PIV systems and an image registration method are combined to measure velocity fields with both a high frequency and a wide field-of-view. This technique is utilized to track the evolution process of spanwise vortices in an open-channel turbulence with three friction Reynolds numbers in the range 490-870. The maximum value and changing rate of vortex strength are found to increase with the friction Reynolds number. However, the amplification of changing rate is larger than those of the maximum value, causing a shorter lifespan of spanwise vortices in flows with a higher Reynolds number.

Key words Time-resolved PIV; Wide field-of-view measurement; Open-channel turbulence; Spanwise vortices; Lifespan

1 引 言

粒子图像测速是一种全场、无干扰流场测量技术。近年来，随着高速相机及高频激光技术的进步，同时具有时间和空间分辨能力的高频 PIV 系统日趋成熟，成为开展紊流试验研究的主要手段[1]。尽管高频 PIV 系统通常具有 1 000 Hz 量级的测量频率和 $2H \times 2H$ 量级的测量范围(H 为水深),但在某些方面仍不能满足紊流研究的实际需求。

壁面紊流是一种常见的紊流形式,主要特征是存在多种尺度的相干结构。研究表明,壁面紊流中的相干结构可按空间尺度分为小尺度、大尺度及超大尺度结构三类,其中超大尺度结构的长度约为 10 倍水深[2]。除具有较大的空间尺度外,相干结构还具有较长的时间尺度。例如,Elsinga 等[3]通过对速度梯度矩阵不变量的条件平均分析,得出局部流动结构在其生存周期内先后表现为稳定焦点、非稳定焦点、稳定结点和非稳定结点四种拓扑形态,且完成一次周期循环所需的时间尺度为 $14.3T_E$($T_E = H/U_e$,U_e为自由流速);Lehew 等[4]通过试验发现紊流边界层中存在平均生存时间大于 $5T_E$的小尺度涡。显然,无论是捕捉超大尺度相干结构的空间全貌,还是跟踪小尺度涡的完整演化过程,都要求流场测量范围达 $10H$ 量级,大于现有高频 PIV 技术的测量能力。

本文通过在硬件设施和图像处理方法上对高频 PIV 系统进行技术延伸,提出宽视场高频 PIV 技术的概念,通过将其实际应用于明渠紊流中涡结构生存时间的研究,展示了该技术的应用前景。

2　宽视场高频 PIV 技术

2.1　原理及构成

宽视场高频 PIV 系统的基本原理如图 1 所示,利用多套高频 PIV 系统的硬件设施,通过将各套系统的视场相互搭接,再利用数字图像方法进行粒子图像精准拼接,最后按常规 PIV 算法计算流场。该系统的技术关键,是在不改变粒子图像质量的基础上,实现图像的精准拼接;其技术优势,是可以在不损失精度和分辨率的前提下,测得远大于单套 PIV 测量范围的区域内的流场。

本文宽视场高频 PIV 系统主要由两台激光器、两台高速相机和同步器组成。激光器输出波长 532 nm、功率 8 W 的连续线光,经安装在输出端的片光光路变换后,在试验段形成宽约 15 cm、厚约 1 mm 的片光。高速相机为分辨率 2 560 × 1 920 像素、满帧频率 730 Hz 的 COMS 相机,配备尼康 F50 mm/1.8 镜头,可通过外部输入的信号控制拍摄。试验时,两台激光器形成的片光共面且相互搭接,覆盖整个测量范围;两台相机的视场共面、搭接且底边相互平行,各自以相同的分辨率拍摄,以确保所拍摄的图像之间只存在平移关系。同步器通过线缆与相机连接,控制各相机按相同频率同步拍摄粒子图像。

2.2　图像拼接方法

图像处理技术的关键,是将多台相机同步拍摄的粒子图像,精确拼接为一张完整的宽视场图片。本文使用的图像拼接方法主要包括以下步骤:

(1)在系统设置完毕后、正式试验前,先在测量区域放置标定尺,控制各相机依次拍摄和存储标定图片。如图 2 所示,设 1#和 2#相机拍摄的图片分别为图片 1 和图片 2,根据两张图片中的钢尺图像,通过人工匹配,初步确定图片 1 的重叠区域,如图中矩形虚线框所示。

(2)按正常 PIV 试验流程,通过同步器控制各相机按相同的频率同步拍摄粒子图片。如图 3 所示,任选一对同时拍摄的粒子图片,从图片 1 的重叠区域内提取尺寸较小的粒子

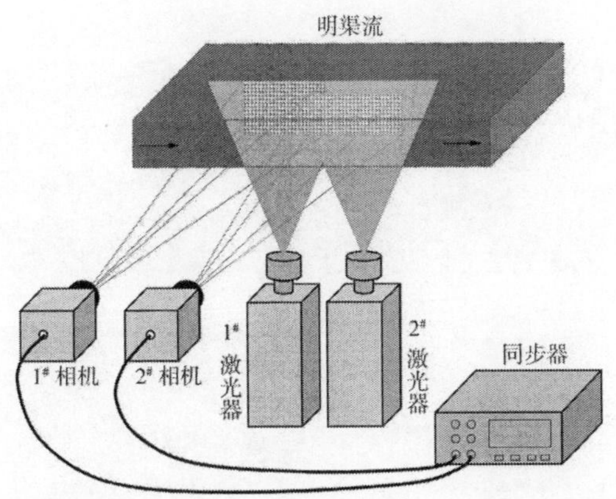

图 1　宽视场高频 PIV 系统示意图

图像,并定义为目标图像(矩形实线框),同时将图片 2 定义为搜索图片;逐像素移动目标图像在搜索图片中的位置,并与图片中相同大小的图像进行互相关运算,得到一幅完整的相关系数分布云图。

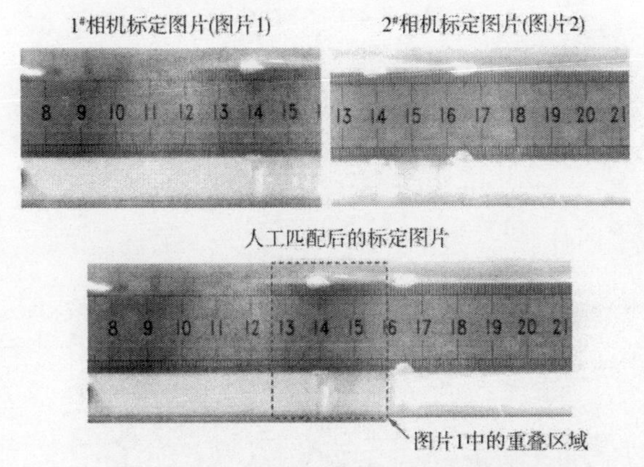

图 2　标定图片及重叠区域初步确定方法

(3)设图片坐标系的原点位于左上角,目标图像左上角在图片 1 中的坐标为(x_0, y_0),目标图像与搜索图片之间的相关函数最大值坐标为(m_0, n_0),则图片 2 坐标原点相对于图片 1 坐标原点的平移量为:

$$\begin{cases} dx = x_0 + n_0 \\ dy = y_0 + m_0 \end{cases} \tag{1}$$

在实际应用中,可以将两台相机同步拍摄的所有粒子图片均按步骤(2)进行处理,将得到的相关函数进行时间平均,再按公式(1)计算平移量。

(4)如图 4 所示,根据平移量计算结果,可拼接两台相机同步拍摄的粒子图片,再提取出覆盖测量区域的粒子图像(矩形实线框)。由于式(1)计算的平移量仅具有像素精度,位于拼接缝的粒子图像可能存在突变。因此,对拼接后的图像进行高斯平滑,滤波器尺寸等于粒子图像平均直径。同时,由于两台激光器输出的片光强度不完全一致,加之片光重叠区域的光强叠加,使得拼接后的粒子图片往往具有不均匀的背景亮度。因此,通过

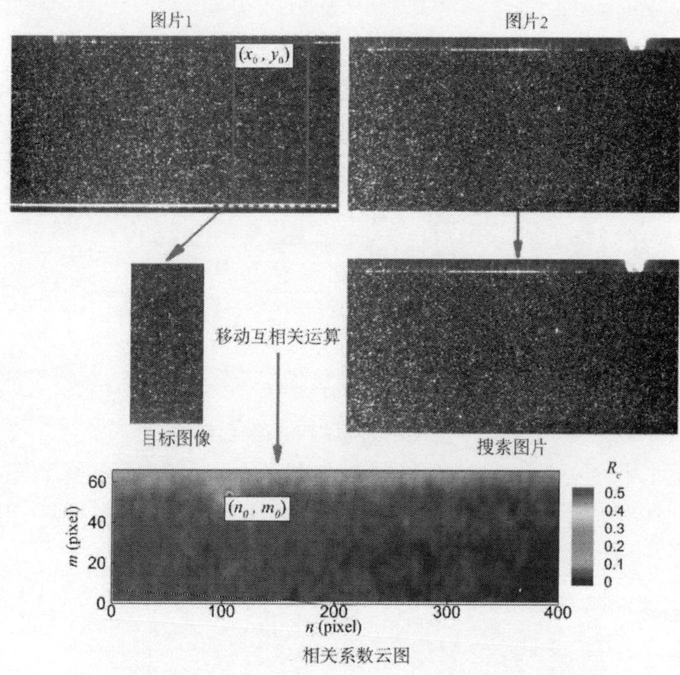

图3　根据粒子图像确定图片之间的相对平移量

中值滤波剔除图片背景,滤波器尺寸大于粒子图像平均直径。经过上述处理,可得最终供流场计算的宽视场粒子图片。

图4　粒子图像拼接结果

2.3　典型测量结果

图5展示了宽视场高频PIV系统在明渠紊流纵垂面的典型测量结果。图5(a)中的等值云图表示涡识别变量λ_{ci},其定义及计算方法可参见文献[5],云图上叠加的箭头表示使用$y=0.6H$处的纵向平均流速进行伽利略分解后的流场,图5(b)为纵向脉动流速的等值云图。从两张图片中均可以发现,流场在拼接缝($x=4H$)处平滑过渡,未出现不连续现象,表明宽视场高频PIV系统的技术方案可行。图5(a)中,$1H<x<4H$范围内连续出现多个横向涡,彼此之间的连线与床面倾斜,连线下方为连续的低速等动量区,与Adrian

等[6]提出的发夹涡群结构一致,图中 $4H < x < 6H$ 以及 $x > 7H$ 范围内也存在类似结构。图 5(b) 中纵向脉动流速的等值云图显示,在发夹涡群诱导的低速等动量区上分通常伴随出现尺度相当的高速等动量区。

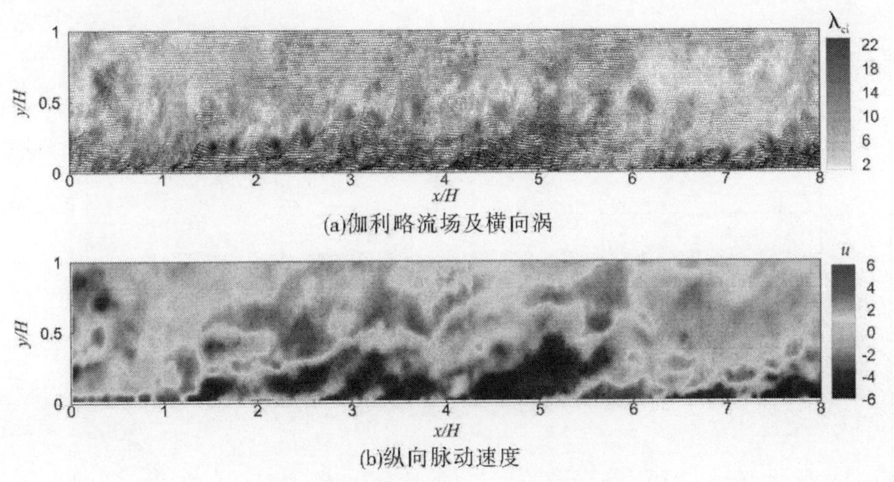

图 5　宽视场高频 PIV 系统测量结果

3　明渠流中涡的生存时间

3.1　明渠紊流试验

利用宽视场高频 PIV 系统对明渠紊流中横向涡的生存时间进行了试验研究。试验在清华大学水沙科学与水利水电工程国家重点实验室的高精度可变坡明渠玻璃水槽中开展,水槽长 20 m、宽 0.3 m、高 0.3 m,配备有全自动水流测控系统,详情可参考文献[7]。流速测量剖面位于水槽中垂面,测量段距水槽入口 12 m,可以保证湍流充分发展。共开展了 3 组明渠均匀流试验,各组试验的水流条件见表 1,其中 S 为水槽底坡,B 为槽宽,H 为水深,U_m为断面平均流速;Re 为雷诺数,$Re = HU_m/v$,v 为运动黏性系数;Re_τ 为摩阻雷诺数,$Re_\tau = Hu_\tau/$,u_τ为摩阻流速。

表 1　明渠紊流参数汇总表

组次	S(%)	H(cm)	B/H	U_m(cm/s)	$u*$(cm/s)	Re	$Re*$
C490	0.05	3.0	10.0	26.5	1.52	7 155	490
C730	0.05	4.0	7.5	31.0	1.63	10 930	730
C870	0.10	4.0	7.5	36.8	1.94	12 970	870

3.2　涡跟踪方法

为了获得横向涡的生存时间,需要从发现横向涡开始对其进行跟踪,直至横向涡在流场中消失或跑出测量区域为止。本文使用的跟踪方法主要包括以下步骤:

(1)利用旋转强度方法识别出所有流场中的横向涡,涡的中心为涡核内旋转强度的峰值点,半径等于与涡核面积相同的圆的半径。

(2)如图6所示,设被跟踪涡在 $t=0$ 时刻的中心位置为 (x_0,y_0),涡核内的旋转强度场为 $\Lambda_{ci0}(x,y)$,涡中心的瞬时速度为 (U_0,V_0),半径为 R_0,强度为 λ_0;相应地,候选涡在 $t=\Delta t$ 时刻的有关特征变量用下标"1"表示。经过 Δt 的演变,候选涡与被跟踪涡之间应

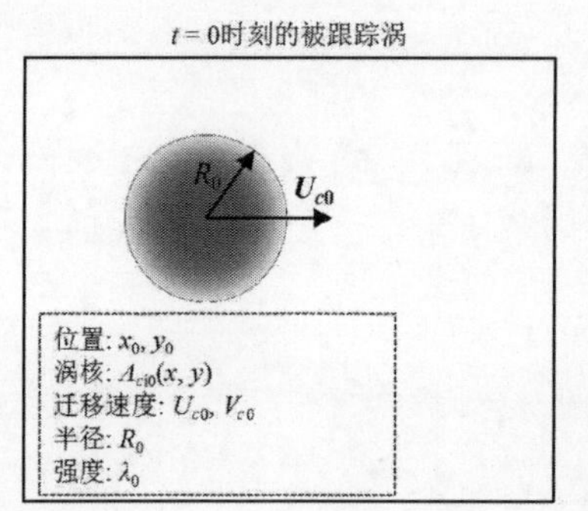

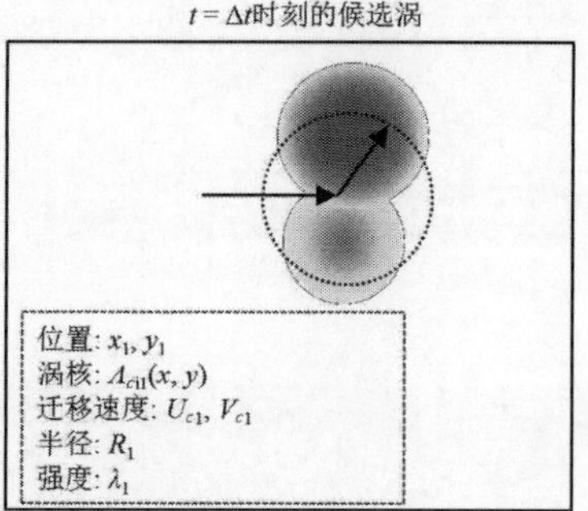

图6 被跟踪涡及候选涡示意

满足如下位置条件:

$$\sqrt{[x_1-(x_0+U_{c0}\Delta t)]^2+[y_1-(y_0+V_{c0}\Delta t)]^2}\leqslant R_0 \tag{2}$$

式中引入目标涡的半径 R_0,是由于观察到涡的中心会在涡核内不断变化。这种变化一方面是由流速测点的离散性导致,另一方面则与涡和其他流动结构的相互作用有关。其次,候选涡与被跟踪涡之间还应满足如下相关条件:

$$K_c=\max[R_{\lambda\lambda}(\delta x,\delta y)]\geqslant 0.5 \tag{3}$$

其中,

$$R_{\lambda\lambda}(\delta x,\delta y)=\frac{\sum\sum\Lambda_{ci0}(x,y)\Lambda_{ci1}(x+\delta x,y+\delta y)}{\Lambda_{ci0}^{rms}\Lambda_{ci1}^{rms}} \tag{4}$$

式(3)要求目标涡与匹配涡具有正相关性。根据相关函数的性质,这种相关性表现为涡的形状以及强度分布特征基本一致。综上,在 $t=\Delta t$ 时刻同时满足式(2)和式(3)的涡即为可能与被跟踪涡相匹配的候选涡。

(3)在许多时候,根据步骤(2)可能为一个被跟踪涡识别出多个候选涡,此时,需要进一步确定各候选涡与被跟踪涡之间的匹配度,选择出最可能的候选涡作为匹配涡。为此,定义候选涡与被跟踪涡之间的匹配系数为:

$$P_m=K_cK_sK_p \tag{5}$$

其中,K_c的定义见式(2),度量涡的形状及强度分布相似度;K_s的定义为:

$$K_s=1-\min\left(\frac{|\lambda_0-\lambda_1|}{\lambda_0},1.0\right) \tag{6}$$

度量涡的强度大小相似度;K_d的定义为:

$$K_p=1-\frac{\sqrt{[x_1-(x_0+U_{c0}\Delta t)]^2+[y_1-(y_0+V_{c0}\Delta t)]^2}}{R_0} \tag{7}$$

度量候选涡与被跟踪涡之间的位置匹配度。根据定义,系数 K_c、K_s、K_p 的取值范围均为0~1,且数值越大表示相似或匹配度越高。因此,将匹配系数 P_m 最大的候选涡定义为被跟踪涡的匹配涡。

(4)将 $t=\Delta t$ 时刻识别出的匹配涡定义为新的被跟踪涡，重复步骤(2)和(3)，实现对涡的全寿命动态跟踪。

本文为了充分利用宽视场高频 PIV 系统的优势，只将所有出现在流场最上游的涡定义为 $t=0$ 时刻的被跟踪涡，然后一直对其进行动态跟踪，直至在流场中消失或跑出测量区域为止。

3.3 试验结果

尽管有研究表明，紊流边界层中涡的生存时间会随着垂向位置的增大而延长[4]，但考虑到横向涡本身的垂向位置会随时间发生较大的变化，本文未对横向涡所处的垂向位置进行区分。在对横向涡的生存时间进行定量分析时还需注意，横向涡的实际生存时间应大于被动态跟踪的时长，其原因主要有三点：首先，当横向涡出现在测量区域的上游端时，距它的产生时刻已经有一定的时长，从这个意义上讲，水流中横向涡实际的平均生存时间约为测量结果的 2 倍；其次，在沿主流向下游迁移的过程中，横向涡可能由于展向运动而脱离测量平面，使跟踪程序提前终止；再次，在横向涡生存期末，旋转特征越来越不明显，且容易发生分裂或与其他涡融合，最终耗散或消失的时刻难以界定。

图 7 展示了不同水流条件下横向涡生存时间的概率密度分布。可以看到，生存时间从 0 增加至 $1T_E$时，概率密度函数已下降 1 个数量级。PDF 快速下降的原因，一方面与涡识别及跟踪误差有关，另一方面则表明水流中大多数涡的生存时间较短。当生存时间大于 $1T_E$后，概率密度函数的变化趋于平缓，最长生存时间在三组试验中分别大于 $10T_E$、$8T_E$、$6.8T_E$，与 Lehew 等[4]在 $Re_\tau=410$ 的紊流边界层中得出的最大生存时间大于 $5T_E$的结论相符。对比图中三组水流条件下的分布曲线可知，横向涡的生存时间会随着摩阻雷诺数的增大而缩短。

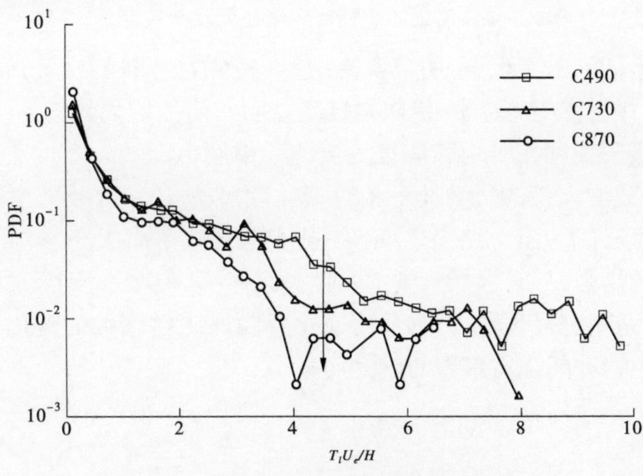

图 7 横向涡生存时间的概率密度分布

为了分析横向涡生存时间随水流条件改变的原因，统计了不同水流条件下横向涡的强度和强度变化率。图 8 展示了试验组次 C490 中多个典型涡的强度变化过程，为便于观察，将每个时刻的强度用 $t=0$ 时刻的强度归一化为相对强度 λ_r。从曲线分布特征可知，涡的强度随时间一直不断变化，可能随着涡的发展而增强，也可能随着涡的衰退而减弱。

因此,本文将涡在跟踪时段内的强度变化规律简化为图 9 中的两条曲线,其中,图 9(a)对应跟踪时段内先增强后衰减的涡,图 9(b)对应跟踪时段内一直衰减的涡。对于两种模型,均定义跟踪时段内的强度最大值为涡的极限强度 λ_o,极限强度之前的平均斜率为增长率 S_r,极限强度之后的平均斜率为衰减率 D_r。

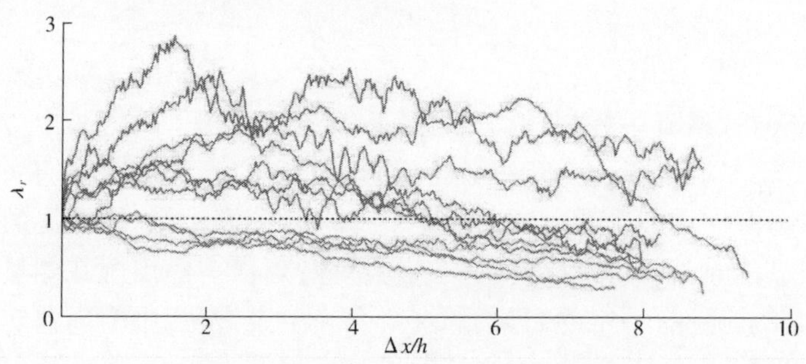

图 8　跟踪时段内典型涡的强度变化

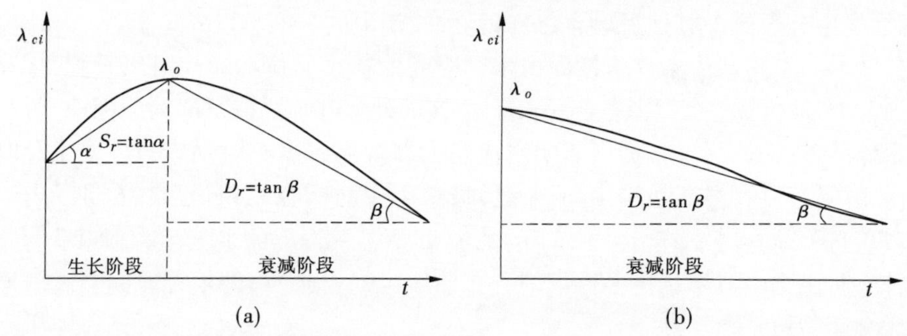

图 9　跟踪时段内涡强度变化模型及参数定义

图 10 展示了不同试验工况下,明渠紊流中横向涡的极限强度、增长率及衰减率随摩阻雷诺数的变化规律。图 10(a)中,极限强度随摩阻雷诺数增大的趋势明显,从最小雷诺数到最大雷诺数,极限强度相对增长幅度为 61%。图 10(b)中,增长率和衰减率的绝对值均随着摩阻雷诺数增大,其中,增长率相对变化幅度为 101%,衰减率相对变化幅度为 131%;在相同水流条件下,图中结果还表明,强度的衰减率略大于增加率。以上结果表明,随着水流条件的增强,尽管涡能达到的强度越来越大,但在水流紊动加剧的影响下,涡强度的增长率和衰减率也显著增大,且强度变化率随摩阻雷诺数的变化速度明显快于极限强度,使得涡的生存时间随雷诺数的增大而减小。

4　结　论

(1)研制了一套宽视场高频 PIV 系统,详细讨论了该系统涉及的原理、硬件构成及粒子图像拼接技术。验证结果表明,该系统可以在不影响测量精度和分辨率的前提下,显著增加高频 PIV 系统的测量范围,特别适用于开展明渠紊流相干结构研究。

(2)提出了对明渠紊流中的涡结构进行动态跟踪的数学方法,利用该方法对明渠紊流中横向涡的生存时间进行了研究,结果表明,横向涡的生存时间随着摩阻雷诺数的增大

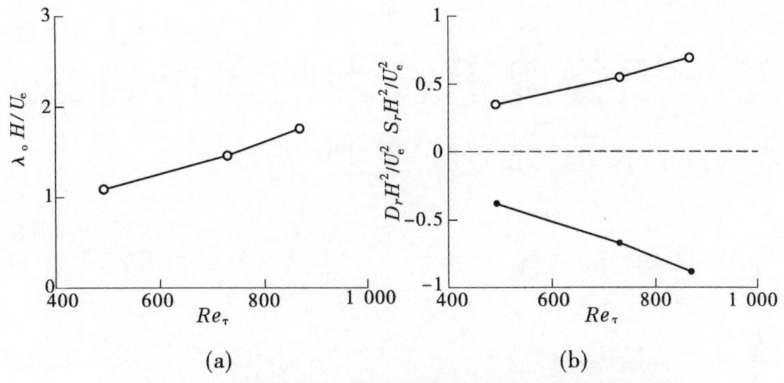

图 10 涡强度特征参数随摩阻雷诺数的变化规律

而减小。

(3)分析了横向涡生存时间随水流条件而改变的原因,结果表明,随着水流摩阻雷诺数逐渐增大,横向涡在生存时间内能达到的极限强度越来越大,与此同时,水流紊动加剧使得强度的变化率以更快的速度增加,导致涡的生存时间不增反减。

致谢:衷心感谢清华大学水沙科学与水利水电工程国家重点实验室提供本文研究所需的 PIV 系统和试验设施。

参 考 文 献

[1] 王龙,李丹勋,王兴奎. 高帧频明渠紊流粒子图像测速系统的研制与应用[J]. 水利学报, 2008, 39(7):781-787.

[2] Ronald J Adrian, Ivan Marusic. Coherent structures in flow over hydraulic engineering surfaces[J]. Journal of Hydraulic Research, 2012, 50(5):451-464.

[3] Elsinga G E, Poelma C, Schröder A, et al. Tracking of vortices in a turbulent boundary layer[J]. Journal of Fluid Mechanics, 2012, 697(2012):273-295.

[4] Lehew J A, Guala M, Mckeon B J. Time-resolved measurements of coherent structures in the turbulent boundary layer[J]. Experiments in Fluids, 2013, 54(4):1-16.

[5] Chen Q, Zhong Q, Qi M, et al. Comparison of vortex identification criteria for planar velocity fields in wall turbulence[J]. Physics of Fluids, 2015, 27(8):85-101.

[6] Adrian R J, Meinhart C D, Tomkins C D. Vortex organization in the outer region of the turbulent boundary layer[J]. Journal of Fluid Mechanics, 2000, 422(13):1-54.

[7] 陈启刚. 基于高频 PIV 的明渠湍流涡结构研究[D]. 清华大学, 2014.

【作者简介】 陈启刚(1987—),男,讲师,博士,北京交通大学土木建筑工程学院工作,主要从事粒子图像测速技术、桥梁冲刷监测与防护、水力学与河流动力学等方面研究。E-mail:chenqg@bjtu.edu.cn。

基于图像测速技术的复杂自由水面流场观测方法*

曹列凯　段炎冲　任海涛　李丹勋

(清华大学水沙科学与水利水电工程国家重点实验室,北京　100084)

摘　要　针对复杂自由水面形态及流速沿程变化剧烈的特点,本文提出一种测量自由水面表面三维流场的有效方法。该方法基于双目视觉原理重构水面形态,应用粒子示踪测速技术(PTV)测量三维流场。自然光照条件下,在自由水面上释放示踪体,根据双目视觉理论重构出前后时刻的水面形态,利用匹配概率法匹配同名点,进而计算出瞬时水面流场。该方法应用于薄壁堰流试验观测,初步结果表明,堰流流速的垂向流速分量大致满足自由落体运动规律,在堰流末段垂向流速快速减小;堰流流速的纵向流速分量从堰顶前段开始逐渐增加,在堰顶处的纵向速度增加率最大,堰流中段纵向速度缓慢减小,在堰流末段纵向流速线性快速增加,逐渐趋向于明渠的纵向流动。

关键词　薄壁堰流;表面流场;粒子示踪测速;三维重构

An image processing technique for measuring velocity field on free water surface

CAO Liekai*, *DUAN Yanchong*, *REN Haitao*, *LI Danxun

(State Key Laboratory of Hydroscience and Engineering, Tsinghua University, Beijing 100084, China)

Abstract　We propose a new method for reconstructing complex surface velocity field in flow which is notoriously difficult to measure due to its sharp drop and high fluctuation. The new method surveys the surface morphology of the flow by two coplanar cameras and achieves measurement of three-dimensional velocity field through particle tracking velocimetry (PTV). Firstly, tracking particles are put onto water surface and are synchronized photographed by double cameras in natural lighting conditions. Then, the surface morphology is reconstructed based on the binocular vision theory. Lastly, PTV algorithm is obtained to calculate the instantaneous surface velocity field. Application of the method to weir flow measurement yields satisfactory results, showing that the longitudinal velocity turns in trend from increase to decrease at the middle point of nappe and then increase quickly at the end of nappe with a trend towards open channel flow. In addition, the vertical velocity increases along the nappe and plays a dominant role in the lower half of the nappe.

Key words　Weir flow; Surface flow field; Particle tracking velocimetry; Three-dimensional reconstruction

* **基金项目**:国家自然科学基金资助项目(51279081)。

1 引 言

复杂自由水面如波浪、溃坝水流、薄壁堰流等,通常具有水面形态波动显著、表面流速沿程变化剧烈的特点,传统的测量方法很难直接获取水面形态和表面流场数据。

随着图像处理技术的不断发展,双目立体视觉重构技术和图像测速技术被广泛地应用于水动力学研究。在复杂自由水面形态重构方面,常采用基于同名点匹配的双目或多目视觉重构方法,其中得到同名点的方法主要有清水条件下投放示踪粒子[1]、不透明流体状态下主动投影光斑或条纹[2]、明暗变化水面条件下基于灰度相关的同名点算法[3,4]等;在表面流场重构方面,主要采用粒子示踪测速技术(PTV)[1,5]和大尺度粒子图像测速技术(LSPIV)[6,7]。但上述研究重构得到的流场均为平面二维流场,并不能真实地反映出复杂自由水面流场的三维特征。

本文将基于双目立体视觉的三维形态测量技术与粒子示踪测速技术(PTV)相结合,应用于薄壁堰流表面流场的研究,实现了薄壁堰流三维表面流场的重构。

2 研究方法

基于图像测速技术的复杂自由水面流场重构方法的核心是双目视觉理论和图像粒子示踪测速理论。基本步骤为:在观测区域布置两部摄像机,利用棋盘格标定板标定相机内参数,并利用拍摄范围内的已知坐标点标定相机外参数,建立摄像机局部坐标系与世界坐标系的转换关系;试验时,向水流表面均匀播撒示踪粒子,双相机对测量区域进行同步拍摄;识别并匹配双相机同步拍摄的示踪点,根据相机内外参数计算示踪点的世界坐标;根据连续两帧图像的同名点和对应的世界坐标,可得到其空间速度分布。

2.1 相机参数标定

世界坐标系中一个点 $P_w = (X, Y, Z)$ 经考虑畸变影响的相机投影转换到像素坐标 (x_p, y_p) 的过程中,包含 6 个外参数、5 个内参数和 5 个畸变参数,详细的推导过程详见文献[8]。为了表述方便,定义投影算子 T:

$$x_p = T(\Theta, K, P_w) \tag{1}$$

式中:Θ 为相机的 5 个内参数和 5 个畸变参数组成的参数矢量;K 为外参数矢量。则世界坐标系内任意一点 P_w,经两部不同摄像机 T_1、T_2 成像,得到像素坐标 x_{p1}、x_{p2},即

$$\begin{cases} x_{p1} = T_1(\Theta_1, K_1, P_{w1}) \\ x_{p2} = T_2(\Theta_2, K_2, P_{w2}) \end{cases} \tag{2}$$

安装、调整相机布置方位,相机内参数标定采用 Zhang[9] 提出的棋盘格法,使用预设参数(焦距、光圈和图像清晰度)的相机拍摄变换 15 个角度的棋盘格,其中棋盘格板覆盖 1/2 拍摄范围以上,利用开源工具箱(http://www.vision.caltech.edu/bouguetj/calib_doc/index.html#parameters)可直接计算出相机的内参数和畸变参数。外参数标定时,在拍摄区域内布置一定量的已知坐标参考点,解算出摄像机的外参数 K。根据同一点在两个相机内的像素坐标 (x_{p1}, y_{p1}) 和 (x_{p2}, y_{p2}) 联立方程(2)即可求得相应的世界坐标。

2.2 示踪粒子提取

定义相机得到的图像为 f_{ij},示踪粒子提取过程具体如下:

(1)剔除图像的时均背景

$$g_{ij} = f_{ij} - M_{ij}, M_{ij} = \frac{1}{N}\sum_{n=1}^{N} f_{ij,n} \tag{3}$$

式中:g_{ij}为剔除背景图像后的结果;M_{ij}为背景图像;i、j为图像像素行数和列数。

(2)用 Otsu's 方法计算最佳全局阈值并进行二值化。

(3)对二值化后的图像进行形态学重构去除图像中的噪点。

(4)对重构后的图像进行形态学开闭运算,修缮粒子图像。

(5)根据修缮后的示踪粒子二值化图像,计算示踪粒子中心点的像素坐标及对应的像素面积。

(6)设置像素面积阈值,剔除多个粒子相连的二值化对应的示踪粒子点和面积较小的个别水面杂物点。

图1(a)为试验中上游相机拍摄的示踪粒子图像,图1(b)为平均连续100帧图像计算得到的背景图像,图1(c)为剔除背景后的粒子图像,图1(d)为形态学处理后的结果,其中红色圆圈对应着识别出的多粒子相连或水面杂物的情况。图1中示踪粒子识别结果表明,该方法识别精度高。

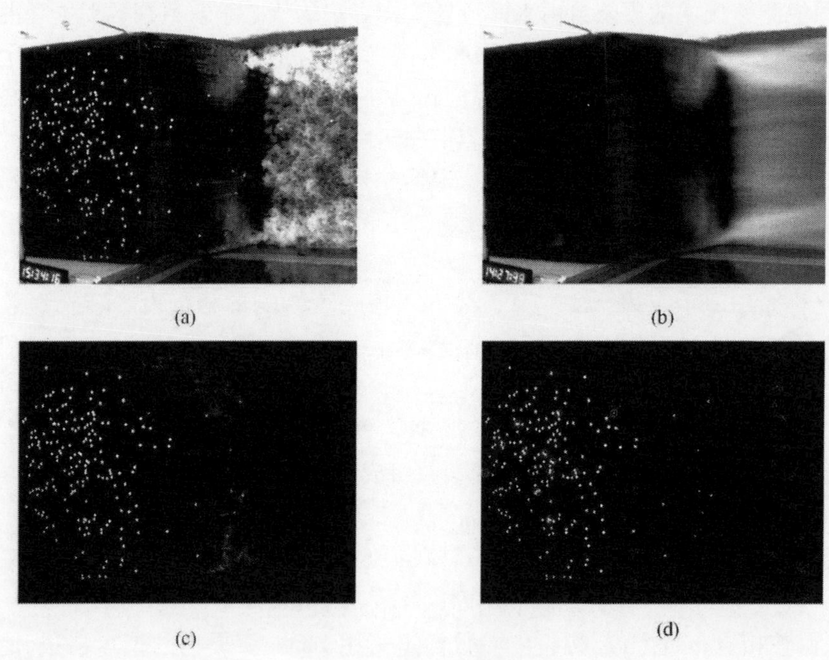

图1 示踪粒子提取过程

2.3 示踪粒子匹配

定义上游相机连续两帧图像识别出的粒子集为U_1、U_2,下游相机连续两帧图像识别出的粒子集为D_1、D_2。U_1和D_1粒子集的同名点匹配可用来重构t时刻粒子空间坐标P_{w1},U_2和D_2粒子集的同名点匹配可用来重构$t+\Delta t$时刻粒子空间坐标P_{w2},反映自由水面的形态特征。通过匹配P_{w1}和P_{w2}之间的同名点,即可获得t时刻各空间点处的位移矢量,继而计算出相应的空间速度。

对于同一时刻的双相机识别出的示踪粒子点,采用极线约束和距离测度的方法[10]进行同名点匹配,则可以得到双相机同名点粒子集(U_{1-1},D_{1-1})和(U_{2-1},D_{2-1})。对于连续两帧图像的示踪粒子点U_{1-1}和U_{2-1},可以用匹配几率法[11]进行同名点匹配,得到前后两帧的同名点集(U_{1-2},U_{2-2})和对应的(D_{1-2},D_{2-2})。两对图像经过两种同名点匹配算法后可以形成同名点集(U_{1-2},U_{2-2},D_{1-2},D_{2-2}),四个点集中的示踪点一一对应,提取(U_{1-2},D_{1-2})和(U_{2-2},D_{2-2})可以重构出两时刻的空间坐标P_{w1-1}和P_{w2-1},根据采样时间间隔Δt可计算出t时刻的运动速度:

$$Vel = \frac{P_{w1-1} - P_{w2-1}}{\Delta t} \tag{4}$$

3 应用实例

3.1 试验装置

堰流模型建造在清华大学水沙科学与水利水电工程国家重点实验室泥沙实验室内,试验系统如图2所示,其中(a)为剖面图,(b)为俯视图。模型宽2 m,上游水库长15 m、高2 m,下游渠道长25 m、高0.92 m,下游段为0.5‰的缓坡。模型水库的三方为混凝土直墙,出口为高99.3 cm、厚度2.5 cm的铝板(模拟薄壁堰),用大流量水泵从地下水库向模型水库供水,流量为990 m³/h。在上游段布置了9台超声水位计,用于监测库水位和沿程水位的动态变化过程。为便于后文叙述,定义坐标原点为薄壁堰底部边缘线的中心点,沿渠道流向为X方向,垂直渠道左侧边墙为Y方向,垂直渠底向上为Z方向。

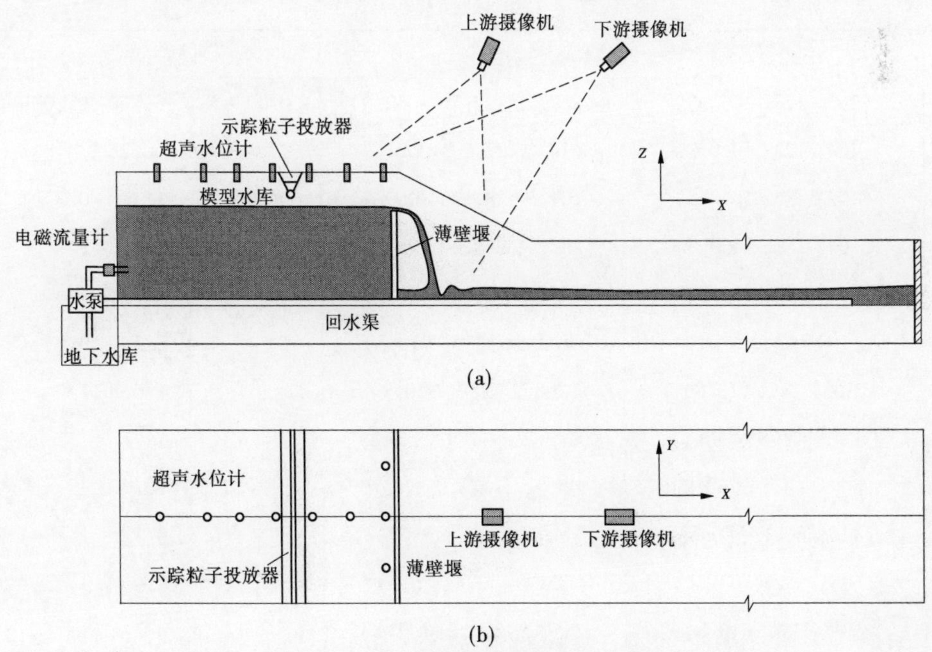

图2 试验系统布置图

在薄壁堰偏下游段的中轴线上方倾斜向下安装两台高速摄像机,同步拍摄薄壁堰上游局部和堰流区。两台摄像机的分辨率为 2 560 × 1 920 pixel，满帧采样频率为 760 Hz，内存 5 G，实时采集的图像储存在摄像机内存中，采集结束后由网线传输至计算机进行后处理。试验时摄像机采用连续拍摄模式，采样频率 100 Hz，采集 500 帧，历时 5 s。

3.2 标定结果及重构精度

用棋盘格法对两台摄像机的内参数、畸变参数和外参数进行标定，结果如表 1 所示。

表 1　摄像机参数标定结果

参数	α, β (pixel)	u_0, v_0 (pixel)	$(k_1, k_2, k_3, k_4, k_5)$	$[R, t]$
上游相机	3 945.5 3 945.0	1 329.0 876.1	(−0.075 7, 0.170 6, −0.001 8, 0.001 9, 0)	$\begin{bmatrix} 0.0245 & 0.9041 & -0.4266 & 299.4 \\ 0.9996 & -0.0272 & -0.0001 & -536.1 \\ -0.0117 & -0.4264 & -0.9044 & 5672.3 \end{bmatrix}$
下游相机	4 979.0 4 978.5	1 258.7 972.2	(−0.206 1, 0.298 2, 0, 0.004 5, 0)	$\begin{bmatrix} 0.0141 & 0.6745 & -0.7381 & 584.3 \\ 0.9999 & -0.0052 & 0.0144 & 648.8 \\ 0.0059 & -0.7383 & -0.6745 & 7249.6 \end{bmatrix}$

相机标定后，在堰流处不同高度共设置 12 个点，利用 Harris 算法提取角点，重构其空间坐标如表 2 所示，对比实测值，其重构均方根误差（RMSE）为 1.09 mm，单点最大绝对误差为 2.5 mm。

表 2　重构结果及误差

点	实测值（mm）	重构值（mm）	误差（mm）
1	(268, 122, 1060.8)	(267.7, 122.7, 1060.6)	(−0.3, 0.7, −0.2)
2	(104, 122, 1060.8)	(103, 122.2, 1062.2)	(−1.0, 0.2, 1.4)
3	(104, 286, 1060.8)	(101.8, 287.7, 1060.5)	(−2.2, 1.7, −0.3)
4	(104, 286, 1060.8)	(267.4, 288.4, 1060.1)	(−0.6, 2.4, −0.7)
5	(368, 22, 910.8)	(368.5, 21.3, 911.3)	(0.5, −0.7, 0.5)
6	(104, 22, 910.8)	(102.6, 22.3, 910.3)	(−1.4, 0.3, −0.5)
7	(368, 286, 910.8)	(368.2, 287, 910.9)	(0.2, 1.0, 0.1)
8	(608, −178, 760.8)	(609.7, −179.2, 762)	(1.7, −1.2, 1.2)
9	(444, −178, 760.8)	(445.2, −178.9, 763.3)	(1.2, −0.9, 2.5)
10	(444, −14, 760.8)	(444.5, −13.6, 762.2)	(0.5, 0.4, 1.4)
11	(608, −14, 760.8)	(609, −13.6, 761.8)	(1.0, 0.4, 1.0)
12	(506, 364, 610.8)	(507.2, 364.2, 611.3)	(1.2, 0.2, 0.5)

3.3 水面形态重构结果

上下游相机共计拍摄了 500 对图像，进行粒子提取与匹配，并计算相应的空间坐标。

由于薄壁堰流形态呈现较好的二维特性,可利用其侧视图判断粒子匹配成功率。根据重构出的 29 973 个粒子点空间坐标,绘制薄壁堰流侧视图如图 3 所示,其中红色点为误匹配点,计算得到粒子匹配成功率为 99.7%。且位于 $X = -700$ mm 处的水位计读数为 1 166.7 mm,重构值为 1 167.8 mm,误差仅为 1.1 mm,水面形态重构精度高。

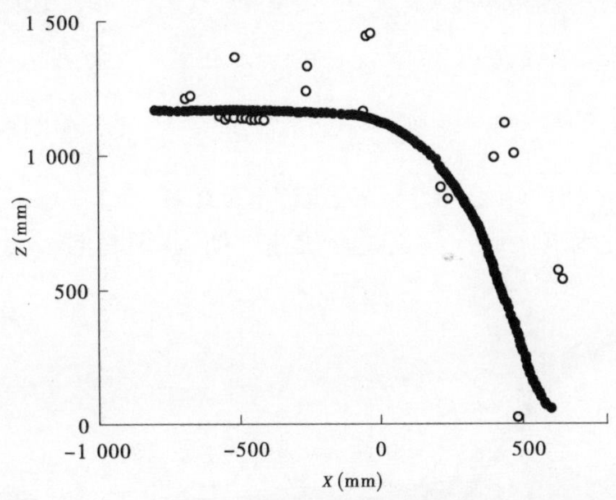

图 3 薄壁堰流侧视图

图 4(a)为剔除误匹配点后的实测堰流形态,图 4(b)为网格化后的堰流形态,该方法真实地反映出了薄壁堰流的水面形态。

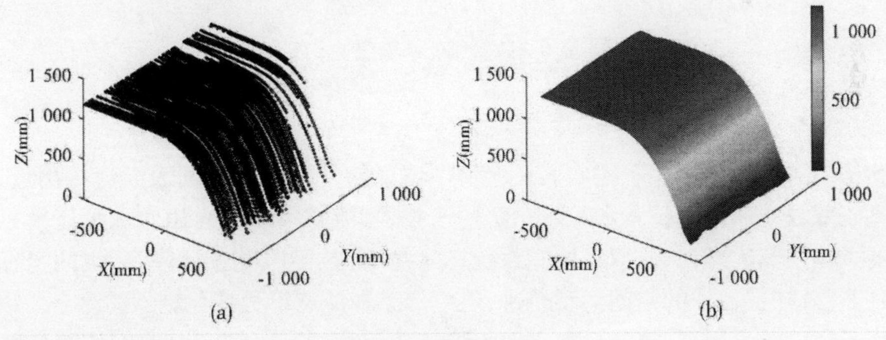

图 4 薄壁堰流水面形态

3.4 水面流场重构结果

根据 PTV 算法得到的水面流场结果如图 5 所示,其中(a)为计算得到的粒子空间速度,(b)为网格化插值后的结果。

进一步分析实测堰流数据,计算垂向流速分量沿垂向的分布如图 6(a)所示,纵向流速分量沿纵向分布如图 6(b)所示,其中红色实线为相应落差条件下的自由落体运动速度。图 6(a)表明堰流流速的垂向分量大致满足自由落体运动规律,但在堰流初始阶段的垂向流速略低于相应落差条件下的自由落体运动速度,堰流中后段的垂向流速基本等于相应条件下的自由落体运动速度,在堰流末段垂向流速快速减小。图 6(b)表明堰流流速的纵向流速分量从堰顶前段开始逐渐增加,在堰顶处的纵向速度增加率最大,堰流中段纵

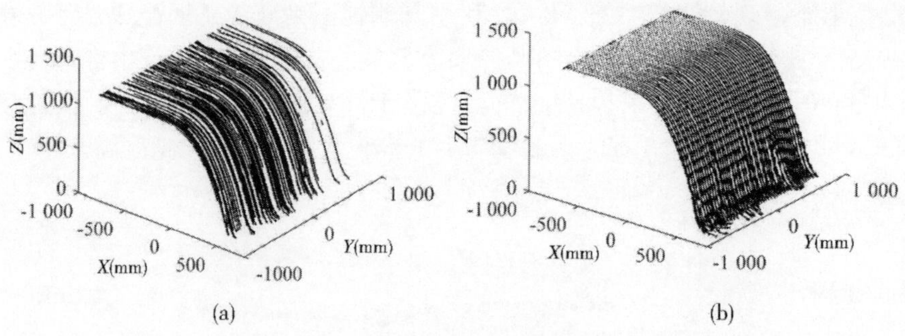

图5　薄壁堰流水面流速

向速度缓慢减小,在堰流末段纵向流速线性快速增加,逐渐趋向于明渠的纵向流动。

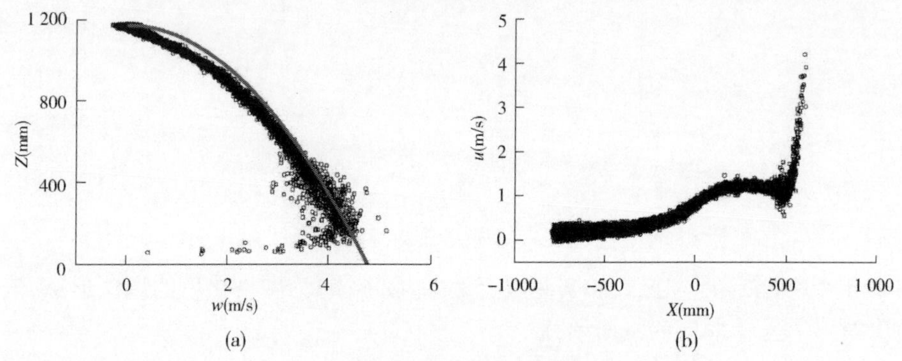

图6　薄壁堰流水面流速

4　结　论

本文提出一种适用于实验室内大尺度模型试验的复杂自由水面表面流场测量方法,该方法基于双目立体视觉技术和粒子示踪测速技术,能够实现对自由水面形态及三维表面流场的重构。其优点在于,双目视觉系统标定简单,粒子匹配正确率高,空间坐标重构精度高,能有效捕捉粒子的空间运动轨迹,适应形态和流速沿程变化剧烈的流态。该方法成功应用于薄壁堰流观测,真实反映出堰流形态与流场,初步结果表明,堰流流速的垂向流速分量大致满足自由落体运动规律,在堰流末段垂向流速快速减小;堰流流速的纵向流速分量从堰顶前段开始逐渐增加,在堰顶处的纵向速度增加率最大,堰流中段纵向速度缓慢减小,在堰流末段纵向流速线性快速增加,逐渐趋向于明渠的纵向流动。

对于水面存在明显的明暗变化或波浪纹理的自由水面,可以通过 SIFT 等特征点识别与匹配算法来重构水面形态,并通过 3DPTV 算法来计算三维流场。

致谢:本研究在方法构建、试验设计及成果分析等方面得到了清华大学水利水电工程系王兴奎教授的悉心指导,在方法完善和推广前景等方面与钟强博士进行了有益的探讨,在此表示衷心感谢。

参考文献

[1] Eaket J, Hicks F E. Use of Stereoscopy for Dam Break Flow Measurement[J]. Journal of Hydraulic Engineering, 2005, 131(1):24-29.

[2] Cochard S, Ancey C. Tracking the free surface of time-dependent flows: image processing for the dam-break problem[J]. Experiments in Fluids, 2008, 44(1):59-71.

[3] Wanek J M, Wu C H. Automated Trinocular stereo imaging system for three-dimensional surface wave measurements[J]. Ocean Engineering, 2006, 33(5-6):723-747.

[4] De Vries S, Hill D F, de Schipper M A, et al. Remote sensing of surf zone waves using stereo imaging [J]. Coastal Engineering, 2011, 58(3):239-250.

[5] Soares-Frazão S, Zech Y. Experimental study of dam-break flow against an isolated obstacle[J]. Journal of Hydraulic Research, 2007, 45(supl):27-36.

[6] Fujita I, Kruger M M A. Large-scale particle image velocimetry for flow analysis in hydraulic engineering applications[J]. Journal of Hydraulic Research, 1998, 36(3):397-414.

[7] Dobson D W, Holland K T, Calantoni J, et al. Fast, large-scale, particle image velocimetry-based estimations of river surface velocity[J]. Computers & Geosciences, 2014, 70(9):35-43.

[8] 钟强, 陈启刚, 曹列凯,等. 高坝泄洪水面曲面及流速场的原型测量方法[J]. 水科学进展, 2015 (6):829-836.

[9] Zhang Z. Flexible Camera Calibration by Viewing a Plane from Unknown Orientations[C]// The Proceedings of the Seventh IEEE International Conference on Computer Vision. IEEE, 1999:666.

[10] 易成涛, 王孝通, 徐晓刚. 基于极线约束的角点匹配快速算法[J]. 系统仿真学报, 2008(S1): 371-374.

[11] Baek S J, Lee S J. A new two-frame particle tracking algorithm using match probability[J]. Experiments in Fluids, 1996, 22(1):23-32.

【作者简介】 曹列凯(1990—),男,博士研究生。就读于清华大学水利水电工程系,主要从事现代流体测试技术(ADV、PTV)和工程流体力学的研究。E-mail:caolk@ foxmail. com。

【通信作者】 李丹勋,研究员,E-mail:lidx@ tsinghua. edu. cn。

PIV的技术推演及在运动测量中的应用研究

杜　海[1,2]　孟　娟[3]　李木国[1,2]　柳淑学[1,2]

(1. 大连理工大学海岸和近海工程国家重点实验室,大连　116024;
2. DUT-UWA 海洋工程联合研究中心,大连　116024;
3. 大连海洋大学信息工程学院,大连　116024)

摘　要　针对海洋工程物理模型试验中运动测量的系统复杂度高、实施难度大、可靠性差、测量精度不高等问题,本文对粒子图像测速(PIV)方法进行了目标追踪方面的技术推演,并在此基础上提出了一种基于图像技术的运动追踪测量方法。该方法充分利用了PIV在流场运动分析上的追踪能力强、定位精度高的特点,采用互相关匹配进行前后帧图像间的准确对应。与此同时,采用了梯度检索方法来提高追踪的效率。由于所提方法不需要对被测物加载任何接触式传感器,具有非接触测量的优点,不仅降低了系统的复杂度,还提高了测试结果的可信度。最后以水位线追踪测量与管线的震动测量为代表性实验,对本文所提方法进行了验证。实验结果表明,本文所提的运动追踪测量方法可以很好地解决海工试验中柔性目标物的运动追踪测量问题,不仅具有较高的运动探测灵敏度,还具有较好的稳定性。

关键词　运动追踪;粒子图像测速;图像处理;水位线追踪;管线振动

Study on Motion Measurement Method Deduction Based on Particle Image Velocimetry

DU Hai[1,2], ***MENG Juan***[3], ***LI Muguo***[1,2], ***LIU Shuxue***[1,2]

(1. State Key Laboratory of Coastal and Offshore Engineering, Dalian University of Technology, Dalian 116024, China;
2. Ocean Engineering Joint Research Center of DUT-UWA, Dalian University of Technology, Dalian 116024, China;
3. School of Information Engineering, Dalian Ocean University, Dalian 116023, China)

Abstract　When doing motion measurement by tracking methods in the ocean engineering experiments, there are always some measuring problems, such as complexity of experimental structures, lower precision and bad stabilization. In order to improve motion tracking performance, a new motion tracking method based on image processing technology is proposed in this paper. The method presented in the paper has been achieved by the technology deduction of particle image velocimetry (PIV). When integrating PIV into motion measurement, the precision and stabilization of experimental system will be greatly strengthened. Furthermore, matching efficiency of image data has been improved by intensity gradient method. At last, the new method about motion tracking measurement are tested by water level measurement and vibration measurement of a glass pipe. The experimental results show that the proposed method is an effective and robust algorithm for motional objects in ocean engineering experiments.

Key Words　Motion measurement; Particle lmage velocimetry; Image processing; Water level detection; Pipe vibration measurement

1 引 言

运动测量是海洋工程物理模型试验中的一项重要内容。通过风、浪、流的运动测量以及人造结构物在流场中的运动测量可以很好地揭示流体现象、验证结构设计的合理性。为了准确获取实验过程中目标物的运动信息，海工实验室中一般会配备多种类型的运动测量设备，如流场分析所用的粒子图像测速（Particle Image Velocimetry, PIV）系统、流速测量用的多普勒流速仪、浪高测量用的电容/电阻式浪高仪、管线振动测量用的加速度传感器、用于物表变化分析的光纤应变仪、浮体运动姿态测量用的六分量姿态仪以及陀螺仪、倾角传感器等。由于每种测量设备均为一种物理量的测量而研制，所以导致一次实验中往往需要联合使用多种测量仪器。这使得运动测量的实验结构较为复杂。然而，测量结构的复杂性会提高实验误差分析的难度，严重降低实验数据的可靠性，如多系统间的时钟同步问题、采集系统的设计问题、数据对齐问题以及多类传感数据可靠性评测问题等。

粒子图像测速是在流动显示基础上发展起来的一种散斑图像测速技术[1]。该技术充分利用了像面上所“冻结”的流场信息来剖析流体运动，具有非接触式测量的优点。PIV 测速技术作为一种具有代表性的运动追踪测量技术，在各个应用研究领域中也显示出其独特的测量魅力与重要价值[2-7]。如 PIV 在医学研究领域中血液流动测试、在工程领域中的管道测量、在环境研究领域的搅拌器流动测试、水产养殖领域的人工渔礁周围流场测试、航空领域中的飞行器风洞测试、汽车研究领域中的车体结构流动测试等。PIV 技术的价值尽管已在科研与工业中得到了充分的验证，但是传统的 PIV 解析结构将 PIV 的应用空间限制在了流场测量应用方面。然而 PIV 这种图像测量的方法，不仅可以进行流体运动分析，还可以利用不同测试场景下的图像对目标物理量进行解析。根据图像测量技术的这一特点，可以将一些目标物的运动测量方式进行统一，形成一设备多用途的实验结构，大大降低实验系统的复杂度。本文利用 PIV 设备作为图像采集设备，通过 PIV 的摄像机标定方法、图像分析方法、空间运动重构方法进行技术推演，并在此基础上提出了一种适用于海工实验室的图像追踪方法。该方法将 PIV 匹配结构与图像特征追踪相结合，在提高区域搜索匹配的效率同时，也增强了特征追踪的稳定性。在本文的实验部分，使用玻璃水槽内水位线的追踪实验和玻璃管线的振动测量实验对所提方法进行验证。实验结果表明，所提方法不仅具有较高的测量精度，而且具有一定的普适性，可以大幅度地提高数据的可靠性、提高实验效率。

2 PIV 概述

2.1 PIV 测量原理

PIV 来源于流动显示技术，主要是在透明流体分析的过程中，撒入一些微小的颗粒（示踪粒子），然后在脉冲激光器的配合下通过摄像机捕获这些小颗粒的运动，并用这些颗粒的运动来表征流体的运动，其原理具体表述如下：

如图 1 所示，流场中某一粒子 a，令 $x(t)$ 、$y(t)$ 、$z(t)$ 为该粒子在 t 时刻的位置，

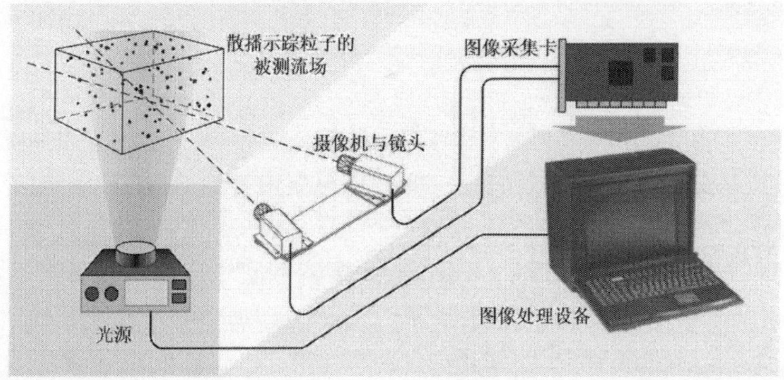

图 1　PIV 技术原理

$x(t+\Delta t)$、$y(t+\Delta t)$ 与 $z(t+\Delta t)$ 表示其在非常短的时间间隔 Δt 后的位置，那么该处流场的三维速度分量为：

$$\begin{cases} v_x = \dfrac{dx(t)}{dt} \approx \dfrac{x(t+\Delta t) - x(t)}{\Delta t} \\ v_y = \dfrac{dy(t)}{dt} \approx \dfrac{y(t+\Delta t) - y(t)}{\Delta t} \\ v_z = \dfrac{dz(t)}{dt} \approx \dfrac{z(t+\Delta t) - z(t)}{\Delta t} \end{cases} \tag{1}$$

根据式(1)可知，只要在图像分析过程中获得粒子的位移信息，然后配合摄像机的定标参数[8-10]，便可以得到该粒子的空间位移信息[11]，另外由于在一次实验中 Δt 是固定的，所以该粒子在笛卡儿坐标系中的速度矢量可以计算得到。当获知足够多粒子的位移信息即可重建整个流场的三维速度分布。

2.2　互相关匹配技术

为了得到式(1)中示踪粒子的位移信息 d，PIV 技术广泛采用区域匹配法：以参考图像帧的分析节点为中心，在其一定范围内提取图像数据作为模板；然后在目标图像上一定范围内进行搜索，寻找最相似的位置作为移动后的新位置，并将新旧位置之间的变化作为该分析节点的位移量 d。而位置搜索时往往采用归一化协方差互相关匹配法来评估两个图像区域之间的相似程度，该过程可以用式(2)来表示。

$$r(k,l) = \frac{\sum_{(i,j)\in W}[f(i,j) - f_m][g(i+k,j+l) - g_m]}{\sqrt{\sum_{(i,j)\in W}[f(i,j) - f_m]^2 \sum_{(i,j)\in W}[g(i,j) - g_m]^2}}, R_{\min} \leqslant (k,l) \leqslant R_{\max} \tag{2}$$

式中：r 为相关系数；f 与 g 分别表示前后两帧图像；W 表示分析窗口；f_m 与 g_m 分别表示分析窗口内 f 与 g 的均值；$(R_{\min}, R_{\max})$ 表示参考模板在目标图像上的搜索范围。在一般情况下，相关系数矩阵的峰值位置作为最可能的匹配位置，因此 PIV 在图像方面的处理过程将以相关系数 r 矩阵的计算和峰值搜索为核心。只要匹配过程中存在准确的、合理的峰值位置，PIV 便可以得到粒子空间的位移信息。

3　PIV 技术在目标追踪中的技术推演

目前，使用图像进行目标追踪的方法有许多种，这些方法中主要是通过目标识别、特征提取、特征匹配等过程来完成运动追踪。然而,海工模型试验中多数的运动追踪的对象没有明显的个体特征,或者目标特征难以描述。为此,本文采用已在流体运动测量中获得成功的 PIV 技术来解决运动追踪问题。

根据第 2 节的内容可以得知,使用 PIV 技术进行运动分析时通常采用模板匹配的方式在目标图像上进行遍历式搜索,该种方式对于不需要在线处理的 PIV 实验和 DIC 实验没有太多的影响,而对于海洋工程中的一些需要实时处理的监测类实验(如水位线监视、波面监测等)以及需要长时间运动追踪的实验(如水下管线运动分析、浮体六分量运动测量等)等便会受当前 PIV 算法分析特点的局限性而无法使用。

针对上述问题,为了能够将 PIV 技术适用于运动追踪测量,需要对现有的 PIV 分析流程进行技术方面的推演,这其中将涉及窗口的选择、搜索策略、追踪过程的校验三方面的内容。

3.1 PIV 匹配算法的推演

在运动追踪实验中,被测对象往往具有一定的结构信息,或拥有柔性结构或具有刚性结构。正如第 2 节所述,PIV 采用模板匹配的方式进行同名位置的搜索,此时需要分析区域内满足一定的纹理结构要求,如分析区域内需要满足 8 个以上的粒子、粒子清晰可辨。然而,在运动追踪实验时,往往要求测试区域具有较大的范围,如 1 ~ 2 m。相对于 PIV 常用的 20 cm 左右的场景范围,运动追踪过程中视场增幅较大,这使得像片上很难对粒子颗粒进行辨识,所以实验过程中无法使用粒子统计法进行选窗操作。根据式(2)可知,只要分析区域内具有一定的纹理信息,使用 PIV 分析方法便可以得到匹配位置。此外,模板匹配方式配合传统 PIV 的遍历式搜索方式运算量较大,大幅度降低了运动追踪效率。为此,本文将结合梯度图像的处理技术来进行 PIV 算法的推演。

$$m(x,y) = \sqrt{[I(x+1,y) - I(x-1,y)]^2 + [I(x,y+1) - I(x,y-1)]^2} \tag{3}$$

$$\theta(x,y) = \tan^{-1}\{[I(x,y+1) - I(x,y-1)]/[I(x+1,y) - I(x-1,y)]\} \tag{4}$$

首先对图像进行梯度计算,不仅计算梯度的幅值,而且计算该位置处梯度的方向。参考 SIFT 特征匹配方法[12],本文中采用式(3)计算图像 I 中 (x,y) 位置处的梯度幅值 $m(x,y)$,使用式(4)计算梯度的方向 $\theta(x,y)$ 。与此同时,用梯度特征点的概念来代替示踪粒子,通过统计梯度特征点的数量来决定分析窗口的尺寸。同时,定义梯度特征点为具有较大的梯度幅值且梯度方向与近邻点保持一致。梯度特征点的选择可用式(5)来描述。

$$X,Y = \operatorname{argmax}p\{x,y \mid m(x,y) > T_m, \| \theta(x,y) - \underset{4or8}{near}(\theta(x,y)) \| < \varepsilon t\} \tag{5}$$

式中: $\underset{4or8}{near}(\cdot)$ 表示取近邻操作(一般为 4 邻域或 8 邻域操作); T_m 为梯度选择阈值; εt 为梯度方向相似度阈值。

为了便于表述,令符合式(5)的点为 PGD (Points with great Gradient and similar Direction),则分析窗口的尺寸将需要满足 $num(PGD) > np$,即 PGD 点的数目大于一定值 np 。与此同时,由于参考图像中的 PGD 点一定会在目标匹配位置中出现,所以遍历式搜索过程可以简化为 PGD 点处的离散搜索,大幅度降低匹配过程的计算量。由此,式(2)在运动追踪时转化为式(6)。

$$
\begin{cases}
(match\_x, match\_y) = WTA\{k,l \mid \max(r(k,l))\} \\
r(k,l) = \sum_{(i,j)\in W}[f(i,j)-f_m][g(i+k,j+l)-g_m] / \sqrt{\sum_{(i,j)\in W}[f(i,j)-f_m]^2 \sum_{(i,j)\in W}[g(i,j)-g_m]^2} \\
size(W) = \mathrm{argmax}p\left\{W \mid num(PGD\ in\ W) > np\right\} \\
(k,l) \in \{Pos(PGD_1), Pos(PGD_2), \cdots, Pos(PGD_{Mp})\}
\end{cases} \tag{6}
$$

式中:$(match\_x, match\_y)$ 为匹配位置;$Pos(\cdot)$ 为地址计算函数;Mp 为参考图像中搜索区域内特征点 PGD 的数目。

上述过程完成了目标的追踪任务,最终输出匹配位置 $(match\_x, match\_y)$。然而该输出位置仅为粗匹配位置,即整像素位置。因此,若需要得到更加精确的位置坐标,需要继续进行高精度的定位操作,而这方面的参考方法较多,可以根据实验对象的特点选择目标特征定位方法(如圆心定位、角点定位、直线定位等)或亚像素匹配定位方法(如峰值拟合法、梯度法、牛顿法、最小二乘法等),本文将不再重述。

3.2　PIV 分析结构的推演

如第 1 节所述,进行 PIV 分析后,可输出某一时刻的流场运动信息,其分析流程可根据采用的图像采集技术分为跨帧处理与连续处理两种模式。跨帧模式为在脉冲激光器配合下使用双曝光相机进行 PIV 实验所采用的分析方式,而连续处理模式则是在连续激光器配合下使用高速摄像机进行 PIV 实验所采用的分析方式。由于运动追踪测量实验中也时常采用高速摄像的方式进行运动捕捉,所以本文中采用 PIV 的连续处理方式进行推演,其分析结构如图 2(a)所示。相对于 PIV 技术,运动追踪分析实验往往需要输出相对于初始位置的运动变化信息,所以一般的运动解析流程如图 2(b)所示。在 2(a)中相机 1 与相机 2 之间的"实线"操作为立体匹配,"虚线"操作为左右一致性检测[13](Left-Right Consistency Check,LRC);而同一相机内的前后帧之间的匹配为运动区域匹配。在图 2(b)中同样存在着立体匹配操作,但与图 2(a)不同的是当前帧的图像信息需要与第一帧(原始位置)图像信息进行对比,所采用的方法或者为与第一帧图像的匹配运算或者为当前帧三维重构后的空间信息与第一帧重构结果的对比分析。

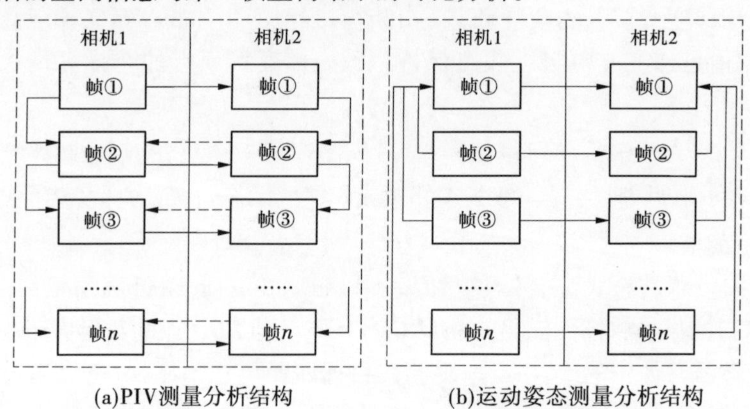

(a)PIV测量分析结构　　(b)运动姿态测量分析结构

图 2　运动测量分析流程

从图 2(b) 所示的分析流程中可以看出,运动追踪测量过程中一直捕捉图像上相同目标的位移变化。但是每个时刻的分析没有任何校验过程,一旦在某一时刻追踪失误,即追踪的不是同名位置,则产生错误的输出结果。使用模板追踪法进行同名位置的匹配过程中,当存在旋转运动与剪切运动时直接与初始位置对比较难,追踪效率较低。为此,本文将 PIV 的分析结构融入到运动追踪分析结构中,形成如图 3 所示的新型运动追踪分析结构。在图 3 中,近邻帧的相似性匹配提高了目标的追踪可靠性,而利用当前时刻不同相机图像之间的立体匹配作为 LRC 检测,也为追踪结果提供校验参考。因此,图 3 所示的分析结构较图 2(b)所示的分析结构更能提高目标追踪的稳定性。

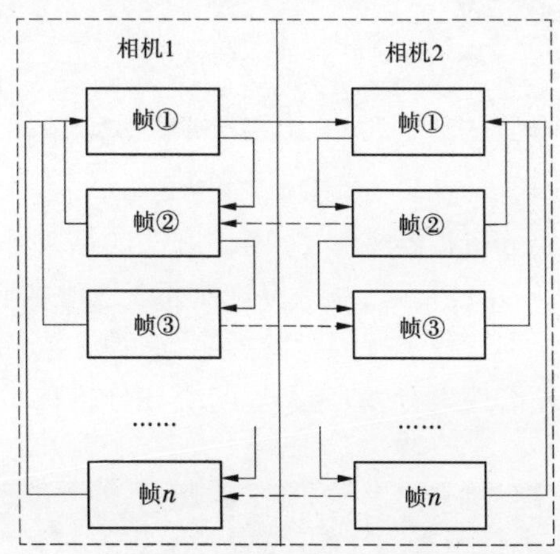

图 3 基于 PIV 技术的运动追踪分析结构

4 实验结果与讨论

在第 3 节中,本文将 PIV 技术推演到运动追踪测量领域。为了验证推演技术的效果,本节将以实际的物理模型实验来对演化的方法进行测试,这其中包括水位线追踪实验与玻璃管线的振动测量实验。

4.1 玻璃水槽内水位追踪测试

使用水位追踪测试本文所提的 PIV 推演技术的效果。实验过程中,为了增强图像的纹理特征,在水槽中布撒 PVC 粉。使用推板式造波机进行人工造波,并采用单台摄像机对玻璃水槽内边壁处的水位线进行追踪。摄像机采用日本 Photron 公司的 FastCam SA5 超高速摄像机,并配以 50 mm 定焦镜头。实验现场布置如图 4 所示,摄像机布置在玻璃水槽的一侧,并且光轴与玻璃壁面保持垂直关系。

图 5 为实验现场得到的一个图像样本,采集帧率为 500 fps。图像上设定 2 个测试点,其位置分别为($x=314$, $y=398$)与($x=656$, $y=388$)。实验过程中,随着造波板的运动,水位发生变化。为了验证所提方法的实验效果,本文将所提方法的结果与常用于水位测量的边缘追踪方法进行对比分析。图 6 是图 5 上两个测点的边缘追踪结果,而使用本文第 3 节所提的方法处理结果如图 7 所示。

在图 6、图 7 中,曲线 1 是算法直接得到的结果,而曲线 2 是使用多项式拟合的方法得

图 4　水位线追踪实验现场

到。通过这两个结果的对比分析很容易看出,两种方法的结果输出曲线上都存在着局部的波动,这是由于水位到达一定位置时,在该位置处存在遗留水痕或受背景结构的影响出现伪水位边缘导致。尽管受到这些干扰因素的影响,两种方法仍能很好地得到水位变化曲线。但是从运动曲线的光滑性上看,结合 PIV 的统计分析技术后水位追踪的稳定性有了大幅度的提高。

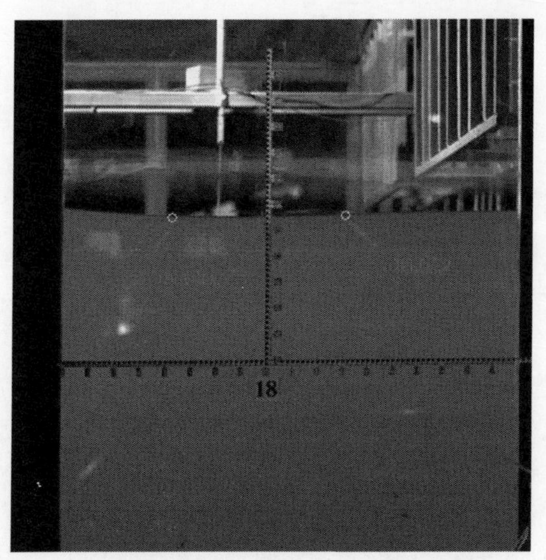

图 5　水位图像与测试位置(测试点 1 位置($x=314$,$y=398$),测试点 1 位置($x=656$,$y=388$))

4.2　玻璃管线振动测试

使用玻璃管线的振动测试来检验 PIV 的推演技术。实验过程中为了增强特征,玻璃管线局部喷涂漫反射漆料,并直立在玻璃水槽中(部分管线浸入水中,而另一部分在空气中)。实验时采用两台 Flare 12M125 工业摄像机组成立体视觉系统对玻璃管线进行运动测量(见图 8)。

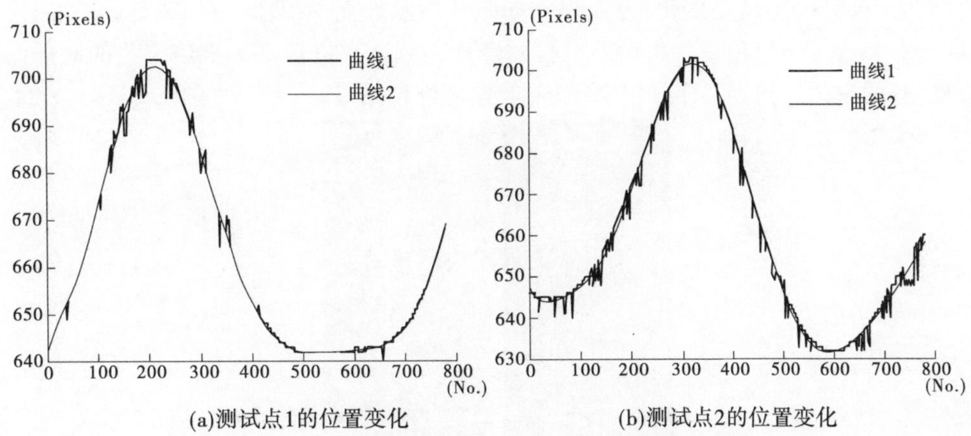

(a)测试点1的位置变化　　(b)测试点2的位置变化

图 6　使用边缘追踪方法得到的运动曲线

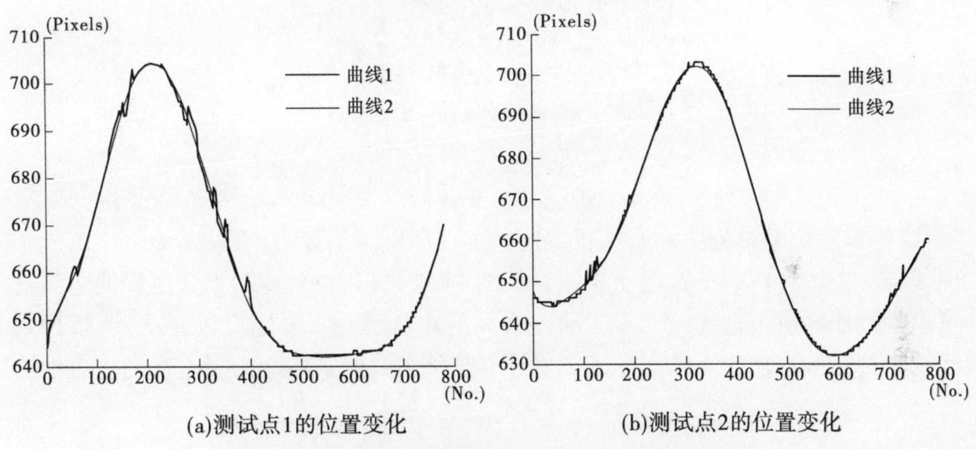

(a)测试点1的位置变化　　(b)测试点2的位置变化

图 7　使用 PIV 运动追踪推演技术得到的运动曲线

图 8　玻璃管线振动测量现场

控制变频器进行造流实验，此时管线在流场作用下产生涡激振动。通过两台相机不同角度的记录管线的运动变化,可以得到如图 9 所示的立体图像。在 22.5 cm/s 的流速下以(168.231, -46.270 2, -4.687 2)位置点作为测试点进行 PIV 推演方法的验证。实验过程中,两台相机同步工作并以 124 fps 的速度进行拍摄。

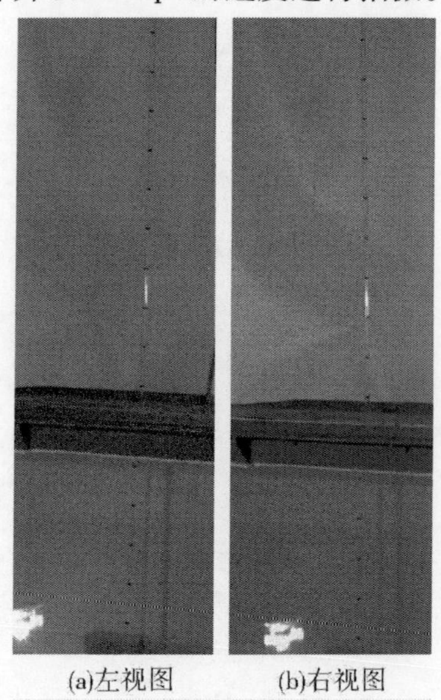

(a)左视图　(b)右视图

图 9　现场图像样本

图 10 为运动追踪过程中左右相机之间的立体匹配结果显示。图 11 为管线的 x 轴向运动曲线,图 12 为管线的三维运动轨迹。从图 11 中可以看出,使用本文所提的运动追踪方法可以较好地解析出管线的二阶运动曲线。另外,从图 12 中也可以看出,测量得到的管线运动轨迹完全符合管线的实际运动规律。这均可以验证本文所提方法的有效性。

图 10　立体匹配显示

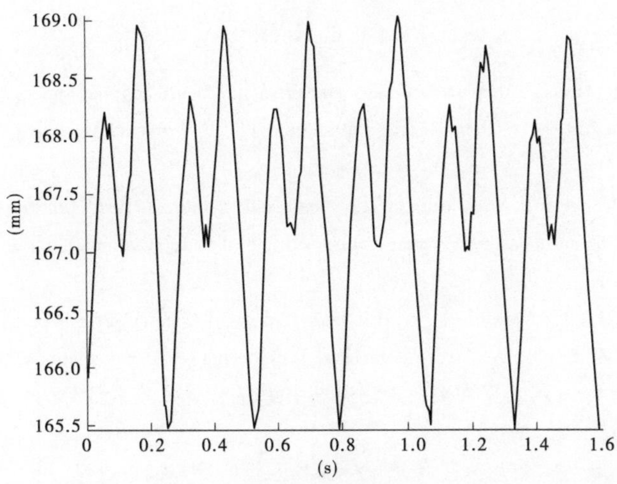

图 11　运动曲线

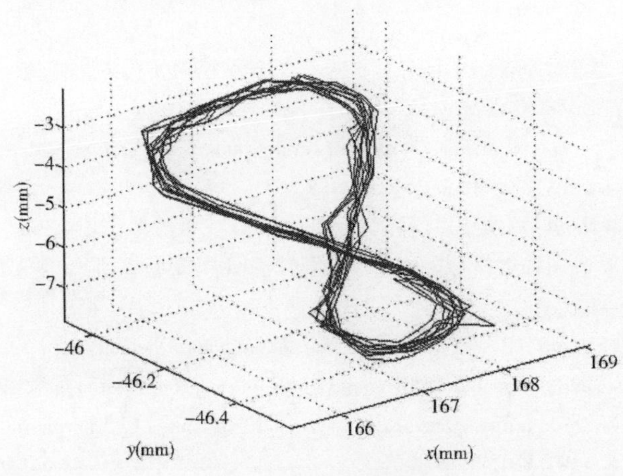

图 12　三维运动轨迹图

5 结　论

为了解决海洋工程模型实验中的运动追踪问题，本文对 PIV 技术进行推演。通过 PIV 分析方法与运动追踪方法之间的对比分析，提出了一种基于图像技术的运动追踪测量方法。该方法将 PIV 的散斑图像分析技术与运动追踪实验相结合，利用布撒粒子或喷涂显影颗粒的方式来增强被测目标的纹理特征，并将互相关匹配技术深入融入到追踪过程中。最后，使用了水位追踪与管线振动两项工程性实验对本文所提方法进行了验证。实验结果表明，使用本文所提的 PIV 推演技术进行目标物的运动追踪，不仅可以增加分析数据的稳定性，还对小幅度运动具有较高的灵敏度。因此，本文在 PIV 技术上的推演工作，一方面可提高 PIV 设备的利用率，同时一机多用的方式大大降低了运动测量实验的系统复杂度；另一方面对 PIV 技术的推演进一步拓展了图像测量技术在海洋工程领域的应用范围，为深入研究海洋提供了技术参考。

参 考 文 献

[1] Fabrizio V, Luca M. Stereoscopicparticle image velocimetry measurements of supersonic, turbulent, and interacting streamwise vortices: challenges and application[J]. Progress in Aerospace Sciences, 2014, 66: 1-16.

[2] Kolehmainen J, Elfvengren J, Saarenrinne P. A measurement-integrated solution for particle image velocimetry and volume fraction measurements in a fluidized bed[J]. International Journal of Multiphase Flow, 2013, 56: 72-80.

[3] Senatore C, Wulfmeier M, Vlahinic I, et al. Design and implementation of a particle image velocimetry method for analysis of running gear-soil interaction[J]. Journal of Terramechanics, 2013, 50: 311-326.

[4] 王波兰,宗昕,顾蕴松. PIV 技术在复杂二相流场中的应用[J]. 实验流体力学, 2014, 28(1): 60-64.

[5] 付东伟,陈勇,陈衍顺,等. 方形人工鱼礁单体流场效应的 PIV 试验研究[J]. 大连海洋大学学报, 2014,29(1): 82-85.

[6] 黄湛,王法伟,张妍,等. 高超声速飞行器 DPIV 内流阻力测量技术研究[J]. 推进技术, 2014, 35(4): 455-462.

[7] 董周宾, 颜丹平,张自力. 基于粒子图像测速系统的砂箱模拟实验方法研究与实例分析[J]. 现代地质, 2014, 28(2): 321-330.

[8] Sun Junhua, Chen Xu, Gong Zheng, et al. Accurate camera calibration with distortion models using sphere images[J]. Optics & LaserTechnology, 2015, 65: 83-87.

[9] 王俊修, 张倩倩. 摄像机自标定技术研究与应用[J]. 计算机仿真, 2014, 31(7): 219-224.

[10] 霍洪峰, 赵焕彬. 运动图像解析标定框架改进及算法[J]. 实验室研究与探索, 2014, 33(2): 27-30.

[11] Gallo D, Gulan U, Stefano A D, et al. Analysis of thoracic aorta hemodynamics using 3D particle tracking velocimetry and computational fluid dynamics[J]. Journal of Biomechanics, 2014, 47: 3149-3155.

[12] DG L. Distinctive Image Features from Scale-Invariant Keypoints[J]. International Journal of Computer Vision, 2004, 60(60):91-110.

[13] 原飞,范勇,刘畅,等. 基于大窗口的自适应立体匹配[J]. 计算机工程与设计, 2013, 34(7): 2441-2497.

【作者简介】 杜海(1980—),男,河北省石家庄市人,工程师,现主要从事非接触式测量技术研究。E-mail: duhai@ dlut. edu. cn。

廊道排沙水流特性试验研究*

段炎冲　曹列凯　李丹勋

(清华大学水沙科学与水利水电工程国家重点实验室,北京　100084)

摘　要　采用PIV对排沙廊道“排沙孔全开”和“排沙孔单开”方案各排沙孔的入口流速进行测量,进而对两种方案应用于库区长距离排沙的有效性进行分析。结果表明:(1)“排沙孔全开”时,各排沙孔入口的平均流速 v 自下游向上游迅速衰减,改变排沙孔型式能够削弱 v 的衰减速率,但无论采用何种型式,均无法从根源上消除流速衰减效应,而“排沙孔单开”方案则从根源上避免了“排沙孔全开”方案下的流速衰减效应;(2)“排沙孔全开”方案难以有效解决水库库区长距离排沙清淤难题,而“排沙孔单开”则是一种可行的方案。

关键词　水库;排沙廊道;PIV;流速衰减

Experimental study of the flow through sediment flushing tunnels

DUAN Yanchong, *CAO Liekai*, *LI Danxun*

(State Key Laboratory of Hydroscience and Engineering, Tsinghua University, Beijing 100084, China)

Abstract　Based on PIV measurement, the velocity characteristics of flow through the openings of a sediment flushing tunnel were investigated at two conditions, one with all openings in operation (Ⅰ) and the other on a one-by-one basis (Ⅱ). Then the effectiveness of these two operational schemes was compared for sediment flushing in long distance. The results indicate that: 1) for scheme (Ⅰ) the mean flow velocity at each opening decreases dramatically from downstream to upstream, and such a trend cannot be eliminated by changing the geometry of the openings, 2) for scheme (Ⅱ) the mean flow velocity remains roughly the same for each opening, and 3) scheme (Ⅱ) is much more effective than scheme (Ⅰ) for sediment flushing in reservoirs.

Keywords　Reservoir; Flushing tunnel; PIV system; Flow velocity decreasing

1　引　言

在多沙河流修建的水库、引水渠道等水利工程中,泥沙淤积一直是影响工程效益及安全运行的主要制约因素。以水库为例,全球范围内大型水库库容的年均淤损量占有效库容的0.5%~1%,折合库容 4.5×10^{10} m^3[1],必须采取有效的措施进行排沙减淤。

低水头的引水渠道、引水式电站等工程通常采用排沙涡管[2]、排沙漏斗[3]、排沙廊道[4]、机械及人工清淤等措施进行排沙,由于水头较小,清淤相对容易。而水库由于运行

*基金项目:国家自然科学基金项目(51279081)。

水位高、淤积量大,排沙清淤相对困难,目前国内外常采用机械清淤、排沙洞[5-7]、排沙廊道等方法。其中机械清淤不受水库调度的影响,但管理操作复杂,成本较高,且只能局部清淤[8];排沙洞排沙作为最常见的水库排沙方式,通过启闭水库底部的排沙洞,结合一定的水库运用方式进行排沙,可在坝前形成半圆形漏斗,但其耗水量大且排沙体积有限。排沙廊道则通过在廊道顶部或侧面沿程间隔布置排沙孔,采用"排沙孔全开"方案实现多孔同时冲沙,相较于排沙洞有更好的排沙效果。前期的实践和研究发现排沙廊道沿程各排沙孔的入口流速存在明显的衰减效应,冲沙效果沿程减弱,故而研究者从廊道断面、排沙孔大小、间距、导流角等诸多方面对廊道形式进行了优化[9-13],排沙效果得到一定程度的提高。总体来看,目前排沙廊道一般布置于坝前用于解决"门前清"问题,廊道长度相对较短,若将其推广应用于库区,以解决水库长距离的排沙清淤(廊道长度达千米级),其有效性亟待进一步研究。

鉴于水库库区长距离排沙时廊道断面宜采用等面积断面,本文基于等面积断面排沙廊道试验模型开展清水试验,采用 PIV 系统对常规"排沙孔全开"方案不同排沙孔形式各排沙孔的入口流速进行测量,对"排沙孔全开"方案应用于库区长距离排沙的有效性进行分析,在此基础上提出"排沙孔单开"方案并与常规"排沙孔全开"方案进行了对比。

2　试验方案

排沙廊道试验装置整体布置如图 1 所示,由水泵、进水阀、均匀供水管、试验水槽、溢流管、尾水管、出水阀、尾水箱、回水管、回水阀组成。其中试验水槽作为装置的主体,尺寸为 103 cm×15 cm×21 cm,左侧设置高 19 cm 的薄壁溢流堰,底部设复式断面廊道(长 103 cm),廊道顶部设有宽 5 cm 的可拆卸廊道顶板,顶板上布置间距 19 cm 的 5 个圆形排沙孔,自下游向上游($-x$ 方向)记作排沙孔 1 至排沙孔 5。

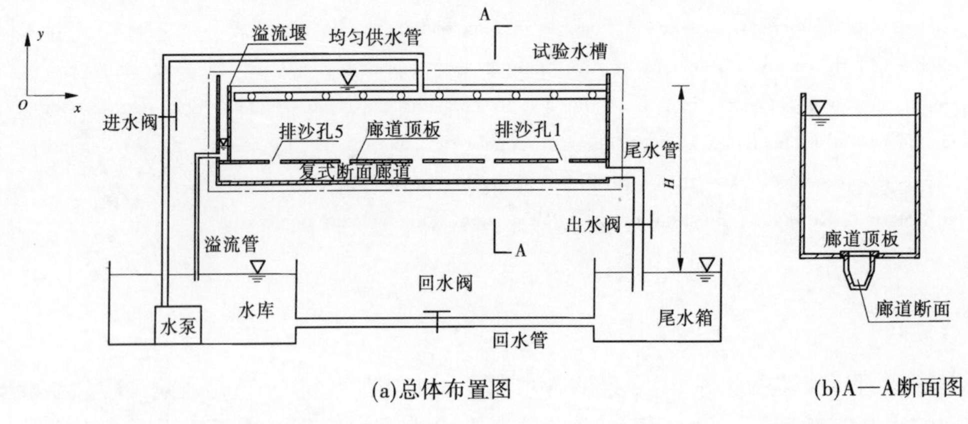

(a)总体布置图　　(b)A—A断面图

图 1

常规排沙廊道的排沙孔包括沿程不变、沿程缩小、沿程放大等形式,导流角度从 30°至 90°(导流角的变化起到减小局部水头损失的作用,90°为最不利工况)。本文以 90°为例,基于图 1 中的试验装置,针对"排沙孔全开"方案和"排沙孔单开"方案分别进行清水试验,排沙孔包括沿程不变(C)、沿程缩小(D)、沿程放大(I)三种形式,其中"排沙孔全开"方案记作 A1 ~ A3,"排沙孔单开”方案记作S1(排沙孔沿程不变),试验参数如表1所示。

表1 试验参数

试验组次	排沙孔形式	排沙孔直径 d(mm)					水头 H (cm)	出水阀开度
		孔1	孔2	孔3	孔4	孔5		
A1	C	30	30	30	30	30	120	1
A2	D	30	25	20	15	10	120	1
A3	I	10	15	20	25	30	120	1
S1	C	30	30	30	30	30	120	1

试验时,打开回水阀使水库与尾水箱连通,开启水泵和进水阀向试验水槽供水,水流经排沙孔进入廊道继而流入尾水箱,至溢流堰开始溢流时,系统自循环开始。此时调节进水阀,使水位维持在溢流堰水位,测量水头 H 并调整至 $H=120$ cm。待水流稳定后采用PIV系统对各排沙孔下方廊道中垂面($x-o-y$ 平面)的二维流场进行测量。

3 结果分析

试验测得的各排沙孔廊道中垂面($x-o-y$ 平面)流场如图2所示(以A1为例),其中 x 方向表示流向,y 方向表示垂向。

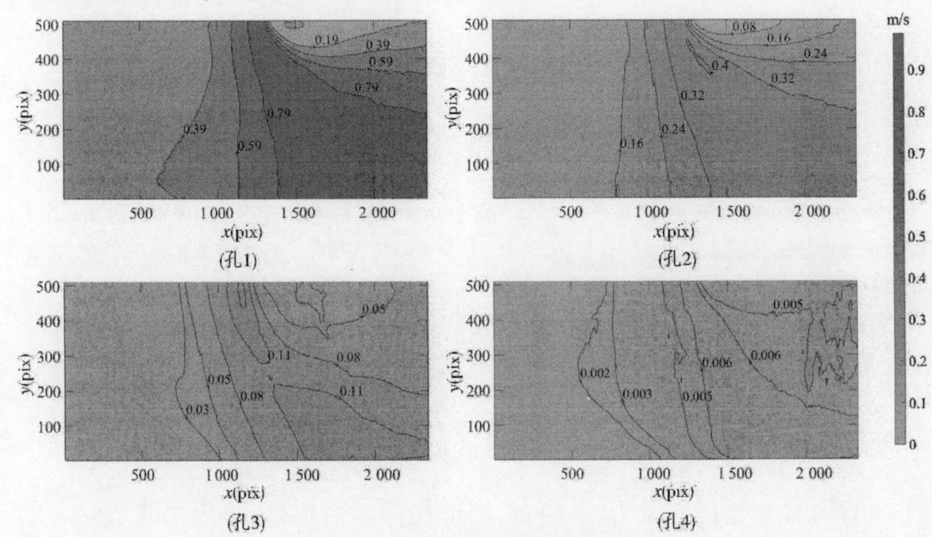

图2 各排沙孔廊道中垂面流场图(A1组次)

水流由排沙孔进入廊道的流速大小是影响排沙效果的关键因素,直接决定了进入廊道内泥沙的多少,对各排沙孔的入口平均流速统计如图3所示。

可以看出,“排沙孔全开”方案(A1~A3),各排沙孔入口平均流速 v 均由排沙孔1~5迅速衰减。沿程不变排沙孔(A1组次)各排沙孔的流速 v 最小,且衰减迅速,排沙孔5的 v 趋近于0;沿程缩小排沙孔(A2组次)虽可以在一定程度上提高各排沙孔流速,然而效果并不明显且流速衰减速率依然较大;沿程放大排沙孔(A3组次)可以明显减小流速 v 的衰减速率,但此时排沙孔 5 的流速依然较小。“排沙孔单开”方案(S1),各孔的流速 v 基本一致,仅有小幅降低,并可以保持在较高水平,大于“排沙孔全开”方案的最大流速。

试验结果表明,“排沙孔全开”时,通过改变排沙孔形式,可以在一定程度上减小流速 v 衰减的速率,但无论采用何种形式,均无法避免这种流速衰减效应。下面将从水力学原理上进行解释,为简便起见,以相邻排沙孔 k 和 $k+1$ 进行分析,其结构类似管道汇流,廊道为主管,排沙孔为支管,如图 4 所示。

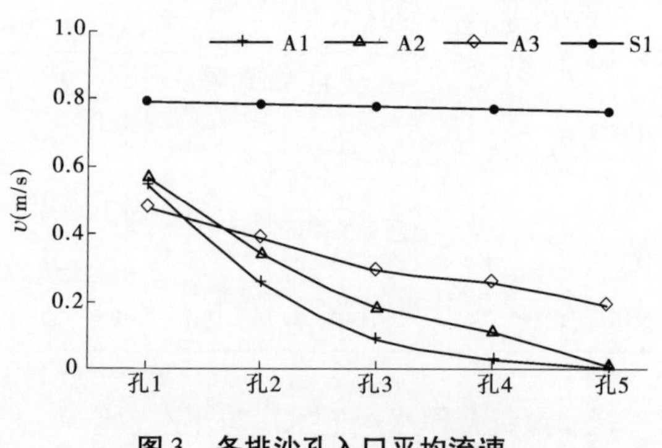

图 3　各排沙孔入口平均流速

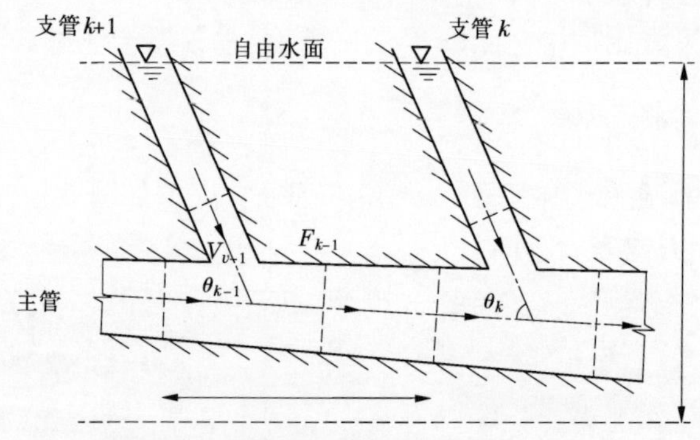

图 4　排沙廊道水力学原理分析示意图

注:主支管汇流角记作 θ_j;选择不受汇流影响的上、下游断面记作 $A_j—B_j$,$C_j—D_j$,$E_j—F_j$;相应断面面积为 A,A_j^u,A_j^d;断面平均压强为 p_j^b,p_j^u,p_j^d;断面流量为 Q_j^b,Q_j^u,Q_j^d;断面平均流速为 V_j^b,V_j^u,V_j^d;主支管流量比为 $=Q_j^b/Q_j^d$;主支管面积比 $=A_j^b/A_j^d$;以 0—0 断面为基准的位置水头为 h_j^b,h_j^u,h_j^d;下标 j 代表汇流口编号,$j=k,k+1$;l 代表 $C_{k+1}—D_{k+1}$ 至 $C_k—D_k$ 的水平距离;J 为主管坡度。

单位质量水体从断面 $C_{k+1}—D_{k+1}$ 流至 $C_k—D_k$,由能量方程可有

$$\frac{p_{k+1}^u}{\rho g}+\frac{\alpha_{k+1}^u\,(V_{k+1}^u)^2}{2g}+Jl=\frac{p_k^u}{\rho g}+\frac{\alpha_k^u\,(V_k^u)^2}{2g}+h_{wk+1}^{ud}+h_{fk+1-k} \tag{1}$$

其中 h_{wk+1}^{ud} 为断面 $C_{k+1}—D_{k+1}$ 至 $E_{k+1}—F_{k+1}$ 间的局部水头损失,可表示为 $\zeta_{k+1}^{ud}\ \frac{(V_{k+1}^d)^2}{2g}$ (ζ_{k+1}^{ud} 为局部水头损失系数);h_{fk+1-k} 为断面 $E_{k+1}—F_{k+1}$ 至 $C_k—D_k$间的沿程水头损失。

ζ_{k+1}^{ud} 可由以下半经验公式[14]求得

$$\zeta_{k+1}^{ud}=0.03\,(1-q_{k+1})^2-q_{k+1}^2\left[1+1.62(\frac{\cos\theta_{k+1}}{\alpha_{k+1}}-1)-0.38(1-\alpha_{k+1})\right]+(2-\alpha_{k+1})q_{k+1}(1-q_{k+1}) \tag{2}$$

通过改变汇流角 θ_{k+1} 及主支管面积比可以减小 ζ_{k+1}^{ud},一定情况下可使 $\zeta_{k+1}^{ud}<0$。同时,水流由断面 $C_{k+1}—D_{k+1}$ 流至 $C_k—D_k$,必有

$$\frac{p_{k+1}^{u}}{\rho g}+\frac{\alpha_{k+1}^{u}\left(V_{k+1}^{u}\right)^{2}}{2g}+Jl>\frac{p_{k}^{u}}{\rho g}+\frac{\alpha_{k}^{u}\left(V_{k}^{u}\right)^{2}}{2g} \tag{3}$$

由式(1)和式(3)必有

$$\zeta_{k+1}^{ud}\frac{\left(V_{k+1}^{d}\right)^{2}}{2g}+h_{fk+1-k}>0 \tag{4}$$

随着上游廊道各排沙孔含沙水流的进入,下游廊道需具备更强的挟沙能力以满足冲沙要求,故 $V_k^u \geqslant V_{k+1}^u$,近似取 $\alpha_{k+1}^u = 1$,$\alpha_k^u = 1$,则式(1)可简化为

$$\frac{p_{k+1}^{u}}{\rho g}\geqslant\frac{p_{k}^{u}}{\rho g}+\zeta_{k+1}^{ud}\frac{\left(V_{k+1}^{d}\right)^{2}}{2g}+h_{fk+1-k}-Jl \tag{5}$$

对于支管 $k+1$(或 k),单位质量水体从自由水面流动至 $A_{k+1}-B_{k+1}(A_k-B_k)$,由能量方程可有 $h_0 = h_{k+1}^b+\frac{p_{k+1}^b}{\rho g}+\frac{\alpha_{k+1}^b\left(V_{k+1}^b\right)^2}{2g}$, $h_0 = h_k^b+\frac{p_k^b}{\rho g}+\frac{\alpha_k^b\left(V_k^b\right)^2}{2g}$,近似认为 $\alpha_{k+1}^b = 1$,$\alpha_k^b = 1$,即得

$$\frac{p_{k+1}^{b}}{\rho g}+\frac{\left(V_{k+1}^{b}\right)^{2}}{2g}=\frac{p_{k}^{b}}{\rho g}+\frac{\left(V_{k}^{b}\right)^{2}}{2g}-Jl \tag{6}$$

而汇流口上游断面的平均压强近似相等[15,16],即

$$p_{k+1}^{b} = p_{k+1}^{u},p_{k}^{b} = p_{k}^{u} \tag{7}$$

将式(6)和式(7)代入式(5)得

$$\frac{\left(V_{k}^{b}\right)^{2}}{2g}\geqslant\frac{\left(V_{k+1}^{b}\right)^{2}}{2g}+\left[h_{fk+1-k}+\zeta_{k+1}^{ud}\frac{\left(V_{k+1}^{d}\right)^{2}}{2g}\right] \tag{8}$$

根据式(8)和式(4)知 $V_k^b > V_{k+1}^b$,因此排沙廊道“排沙孔全开”方案下,流速衰减效应的根源在于沿程和局部水头损失,通过改变导流角、面积比可以减小汇流造成的局部水头损失,从而减弱流速衰减效应,但均无法消除。而“排沙孔单开”方案则规避了排沙孔的汇流,虽然离廊道出口越远的排沙孔沿程水头损失增大,流量有所降低,但可以通过减小排沙孔来避免“排沙孔全开”方案下的流速衰减效应。由此可见,排沙廊道“排沙孔全开”方案难以有效地解决库区长距离排沙清淤难题,而“排沙孔单开”则是相对更为有效的方案。

4 结 论

本文采用 PIV 系统对常规排沙廊道“排沙孔全开”和“排沙孔单开”方案各排沙孔入口流速进行测量,主要结论如下:

(1)常规排沙廊道“排沙孔全开”方案,各排沙孔入口的平均流速 v 均由排沙孔 1~5 依次衰减,其中沿程不变排沙孔(A1 组次)各排沙孔流速衰减最快,沿程缩小排沙孔(A2 组次)流速衰减速率依然较大,沿程放大排沙孔(A3 组次)则可以明显减小流速 v 的衰减速率,但无论采用何种排沙孔形式,都不能从根源上消除流速衰减效应,难以有效解决水库库区长距离排沙清淤难题。

(2)“排沙孔单开”方案规避了排沙孔处的汇流现象,从根源上避免了“排沙孔全开”方案下的流速衰减效应,是解决库区长距离排沙清淤的有效方案。

需要指出的是,本文仅进行了清水试验,且仅考虑了排沙孔导流角为 90°的情况,未

来需要开展系统性的冲沙试验对“排沙孔全开”和“排沙孔单开”方案的冲沙效果进行对比分析,并进一步考虑不同排沙孔导流角对冲沙效果的影响,以便优化“排沙孔单开”方案。同时,本文目前只是提出“排沙孔单开”的思路,后期还有待提出具有工程实践意义的“排沙孔单开”实施办法。

致谢:本研究在模型制作、方案设计、成果分析等方面得到了清华大学水利系王兴奎教授的悉心指导,在此表示衷心感谢。

参考文献

[1] White R. Evacuation of Sediments from Reservoirs[M]. London: Thomas Telford, 2001.

[2] 何训江. 新疆金沟河排沙工程涡管排沙技术的应用[J]. 人民黄河, 2012, 34(4):131-132.

[3] 王顺久, 周著, 侯杰,等. 排沙漏斗的水流特性试验研究及其工程应用[J]. 水利学报, 2002(7): 104-109.

[4] 宗全利, 刘焕芳, 蓝军. 沉沙池排沙廊道分流量计算的试验研究[J]. 石河子大学学报:自然科学版, 2007, 25(1):99-102.

[5] 王磊, 张婧雯, 巴涛,等. 小浪底工程排沙洞高速水流区抗冲磨试验研究[J]. 中国水利, 2015(10):22-24.

[6] 毛继新, 郑勇. 刘家峡水库洮河口排沙洞排沙效果研究[C]//全国泥沙基本理论研究学术讨论会. 2005.

[7] 薛承文, 张耀哲, 段国胜. 多沙河流中小型水库排沙洞泄流规模研究[J]. 人民长江, 2011,42(1): 66-68.

[8] 向文英, 李晓红, 程光均,等. 浅谈河道与水库清淤的新工艺[J]. 环境工程, 2005, 23(2):77-79.

[9] 苏有为. 水电站排沙廊道体型的优化[J]. 水利水运工程学报, 1996(1):8-14.

[10] 谭培根. 一种自排沙廊道: 中国,ZL03262540.5 [P]. 2004.7.28.

[11] 戴晓兵, 李延农, 陈曙光. 水电站进水口排沙底孔的型式[J]. 水利水电技术, 2005, 36(10): 20-22.

[12] 谭培根. 廊道自排沙机构: 中国,ZL200620079294.2 [P]. 2007.9.26.

[13] 张耀哲, 王敬昌, 苌志超,等. 格栅式排沙廊道优化布置方案的试验研究[C]//水力学与水利信息学进展, 2009.

[14] Miller, Donald S. Internal flow: a guide to losses in pipe and duct systems[M]. The British Hydromechanics Research Association, Cranfield, Bedford, England, 1971.

[15] Benson R S, Woollatt D, Woods W A. Paper 10: Unsteady flow in simple branch systems[C]//Proceedings of the Institution of Mechanical Engineers, Conference Proceedings. SAGE Publications, 1963: 24-49.

[16] Bassett M D, Winterbone D E, Pearson R J, et al. Calculation of steady flow pressure loss coefficients for pipe junctions[J]. Archive Proceedings of the Institution of Mechanical Engineers Part C Journal of Mechanical Engineering Science 1989 – 1996 (vol 203 – 210), 2001, 215(8):861-881.

【作者简介】 段炎冲(1989—),男,博士研究生,研究方向:水力学及河流动力学。E-mail:dyc14@mails.tsinghua.edu.cn。

【通信作者】 李丹勋(1970—),男,研究员。E-mail:lidx@mails.tsinghua.edu.cn。

大型斜伸轴流泵模型压力脉动试验研究

何中伟[1] 郑 源[1,2] 阚 阚[1] 付士凤[1] 孙奥冉[1]

(1. 河海大学水利水电学院,南京 210098;2. 河海大学文天学院,马鞍山 243031)

摘 要 为了探讨斜流泵装置叶轮进出口处压力脉动规律,以河海大学多功能水力试验台为基础,通过试验测量和计算,对比分析斜流泵装置不同叶片安装角度不同扬程下叶轮进出口压力脉动值。得出结论:当扬程低于额定扬程时,扬程越大,脉动相对幅值越小;而当扬程达到额定扬程之后,压力脉动相对幅值达到恒定值;因为当斜流泵达到设计扬程之后压力脉动幅值逐渐减小,泵运行相对稳定。出水流道处压力脉动相对幅值比进口处增大,主要因为叶轮出口处离转轮位置较近,受到叶片旋转的影响较大;而叶轮进口处压力本身较低,叶片旋转的影响相对较小,压力脉动主要是受到泵内湍流不规则运动的影响。叶轮进口处压力脉动的频率以3倍转频为主,2倍转频脉动干扰比较明显。叶轮出口压力脉动比较复杂,在6倍转频处波动最大,同时伴有低频脉动。

关键词 斜流泵;压力脉动;时域;频域

Experimental Research of Pressure Pulsation on Diagonal Flow Pump

***HE Zhongwei*[1], *ZHENG Yuan*[1,2], *KAN Kan*[1], *FU Shifeng*[1], *SUN Aoran*[1]**

(1. Water conservancy and hydropower college, Hohai University, Nanjing 210098, China;
2. Wen Tian college, Hohai University, Maanshan 243031, China)

Abstract In order to investigate the law of pressure pulsation on diagonal flow pump's inlet and outlet, based on Hohai University multifunction hydraulic test stand. Comparative analysis of different blade installation Angle oblique flow pump impeller import and export pressure pulsation value under the different head. Conclusion: When the head is lower than the nominal head, the greater the lift, the smaller the relative amplitudes of pulsation; and when the head reaches the rated head pressure pulsation amplitude reaches a relatively constant value; because when mixed flow pump after reaching design head pressure pulsation amplitude gradually reduced, stable operation of the pump. Outlet conduit at a relative pressure pulsation amplitude ratio at the inlet increases, mainly due to the exit of the impeller rotor position from close by the rotating blades of the larger impact; and the impeller inlet pressure itself is low, the impact blades rotate relatively small, pressure pulsation is mainly affected by the irregular movement of turbulence within the pump. Impeller inlet pressure pulsation frequency to three times the frequency of the main switch, turn 2 times the frequency flutter obvious. Impeller outlet pressure pulsation is more complex, in turn 6 times the maximum frequency of the fluctuations, accompanied by low-frequency pulsating.

Key Words Diagonal flow pump; Pressure pulsation; Time domain; Frequency domain

1 引 言

斜流泵作为近年来研究的热点,具有离心泵和轴流泵的双重优点[1],不仅体积小,而且易于启动且自身工作效率高。如李伟博士通过二元理论设计了斜流泵模型并进行优化与研究[2],证明其拥有良好的稳态性能。对于斜流泵压力脉动方面,郭鹏程[3]等提出采用"冻结转子法"处理离心泵内叶轮与蜗壳动静耦合诱发压力脉动频谱进行了试验分析,得出了离心泵内压力及速度的分布,而袁寿其[4]等对泵内叶轮与蜗壳间的动静耦合诱发压力脉动做了试验分析,文献[5]中对5个叶片的普通离心泵内叶轮与蜗壳动静耦合进行了研究,分析了在设计流量下,泵内蜗壳流道及叶轮流道内部监测点压力脉动,1982年Dring等[6]提出导致泵内压力脉动2种因素,分别为动叶轮与蜗壳之间的相互作用及泵内冲击。本文借助河海大学水力机械多功能试验台对斜伸轴流泵不同角度不同扬程下进行压力脉动试验,对叶轮前后两点的压力脉动进行时域和频域分析,为斜流泵的设计和研究提供意见。

2 斜流泵参数及试验方法

本文研究的泵站斜式轴流泵装置设计扬程为2.5 m,设计流量为30 m^3/s,泵段设计效率不低于85%,配套电机功率1 600 kW,水泵和电机之间采用齿轮箱传动。泵站采用肘形进水流道、直管式出水流道、快速闸门断流。泵的直径为2 950 mm,转速为124.5 r/min。

泵站特征扬程见表1。

表1 特征扬程表 (单位:m)

最高净扬程	3.50	水泵最高扬程	4.00
设计净扬程	2.50	水泵设计扬程	3.20
最低净扬程	0.00	水泵最低扬程	0.80

分别在叶轮进口和出水流道处布置2个压力脉动试验测点,分别测定-6°、-4°、-2°、0°、+2°六个叶片安放角下扬程为0.80 m、2.50 m、3.20 m及4.00 m的压力脉动值,压力脉动测量仪器如图1所示,传感器采用昆山双桥传感器测控技术有限公司提供的CYG1102压力变送器,输出信号为4~20 mA,测试电压为24VDC,量程为±50 kPa。

信号采集采用北京英华达EN900便携式旋转机械振动采集仪及配套分析系统(见图2)。信号采集方式为非细化方式,即每组采集数据为1 024个点(4周期×256点)。

试验台选用中日合资重庆横河川仪有限公司生产的差压传感器,型号为EJA110A,精度为±0.075%。电磁流量计为中德合资上海光华爱尔美特仪器有限公司生产,型号为RFM4110-500,精度为±0.2%。扭矩仪选用湖南长沙湘仪动力测试仪器有限公司生产的扭矩仪,型号为JCZ-200N.m,精度分别为转速±0.1%,扭矩±0.1%。

图 1　压力脉动测量仪器示意图

图 2　信号采集仪

3　试验结果和分析

3.1　水压脉动的幅值分析

水压脉动的幅值分析通常采用时域内的混频幅值的相对值来进行描述。IEC 有关规程推荐采用概率统计方法,分析脉动波形的混频双峰值,国内外也偏向于按置信度来计算混频的压力脉动的峰值。因此,本试验结果按 97% 置信度混频给出。

压力脉动相对幅值 A 定义为压力脉动波形的双振幅峰峰值与试验扬程的比值:

$$A = \frac{\Delta H}{H} \times 100\%$$

式中:H 为试验扬程,m;ΔH 为压力脉动双振幅峰峰值,m。

试验采集了水泵叶片安装角为 $-6°$、-4、$-2°$、$0°$、$+2°$时扬程分别为 0.8 m、2.5 m、3.2 m、4 m 下的叶轮进口和出水流道压力脉动信号。对采集到的压力脉动数据进行统计分析。

由图 3 和图 4 设置水泵模型装置下转轮进口与出水流道各测点处压力脉动与扬程的图可以看出,无论叶轮进口或出口,当扬程低于额定扬程时,扬程越大,脉动相对幅值越小;而当扬程达到额定扬程之后,压力脉动相对幅值达到恒定值;因为当斜流泵达到设计扬程之后,压力脉动幅值逐渐减小,泵运行相对稳定。

出水流道处压力脉动相对幅值比进口处增大,这主要是因为叶轮出口处离转轮位置较近,受到叶片旋转的影响较大;叶轮进口处压力本身较低,叶片旋转的影响相对较小,压力脉动主要是受到泵内湍流不规则运动的影响。

对转轮进口处而言,叶片角度为 $-4°$、$0°$时,压力脉动相对值较小,运行条件较好。对出水流道处而言,叶片角度为 $-4°$、$+2°$时,压力脉动相对值较小。

3.2　水压脉动的频谱分析

对采集到的压力脉动信号进行傅里叶变换,分析其频率分布。本试验模型泵转速为 1 224.3 r/min,叶片数为 3。为便于分析,表中主次频以转频($f = \frac{n}{60}$,n 为转速)的倍数表示。由于试验条件所限,采集的压力脉动信号中包含有机组本身的振动信号和噪声干

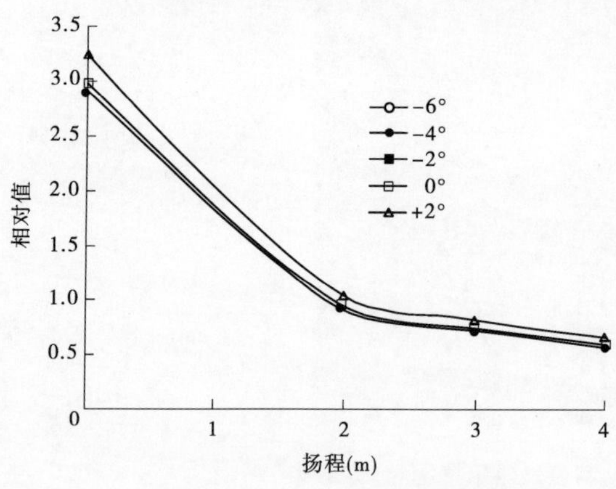

图3　叶轮进口压力脉动与扬程关系

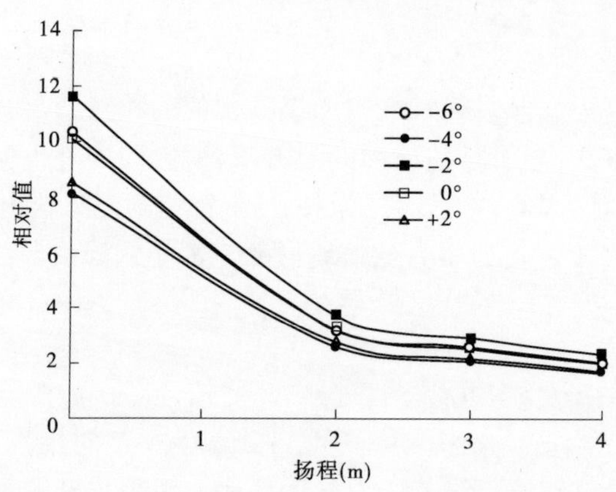

图4　出水流道压力脉动与扬程关系

扰,为了提高分析精度,先通过小波变换进行去噪处理。在设置水泵模型装置下,斜流泵转轮+2°、0°、-2°、-4°和-6°叶片安放角下的压力脉动信号时域频域图进行绘制。本文选取安装角为-4°、扬程为2.5 m下斜流泵导叶进出口处压力脉动时域和频域图,如图5和图6所示。

根据水泵模型装置下的压力脉动信号时域频域图可以发现,叶轮进口处压力脉动的频率以3倍转频为主,在低扬程时由于水力波动较大,2倍转频脉动干扰比较明显。对于出水流道,压力脉动比较复杂,在6倍转频处波动最大,但同时伴有低频脉动,可见此时叶轮对出水流道处压力脉动影响较大,但低频脉动依然较活跃。

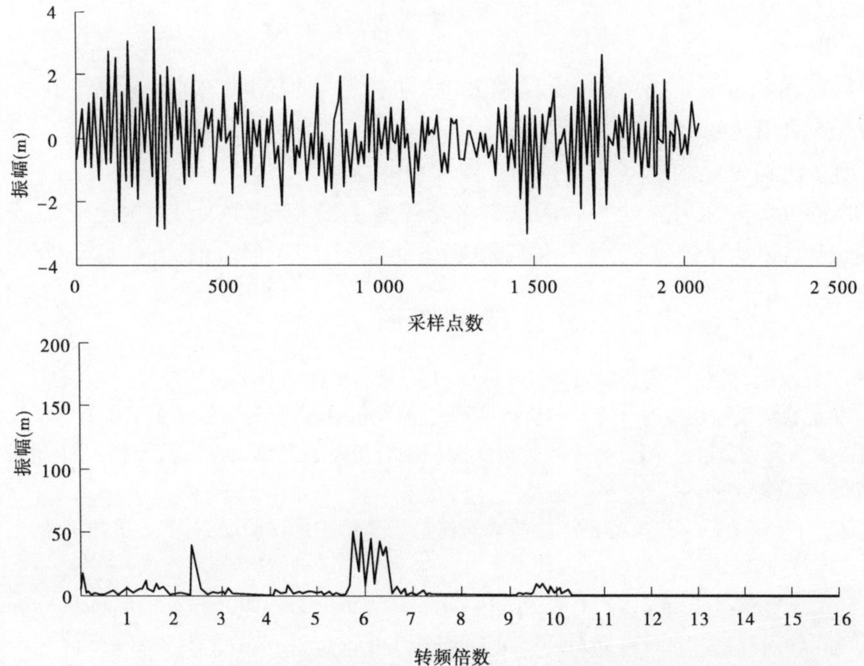

图5 设置斜流泵模型装置下转轮在扬程 2.5 m、-4°时出口压力脉动信号波形图

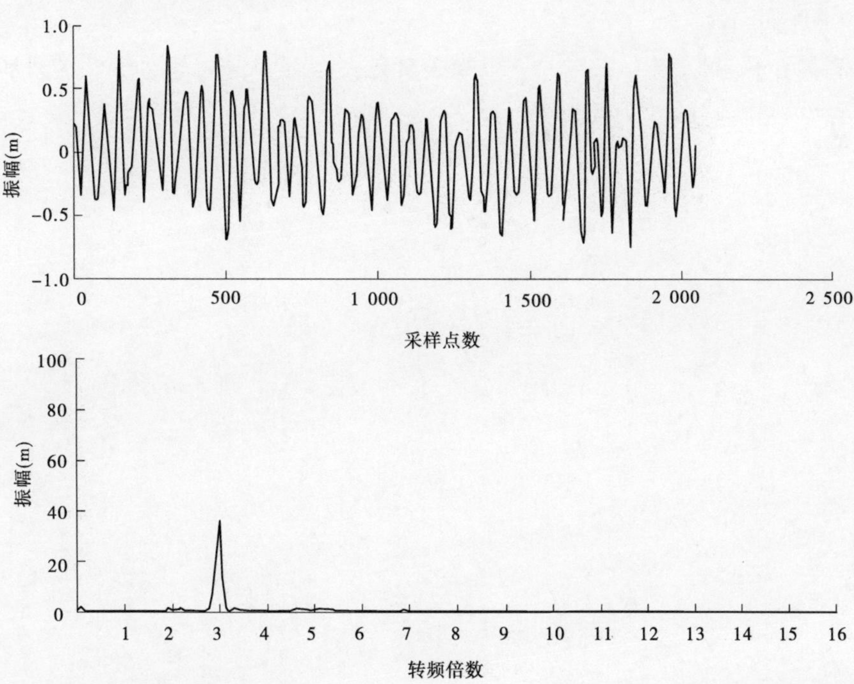

图6 设置斜流泵模型装置下转轮在扬程 2.5 m、-4°时进口压力脉动信号波形图

4 结　论

(1)当扬程低于额定扬程时,扬程越大,脉动相对幅值越小;而当扬程达到额定扬程之后,压力脉动相对幅值达到恒定值。

(2)出水流道处压力脉动相对幅值比进口处增大。

(3)叶轮进口处压力脉动的频率以3倍转频为主,2倍转频脉动干扰比较明显。对于出水流道,压力脉动比较复杂,在6倍转频处波动最大,同时伴有低频脉动。

参 考 文 献

[1] 潘中永, 倪永燕,袁寿其,等. 斜流泵研究进展[J]. 流体机械, 2009, 37(9):37-41.

[2] 李伟. 斜流泵启动过程瞬态非定常内流特性及实验研究[D]. 镇江:江苏大学, 2012.

[3] 郭鹏程,罗兴锜,刘胜柱. 离心泵内叶轮与蜗壳间耦合流动的三维紊流数值模拟[J]. 农业工程学报, 2005, 21(8):1-5.

[4] 袁寿其,薛菲,袁建平,等. 离心泵压力脉动对流动噪声影响的试验研究[J]. 排灌机械工程学报, 2009, 27(5):287-290.

[5] Yuan S, Yongyan N I, Pan Z, et al. Unsteady Turbulent Simulation and Pressure Fluctuation Analysis for Centrifugal Pumps[J]. Chinese Journal of Mechanical Engineering, 2009, 22(1):64-69.

[6] Dring R P, Joselyn H D, Hardin L W, et al. Turbine Rotor-Stator Interaction[J]. Journal of Engineering for Gas Turbines & Power, 1982, 204(4):729-742.

【作者简介】 何中伟(1993—),男,硕士研究生,主要从事流体力学及水利水电工程研究。E-mail:1195023114@qq.com。

原型观测技术

淤积泥沙密度声学探测方法研究*

杨　勇　李长征　郑　军　王　锐

(黄河水利委员会黄河水利科学研究院,郑州　450003)

摘　要　淤积泥沙资料的准确观测及获取是泥沙研究的基础,其中泥沙密度是淤积层特性的一个重要参数。机械取样能够得到一些淤积泥沙物性参数,但取样时的扰动会使其密度测试结果产生一定偏差。本文以取样测试数据为基础,提出一种基于级配参数的泥沙密度声学探测方法,并在小浪底库区开展实例研究。结果表明:本文提出探测方法的计算结果与修正值相比,多数密度值与取样测试的修正值接近(如 HH8 断面、HH28 断面、HH44 断面),但部分结果明显低于修正值(HH16 断面)。同时,依据经验判断本文提出的计算方法更为可靠。研究成果有利于实现淤积泥沙密度的快速获取,并为水库及河道淤积泥沙综合治理提供数据支撑。

关键词　声学探测方法;淤积泥沙;密度;深层取样;颗粒级配

Research on Acoustic Detection Method of Sediment Density

YANG Yong, *LI Changzheng*, *ZHENG Jun*, *WANG Rui*

(Yellow River Institute of Hydraulic Research, YRCC, Zhengzhou 450003)

Abstract　Accurate observation and obtainment of sedimentation data are sediment research foundation, and sediment density is an important index of sediment characteristics. Although mechanical sampling can get some sediment physical parameters, sampling disturbance will produce certain deviation to density results. In this paper, based on sampling data, a acoustic detection method of sediment density was put forward combining particle gradation, and carried out case study in Xiaolangdi Reservoir. Results show that the calculate sediment density values of acoustic detection method are compared with the sediment density modification values, and most results close or equal to the modification values (such as HH8, HH28 and HH44 sections), but some results significantly lower than the modification values (such as HH16 section), and the calculation method is more reliable on the basis of experience judgment at the same time. Research results will be helpful to realize rapid and accurate obtainment of sediment density, and provide data support for the sediment comprehensive governance of rivers and reservoirs.

Key Words　Acoustic detection method; Sediment; Density; Deep sampling; Grain composition

* **基金项目**:中央级公益性科研院所基本科研业务费专项(HKY-JBYW-2016-29)。

只有准确掌握泥沙淤积的物理力学参数,才能科学地处理和利用泥沙。因此,探测河底泥沙淤积的物性参数,对防洪安全、河道泥沙疏浚、泥沙资源化利用以及河流动力学研究具有重要意义。淤积泥沙密度是反映泥沙重力特性的一个非常重要的物理指标,各种与泥沙冲淤有关的分析计算都需要该指标进行重量与体积的转换[1,2]。但是,目前河床质测验规范中采用的“锚式采样器”和丁字型采样器等,只能获取河床表层 10 cm 左右淤积泥沙样品的颗粒级配组成。对此,黄河水利科学研究院利用深水库区深层取样设备[3,4],能够获取河床深达数米的淤积泥沙样品。但取样时的扰动使泥沙密度等测试结果产生一定偏差。为此,本文提出了一种淤积泥沙密度的声学探测方法,为研究深层淤积泥沙的颗粒级配和密度等物理特性提供了一定的技术手段。本文在前期研究的基础上,利用深层取样器及浅地层剖面仪在小浪底水库开展声波探测及采样作业,获得更加准确的淤积泥沙物性参数。

1　深层取样和检测分析

近年来,黄河水利科学研究院利用大型取样设备分别在三门峡、小浪底水库等开展取样试验,获得 3 ~5 m 深的泥沙样品,通过检测可以获得泥沙密度以及颗粒级配等量测数据。根据淤积泥沙特性不同,分别采用重力式取样设备和振动式取样器进行取样。

(1)重力式取样器[3,4]。

重力式取样器的基本原理是利用取样器自身重力,将中空的取样管直接贯入淤积泥沙中,使泥沙顺利进入取芯管,在提起取样器时,通过密封装置使取样管两端密封,确保样品在提升过程中不掉落,保证取芯率。重力式取样器现场作业情况如图 1 所示,适合于软质河床取样。

(2)振动式取样器。

振动式活塞取样器是一种适用于水底致密沉积物的柱状取样器,该设备采用交流垂直振动器,通过振动器带动岩心管做中频或高频振动进行取样。振动式取样器如图 2 所示,适合于硬质河床取样。

依据《土工试验方法标准》(GB/T 50123—1999)[5]和《土工试验规程》(SL 237—1999)[6]等试验规程,对获取的淤积泥沙样品进行检测,可以得到淤积泥沙颗粒级配和密度等检测数据。但是重力式取样器重量大、管壁厚,在取样过程中会对样品发生挤密作用,即使通过现场试验进行率定,修正值仍然偏大。振动式取样器作业过程中的高频振动对样品扰动极大,一般仅对样品的粒径级配进行检测。

多沙河流运用阶段不同、调节方式不同、库区淤积形态各异,淤积泥沙密度在横向和垂向上分布存在较大差异,泥沙研究与治理急需更加有效的淤积泥沙密度量测手段。因此,本文提出了一种声波原位测试技术结合取样样品级配分析淤积泥沙密度的方法。

2　结合颗粒级配的泥沙密度声学探测方法

声波探测采用浅地层剖面仪,其工作基本原理是水声学原理[7],主要依靠声波在不同类型介质中具有不同的传播特征,当介质成分、结构和密度等因素发生变化时,声波的传播速度、能量衰减及频谱成分等亦将发生相应变化,在弹性性质不同的介质分界面上还

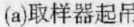

(a)取样器起吊

(b)取样器入水

(c)取样器取出及密封样品

(d)PC管拉出

图1　重力式取样器现场作业图

会发生波的反射和透射(如图3所示)。浅地层剖面仪能够对海洋、江河和湖泊底部地层进行剖面显示。

根据探测声波在不同介质中的传播速度、振幅及频谱特征等信息,能够推断相应介质的结构和致密、完整程度,并作出相应评价。在声波探测结果的基础上,结合利用大型取样器获得样品的颗粒级配信息,可以推算出淤积泥沙密度。计算过程如下:

Kozeny - Carman 公式是一个将孔隙率和渗透系数联系起来的经验公式[8]:

$$\kappa = \left(\frac{1}{KS_0^2}\right)\left[\frac{\beta^3}{(1-\beta)^2}\right] \tag{1}$$

式中:κ 为渗透率;S_0 为颗粒表面积;K 为经验常数估计,本文取5;β 为孔隙度。

实际情况下,沙体由大小不同的沙子按照一定比例组成。对于聚集的沙子颗粒,平均表面积可用如下公式:

$$\overline{S_0} = \sum_{n=1}^{N}(6/d_n \times \% volume) \tag{2}$$

式中:d_n 为每个大小颗粒的直径,一般为重量百分数。

图 2　振动式取样器图

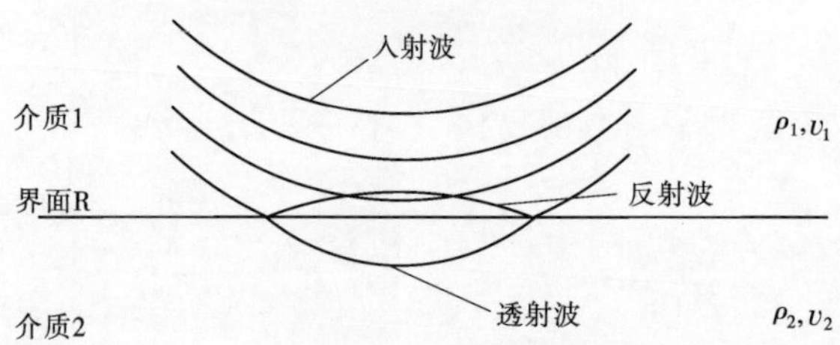

图 3　声波的反射现象和透射现象

河底声波的反射系数为:

$$R = \frac{Z_2 - Z_1}{Z_2 + Z_1} \tag{3}$$

式中:R 为声波反射系数;Z_1 为水的波阻抗;Z_2 为淤积泥沙的波阻抗。

结合式(1)和式(3),可计算得到声纳剖面图第一淤积层(表层)的泥沙孔隙率和密度等参数。

结合上述方法,黄河水利科学研究院编制了“河底泥沙声学探测分析软件”(版本 1.0),该软件的主要功能是读取 SEG－Y 格式数据文件,对数据进行相关处理并形象化显示,并计算声速、反射系数、孔隙率、淤积泥沙密度等。

3　现场试验与结果分析

在小浪底库区,分别开展取样和声波探测试验,并对取样样品进行检测分析,考虑到取样过程的挤密作用,根据现场的率定对检测数据进行修正。另外,利用结合颗粒级配的泥沙密度声学探测方法进行泥沙密度的计算,表 1 所示是 HH8、HH16、HH28 和 HH44 断面的淤积泥沙密度的对比情况。

表1　小浪底库区典型断面淤积泥沙湿密度情况

取样位置	样品深度 (m)	检测湿密度 (g/cm^3)	湿密度修正值 (g/cm^3)	数据融合计算值 (g/cm^3)
HH8	0.5	2.15	1.87	1.79
HH16	0.5	2.14	1.86	1.61
HH28	0.5	1.75	1.52	1.52
HH44	0.5	2.24	1.95	1.95

根据现场率定,湿密度修正值比取样检测湿密度值小13%。另外,基于浅地层剖面仪声波探测结果及深层取样泥沙颗粒级配,由淤积泥沙密度分析方法计算的是声纳剖面图表层的淤积泥沙密度。该计算值与修正值相比,部分结果接近甚至等于修正值(如HH8断面、HH28断面、HH44断面),部分结果明显低于修正值(HH16断面)。由于现场环境复杂,率定方法受许多因素的影响,修正值仍然会相对于真值偏大。由表1可知,计算值均不大于修正值,经验判断计算值更为准确。

4　结　语

泥沙问题是多泥沙河流治理的主要问题,而淤积泥沙资料是黄河泥沙治理的基础支撑。为了准确获取淤积泥沙密度等参数,综合利用深层取样器和浅地层剖面仪对淤积泥沙进行取样及探测,对声波扫描结果和泥沙颗粒级配进行结合计算,得到淤积泥沙的密度值。通过现场试验和结果对比分析,本文提出的计算方法更加接近淤积泥沙密度真值,为进一步研究深层泥沙密度奠定基础。

参考文献

[1] Zhao L J, Jiang E H, Gu S M. Relationship between sediment quantity of scour-silt and runoff and sediment in the lower Yellow River[J]. International Conference on Electrical and Control Engineering, 2011, 5397-5400.

[2] Jiang E H, Li J H, Cao Y T, et al. Research on mechanism of bottom tearing scour in Yellow River[J]. Journal of Hydraulic Engineering, 2010, 41(2): 182-188.

[3] 杨勇,张庆霞,陈豪,等. 深水水库低扰动取样设备设计及性能分析[C]//第五届黄河国际论坛论文. 2012.09.

[4] 杨勇,郑军,陈豪. 深水水库低扰动取样器机械设计[J]. 水利水电科技进展,2012,32(S2):18-19.

[5] 南京水利科学研究院. GB/T 50123—1999 土工试验方法标准[S]. 北京:中国计划出版社,1999.

[6] 南京水利科学研究院. SL 237—1999 土工试验规程[S]. 北京:中国水利水电出版社,1999.

[7] 李平,杜军. 浅地层剖面探测综述[J]. 海洋通报,2011,30(3):344-350.

[8] Xu P, Yu B. Developing a new form of permeability and Kozeny-Carman constant for homogeneous porous media by means of fractal geometry[J]. Advances in Water Resources, 2008, 31(1): 74-81.

【作者简介】 杨勇(1972—),男,汉族,教授级高级工程师,主要从事水利量测、泥沙资源利用和抗磨防护技术等研究。E-mail: 80032007@qq.com。

南京水文实验站 ADCP 流量测验方法改进研究

韦立新　蒋建平　曹贯中

(长江水利委员会长江下游水文水资源勘测局,南京 210011)

摘　要　南京水文实验站位于长江下游感潮河段,其流量测验方法由原有的 ADCP 走航式改进为 ADCP 在线测流系统,实现了流量的实时监测及全年流量的过程推求。ADCP 在线测流系统极大地减轻了工作量和施测成本,并且在不同流量级监测时段内,通过指标流速拟合断面平均流速的多元线性回归模型精度较高,稳定性较好,可广泛地应用于实践生产工作中。

关键词　ADCP 走航式;ADCP 在线测流系统;感潮河段;多元线性回归分析

Study on the Improvement of ADCP Discharge Measurement in Nanjing Hydrologic Experiment Station

WEI Lixing, *JIANG Jianping*, *CAO Guanzhong*

(Lower Changjiang River Bureau of Hydrological and Water Resources Survey, Nanjing 210011, China)

Abstract　Nanjing hydrologic experiment station was located in the tidal reach of the Yangtze River. The discharge measurement method was improved from the vessel - mounted ADCP to the on-line flow measurement system of ADCP, which reached the goal of real-time monitoring and calculating annual flow. The on - line flow measurement system of ADCP greatly reduced the workload and the cost of measurement. And the mean velocity at a cross-section could be calculated by the index velocity through multiple linear regression model. The results in different flow rate showed that the model is of high precision, good stability, and could be widely applied to the production practice.

Key words　Vessel-mounted ADCP; On-line flow measurement system of ADCP; Tidal river; Multiple linear regression analysis

1　引　言

在长江下游干流,大通至江阴长约 445 km 的感潮河段,至今仅设立唯一水文站“南京水文实验站”。南京水文实验站位于南京第三长江大桥与京沪高速铁路大胜关大桥之间,测验断面下游 3 km 处有梅子洲横亘江中;测验河道属分汊河型,河床冲淤变化不大,水流以单向径流为主受感潮影响,水文特性复杂。

自 2004 年建站直至 2010 年,因水文测验设备、技术不成熟等多种原因,测站采用

* **基金项目:**中央级公益性科研院所基本科研业务费专项(HKY - JBYW - 2016 - 29、HKY - JBYW - 2016 - 09)。

ADCP 走航式施测流量，只提供有限测次实测成果且无法整编，没有系统的水文资料。这在很大程度上制约了水文站的功效和作用，为了满足长江下游防汛测报、水资源管理与合理开发利用、河道管理与稳定长江河势、大型水利工程建设等对感潮河段水文资料的要求，从 2009 年开始，南京水文实验站实施建设声学多普勒流速仪在线测流系统（以下简称 ADCP 在线测流系统）。2010 年 11 月，ADCP 在线测流系统试运行并于 2014 年起正式投产。随着 ADCP 在线测流系统的启用，南京水文实验站实现了流量的实时报汛和过程推求，填补了长江感潮河段流量测验系列资料的空白。

2 流量测验方法对比

2.1 测流方法介绍

2.1.1 ADCP 走航式测流

ADCP 走航式测流是通过测船配置 ADCP 及高精度 GPS 与罗经设备，以走航方式施测断面通量的一种测验手段。该手段借助先进的仪器设备确保流量施测的精度，但其测验方式决定了其频次很难提高。ADCP 走航式测流每测次需以走航方式施测两测回，每测回横渡江面往返各一次，以南京水文实验站测验断面的宽度，一测次测流时间需 1 h 以上；同时与之对应的是高昂的测验成本。南京水文实验站自建站以来的几年时间里，按照测站任务书要求，每年在大、中、小潮采用 ADCP 走航式施测流量，时机均选择在代表日平均流量的稳定时段（高潮后 2 ~3 h）进行。在不同流量级还进行了多次全潮水文测验，以检验高潮后 2 ~3 h 施测流量的代表性（该流量是否接近日平均流量），在此基础上探讨流量推求的方法。

2.1.2 ADCP 在线测流系统

南京水文实验站 ADCP 在线测流系统自动监测设备采用水平式 ADCP 和定点 ADCP 相结合的方式。考虑到断面水流特性及在线测流设备数据通信和安全等事宜，在南京水文实验站防汛码头趸船上游 3.0 m（测验断面上 90 m）安装水平式 ADCP，用于右岸深槽指标流速的测定；在同一断面距离右岸流终桩约 670 m 处布设浮标船安装定点 ADCP 自动测量垂线流速（见图 1）；浮子式水位仪安装在水文站自记台，浮子放置在自记井中。通过建立在线测流系统中指标流速与实测断面平均流速的多元统计回归模型，研究参数之间的函数关系，从而达到拟合断面平均流速的目的。在大断面历年冲淤变化较小的情况下，通过自记水位借用大断面数据计算过水断面面积，进而推求断面流量，实现流量的实时报汛。每年需在不同流量级采用 ADCP 走航式进行全潮水文测验，用于率定回归系数，ADCP 在线测流系统的所有数据最终传送到中心站终端电脑数据库，可实时显示和在线查询，其流量监测频率为 10 min/次，基于密集的流量数据采用连实测流量过程线法进行全年流量的整编。

2.2 测流方法的比较

ADCP 在线测流系统对比 ADCP 走航式测流，在很大程度上减轻了南京水文实验站流量测验的工作量和施测成本。两种不同测量方法其影响因素的比较见表 1。

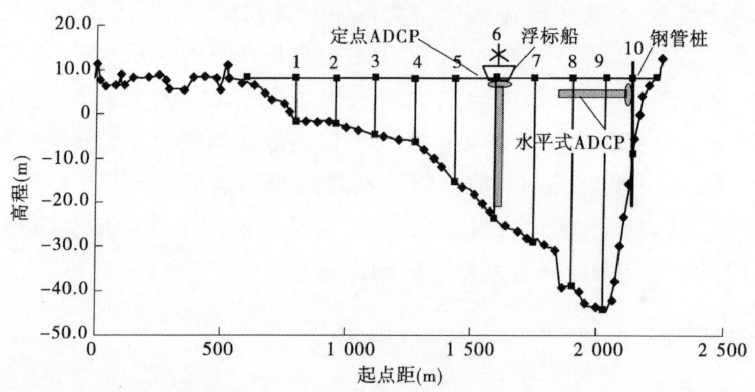

图1 南京水文实验站ADCP在线测流系统设备布置图

表1 不同测流方法各因素比较

影响方面	ADCP走航式测流	ADCP在线测流系统
动船测量频次	70~80次/a	3~6次/a
资料整编	无法整编	可以整编
施测载体	水文测船	浮标及浮箱(固定安装)

2.3 流量成果的对比

2011年南京水文实验站以ADCP走航式施测稳定时段流量共计76次,计算年径流量为7 141亿m^3,同年ADCP在线测流系统试整编年径流量6 719亿m^3,2011年长江下游干流控制站大通站的年径流量6 671亿m^3。以两种不同方式计算的南京水文实验站全年日均流量过程线与该年度大通站日均流量过程线对比见图2,显然ADCP在线测流系统整编流量过程与大通站的日平均流量总体趋势基本趋于一致,较ADCP走航式流量过程合理,后者呈现系统偏大。

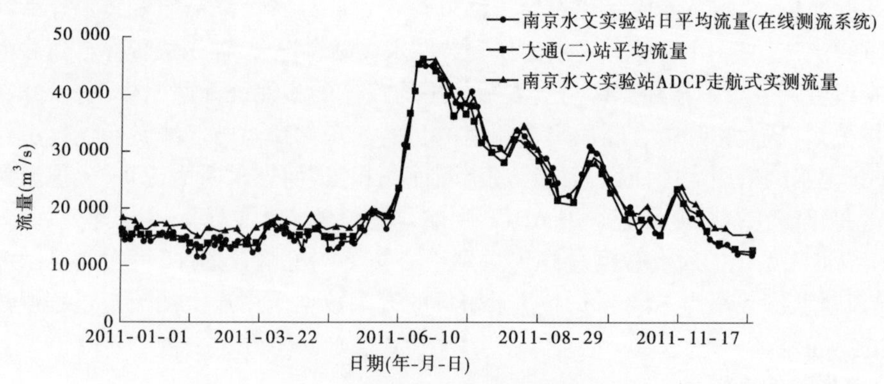

图2 日均流量过程线对照图

此外,感潮河段流量与水位的周期性对应关系应符合感潮河段的水流特性,而ADCP走航式施测稳定时段流量仅能反映日平均流量,不能体现流量受潮汐影响的变化过程;同时,若考虑采用连实测流量过程线法整编流量,以ADCP走航式测流的施测频次也远远不能满足要求。

3 ADCP 在线测流系统的应用

3.1 数学原理

全潮水文测验 ADCP 走航式所测断面平均流速可视为水平式 ADCP 和定点 ADCP 采集两大指标流速的函数,而线性关系则是体现多指标间相互关系的最基本函数。因此,通过多元线性回归分析揭示指标流速与断面平均流速之间的线性关系,建立多元线性回归模型。

某一监测时期内,断面平均流速 V 可认为是水平平均流速 V_h 和垂线平均流速 V_f 的线性函数,如下式所示:

$$V = C + a \cdot V_f + b \cdot V_h \tag{1}$$

$$V = \begin{bmatrix} v_1 \\ v_2 \\ \vdots \\ v_n \end{bmatrix}, V_f = \begin{bmatrix} v_{f1} \\ v_{f2} \\ \vdots \\ v_{fn} \end{bmatrix}, V_h = \begin{bmatrix} v_{h1} \\ v_{h2} \\ \vdots \\ v_{hn} \end{bmatrix}$$

式中:n 为研究时段内的监测次数;C 为常数项;a、b 分别为 V_f 和 V_h 的回归系数。

3.2 应用效果分析

南京水文实验站分别于2010年11月7~8日、2010年12月22~23日、2011年1月20~21日、2011年2月19~20日、2011年6月10~11日、2011年6月19~20日、2011年10月19~20日、2011年12月12~13日、2012年3月24~25日、2012年7月20~21日、2012年8月11~12日、2012年9月8~9日施测全潮水文测验,共计12次,其中每次监测频数以及流量、水位、潮差的统计结果如表2所示。

表2 全潮数据区间范围

监测日期	频数	流量(m^3/s)		水位(m)		潮差(m)	
		最小	最大	最小	最大	最小	最大
2010年11月7~8日	28	10 122	27 924	4.52	5.50	0.54	0.98
2010年12月22~23日	28	4 178	24 288	3.68	4.85	0.67	1.17
2011年1月20~21日	28	-997	20 838	3.13	4.37	0.75	1.24
2011年2月19~20日	26	-4 493	19 700	2.97	4.26	1.04	1.29
2011年6月10~11日	29	15 775	28 052	4.23	4.83	0.31	0.58
2011年6月19~20日	29	36 786	50 287	7.15	7.64	0.24	0.44
2011年10月19~20日	29	9 241	22 557	3.70	4.49	0.27	0.79
2011年12月12~13日	27	-2 292	19 486	3.03	4.27	0.79	1.24
2012年3月24~25日	29	19 866	31 571	4.78	5.41	0.54	0.63
2012年7月20~21日	28	45 034	57 026	7.74	8.29	0.33	0.55
2012年8月11~12日	31	57 781	63 552	8.56	8.73	0.03	0.19
2012年9月8~9日	27	36 325	43 148	6.53	6.83	0.17	0.30

由表2可以看出:①全潮测量涵盖不同流量级,从 -4 493 m^3/s 到 63 552 m^3/s 的大、中、小潮,能较为全面地反映实际情况;②2010年11月7日至2011年6月11日及2011

年10月19日至2012年3月25日时段内的8次监测流量最大值为31 517 m^3/s,流量相对较小;③2011年6月19日至2011年6月20日及2012年7月20日至2012年9月9日时段内4次监测流量最小值为36 325 m^3/s,流量相对较大。

8次小流量全潮实测流速最大值为1.02 m/s,4次大流量全潮实测流速最小值为1.04 m/s。为了解不同流速范围内模型的有效性,对8次流速相对较小的全潮以及4次流速较大的全潮分别进行回归分析。考虑水平式ADCP 50～100 m以及150～200 m两种测量范围,取其监测数据作为水平平均流速 V_{h1}、V_{h2},选取浮标定点ADCP监测数据作为垂线平均流速 V_f。

方案1:只考虑垂线平均流速 V_f 与断面平均流速 V 之间的关系;

方案2:只考虑水平平均流速 V_{h1} 与断面平均流速 V 之间的关系;

方案3:只考虑水平平均流速 V_{h2} 与断面平均流速 V 之间的关系;

方案4:综合考虑垂线平均流速 V_f、水平平均流速 V_{h1} 与断面平均流速 V 之间的关系;

方案5:综合考虑垂线平均流速 V_f、水平平均流速 V_{h2} 与断面平均流速 V 之间的关系。

3.2.1 流速相对较小

对8次流速相对较小的全潮监测数据进行线性回归分析,并求取回归系数 C、a、b 及复相关系数 R,计算结果如表3所示。

表3　8次小流速全潮监测数据多元统计回归分析系数值及复相关系数

项目	方案1	方案2	方案3	方案4	方案5
常数项 C	-0.046 73	0.060 96	0.042 42	-0.019 44	-0.032 44
垂线流速系数 a	0.968 71	—	—	0.648 61	0.686 41
水平流速系数 b	—	0.881 46	0.881 31	0.304 51	0.274 89
复相关系数 R	0.989 79	0.979 07	0.970 86	0.993 53	0.994 07

由表3可以看出:

(1)5种方案的计算结果都比较理想,复相关系数 R 值均在0.97以上。

(2)综合考虑水平平均流速和垂线平均流速的方案,拟合效果明显优于单因素指标模型,从方案4和方案5的复相关系数 R 值大于方案1、方案2和方案3可以看出。

(3)比较只考虑单一指标流速的方案,尽管都可有效地反映实际监测数据,但其拟合精度存在一定差异,具体为方案1最优,方案2次之,方案3略差。

(4)综合考虑水平平均流速和垂线平均流速的方案中,方案5略优于方案4,即含有150～200 m水平层水平平均流速的方案更优。该方案下断面平均流速实测值与拟合计算值的过程曲线如图3所示。

由图3可以看出,计算值拟合效果较好,与实测值基本一致,表明该模型在流速相对较小的全潮条件下,可以得到有效的应用。

3.2.2 流速相对较大

对4次大流速情况下的全潮监测数据进行线性回归分析,并求取回归系数 C、a、b 及复相关系数 R,计算结果如表4所示。

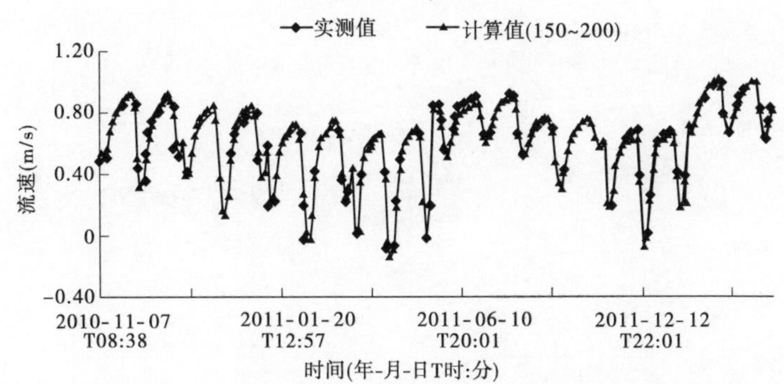

图3 8次小流速全潮时间段方案5下断面平均流速实测值与计算值

表4 4次大流速全潮监测数据多元统计回归分析系数值及复相关系数

项目	方案1	方案2	方案3	方案4	方案5
常数项 C	0.317 32	0.305 94	0.702 52	0.253 64	0.507 90
垂线流速系数 a	0.654 32	—	—	0.530 62	0.299 31
水平流速系数 b	—	0.800 79	0.373 45	0.197 53	0.212 87
复相关系数 R	0.944 00	0.857 46	0.949 93	0.950 80	0.960 20

由表4可以看出：

(1)4次大流速监测数据5种方案下计算得到的复相关系数 R 值总体仍较为理想，最大值为方案5的0.960 20，最小为方案2的0.857 46，说明在断面平均流速相对较大的情形下，模型拟合效果也较好，但对比表3中小流速条件下的相应结果，相关性减弱。

(2)方案4和方案5的拟合效果好于方案1、方案2和方案3，即在大流速全潮监测时段，综合考虑垂线平均流速和水平平均流速的计算结果也要优于单独只考虑某一指标流速。

(3)只考虑单一指标流速时，方案3相对较优；而综合考虑水平平均流速和垂线平均流速的方案中，方案5略优于方案4。可绘制方案5下断面平均流速实测值与计算值如图4所示。

由图4可以看出，在流速相对较大的全潮时段，计算值与实测值之间拟合效果仍相对较好，表明该模型在该条件下仍可得到有效应用。

4 结 论

本文介绍了南京水文实验站流量测验方法的改进，在ADCP走航式测流不能满足流量报汛及整编要求时，通过建设ADCP在线测流系统实现了流量的实时发报和全年流量过程的推求。ADCP在线测流系统较前者具有监测频次高、测量方便、节省人力物力等特点，故其具有较好的应用前景，并对其测量精度进行了进一步研究。主要采用多元回归分析方法，通过ADCP在线监测的指标流速对实测断面平均流速进行拟合，根据实测流速的范围，将12次全潮水文测验分为流速较大和流速较小两种情况；并依据采用指标流速的

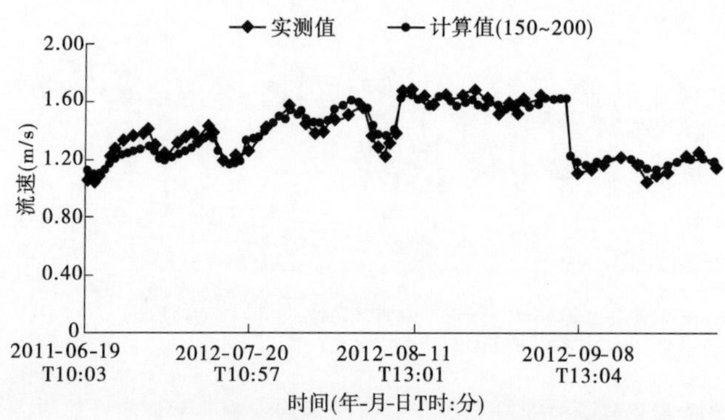

图4 4次大流速全潮时间段方案5下断面平均流速实测值与计算值

不同,考虑5种方案,分别进行计算。

结果表明,利用已有监测时段内实测的断面平均流速、垂线平均流速和水平平均流速,可建立计算断面平均流速的多元线性回归模型。模型具有较好的有效性、精确性和稳定性,因而可应用于实际的水文工作中。12次全潮监测数据回归分析结果,8次流速较小全潮时间段计算值的拟合效果略优于4次大流速全潮时间段。模型中选用的监测指标不同,其计算精度也有所不同。模型中综合考虑垂线平均流速和水平平均流速,其计算结果的精度值要优于只考虑某一单项指标流速的情况。因此,在实际工作中,应尽量完整、准确地监测垂线平均流速和水平平均流速,从而使得模型更加准确、有效。

参考文献

[1] 黄河宁. ADCP流量测验随机误差分析I:随机不确定度预测模型[J]. 水利学报,2006,37(5):619-624.

[2] 韦立新,蒋建平,曹贯中. 基于ADCP实时指标流速的感潮段断面流量计算[J]. 人民长江,2016,47(1):27-30.

[3] 韩继伟,符伟杰,唐跃平,等. ADCP流量生成模型及相应计算方法研究[J]. 水文,2014,34(6):9-13.

[4] Sassi M G, Hoitink A J F, Vermeulen B. Discharge estimation from H-ADCP measurements in a tidal river subject to sidewall effects and a mobile bed[J]. WATER RESOURCES RESEARCH, W06504, doi:10.1029/2010WR009972, 1-14.

[5] Marsden R , Huang Hening, Wei Jinchun. Yangtze River ADCP discharge measurement using multiple external sensor inputs[C]. Proceedings of the IEEE Working Conference on Current Measurement, 2003:27-29.

[6] 李世镇,林传真. 水文测验学[M]. 北京:中国水利水电出版社,1993.

[7] 黄振平. 水文统计学[M]. 南京:河海大学出版社,2003.

【作者简介】 韦立新(1967—),男,高级工程师,主要从事水文水资源调查、测绘、河道治理研究工作。E-mail:18807370@ qq. com。

振动式取样技术在三门峡库区的应用*

郑 军[1] 陈 豪[2] 谢 波[3] 李贵勋[1]

(1.黄河水利委员会黄河水利科学研究院,郑州 450003;
2.华北水利水电大学,郑州 450045;3.四川省电力工业调整试验所,成都 610000)

摘 要 传统取样技术无法获取库区水下深层淤积泥沙样品,制约了水库淤积规律的深入研究。振动式取样器采用活塞、单向球阀门和分离式刀口技术,具有取样长度大、取样成功率高等优点。利用振动式取样器在三门峡库区黄淤2~黄淤20断面开展现场取样,获取了深层淤积泥沙样品,分析了样品物理特性参数。结果表明:针对库区底泥软硬不同情况,振动式取样器均可获取3 m以上的淤积泥沙样品,且取样成功率在90%以上。试验分析获得可靠的库区淤积泥沙资料,为进一步研究库区深层泥沙物化特性及污染物运移情况等提供技术支持。

关键词 振动式取样技术;三门峡库区;现场取样;深层淤积泥沙;物理特性参数

Application of Vibrating Sampling Technology in Sanmenxia Reservoir Area

ZHENG Jun[1], *CHEN Hao*[2], *XIE Bo*[3], *LI Guixun*[1]

(1. Yellow River Institute of Hydraulic Research, YRCC, Zhengzhou 450003, China;
2. North China University of Water Resources and Electric Power, Zhengzhou 450045;
3. Sichuan Electric Power Industry Commissioning & Testing Institute, Chengdu 610000)

Abstract Using the traditional sampling technology can not get the deep sediment samples in the reservoir area, it restricts the further study of reservoir sedimentation law. The vibration type sampler adopting the piston, one way ball valve and separation type knife edge technique, it has the advantages of large sampling length and high sampling success rate. Adopting the vibrating sampling technique to obtain the deep sediment samples in the Sanmenxia Reservoir Area HY2 to HY20 section, the physical parameters of the samples were analyzed. Results show: according to the different conditions of the sediment in the reservoir area, using this equipment to obtain the sediment sample length can be more than 3 meter, and the sampling success rate is above 90%. Experimental analysis to obtain reliable data of sediments in the reservoir area, and provide an important basis for the further study of the characteristics of the reservoir area and pollutant transport.

Key Word Vibrating sampling technique; Sanmenxia reservoir area; On-site sampling; Deep Sediments; Physical characteristic parameter

黄河是世界上泥沙含量最高的河流,水少沙多,导致下游河道不断淤积抬高,水库有效库容逐年减小,缩短水库使用寿命。水库淤积泥沙组成与容重是水库泥沙设计中的一项重要参数,要想处理好库区泥沙问题,必须获取可靠的泥沙淤积资料[1]。由于缺乏主槽深层淤积泥沙水下取样设备,这方面资料极为匮乏。目前,库区现有取样方法按照水文泥沙测验规程规范[2]使用锚式采样器和横式型采样器,仅能采集表层 5 ~ 10 cm 厚的泥沙样品。

针对传统取样技术无法获取库区水下深层样品的问题,黄河水利科学研究院首次研制出低扰动柱状库区深层取样设备[3],对于软质淤积泥沙其具有取样深度大、样品扰动性低及密封性好等优点,能够用于库区主槽淤积泥沙样品的获取,但其在硬质淤积泥沙取样方面效果不太理想,取样长度较短。而本研究使用的振动式取样器采用活塞、单向球阀门和分离式刀口技术,既能适应软质淤积泥沙,也能适应硬质淤积泥沙的取样要求,同时具有取样长度大、取样成功率高等优点。

本研究利用振动式取样器,在三门峡库区开展现场取样试验,分析了样品物理特性参数,为进一步研究库区深层泥沙物化特性及污染物运移情况等提供技术支持。

1 振动式取样技术原理

振动式取样器是一种适用于水底致密沉积物的柱状取样器,钻进原理如图 1 所示。该设备采用交流垂直振动器,通过振动器带动岩心管做中频或高频振动,当振动器驱动钻具做纵向强迫振动且振幅比较小时,钻具与土壤在平衡位置一起以相同的振幅上下往复振动而无给进,当振幅逐渐增大并超过某一数值后,钻具与土壤之间产生相对滑移,此时给进才开始,此时频率为"起始频率",当继续增大振幅时,给进速度亦随之直线上升,但当振幅大于一定数值时,给进速度就不再呈线性增长。采用活塞、单向球阀门和分离式刀口技术,可获取深层泥沙样品,且取样成功率高。

振动式取样器由振动器、导向连接器、导管连接器、导向管、连接法兰、取样管、活塞或单向球阀门(按底质情况选择使用)、样管连接器、刀口(活动花瓣式密封)、稳定底座、电缆、调压器等部件组成,如图 2 所示。

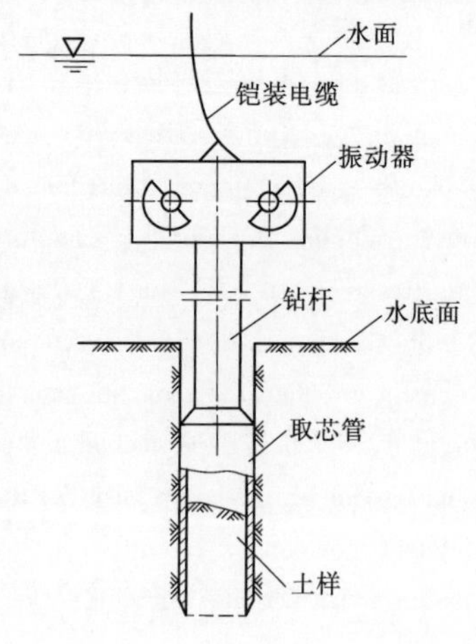

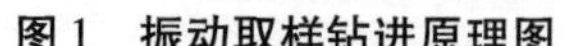
图 1 振动取样钻进原理图

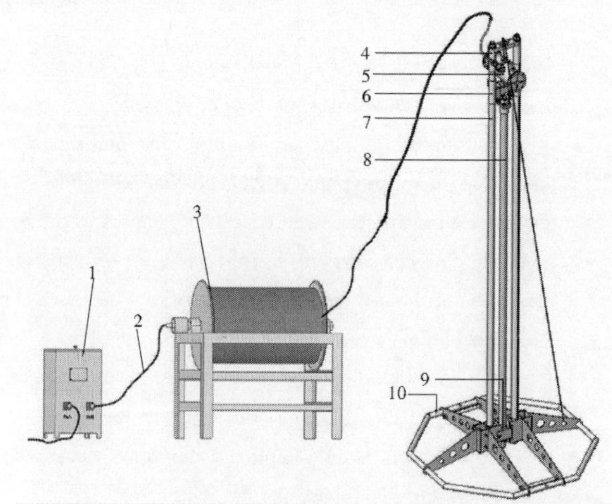

1—调压器;2—连接电缆;3—电缆绞车;4—导管连接器;5—振动器;6—导向连接器;7—导管;8—取样管;9—刀口;10—底盘

图 2 振动式取样器组成示意图

2 三门峡库区现场取样试验

2015 年 5 ~ 6 月，利用振动式取样器在三门峡库区开展了现场取样试验。根据当时水沙特性、水位深浅、船只操作安全等影响因素，最终选取黄淤 2 ~ 黄淤 20 断面之间的 8 个断面作为取样断面。每个典型断面根据断面宽度按照左、中、右的 3 点布置方式，每点取 1 根淤积泥沙样品。每个断面取样位置首先开展水下地形测量，通过分析比选，选择地形较为平坦、水流变化较为稳定的主槽位置作为取样点，以利于提高取样效率和成功率。选定取样点位置后，严格按照现场工作流程进行取样以保证作业安全，振动式取样器现场取样工作流程如图 3 所示，具体现场取样试验如图 4 所示，具体获取的淤积泥沙样品如图 5 所示。

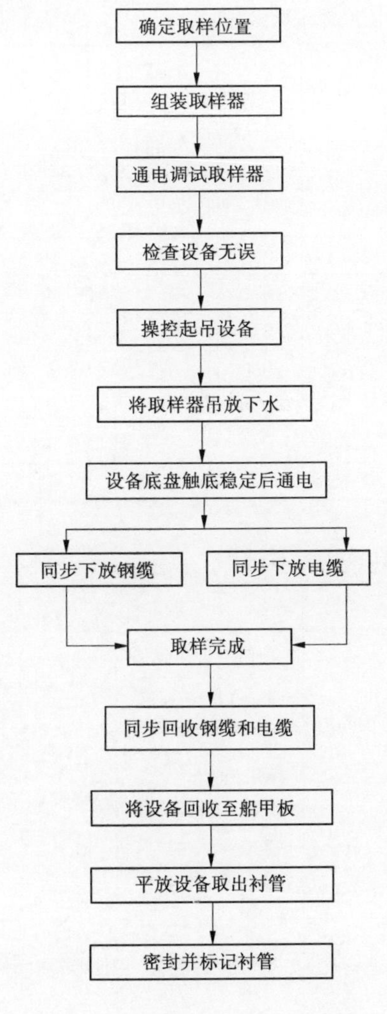

图 3 振动式取样器操作流程图

图 4 现场取样试验图

图 5 淤积泥沙样品

本次试验在 8 个取样断面振动式取样器共下水操作 26 次,获得 24 根淤积泥沙样品,取样成功率达 92.3%。在不同试验断面,当底泥为软硬不同情况时,振动式取样器均可获取 3 m 以上的淤积泥沙样品。获取的泥沙样品长度已远远超过常规水文泥沙测验取表层河床质所代表的样品长度。

3 淤积泥沙物理特性试验结果

利用振动式取样器获取各取样断面的淤积泥沙样品,依据《土工试验方法标准》[4](GB/T 50123—1999)和《土工试验规程》[5](SL 237—1999),对底泥样品开展物理特性检测试验,获取底泥颗粒的级配组成、比重、密度、干密度、含水率等参数数据。部分试验结果见表 1、表 2。

表 1 三门峡库区黄淤 2 断面底泥试验数据

土样编号	取样深度(m)	天然状态的物理指标				颗粒组成(%)			
		含水率(%)	湿密度(g/cm³)	干密度(g/cm³)	比重	中砂(mm)	细砂(mm)	粉粒(mm)	黏粒(mm)
						≥0.25	0.25 ~ 0.075	0.075 ~ 0.005	≤0.005
黄淤 2 - 0.5	0.5	—	—	—	2.73	0.0	0.6	72.9	26.5
黄淤 2 - 1.0	1.0	36.2	1.75	1.28	2.73	0.0	0.5	71.5	28.0
黄淤 2 - 1.5	1.5	33.2	1.81	1.36	2.72	0.0	0.2	89.0	10.8
黄淤 2 - 2.0	2.0	35.2	1.73	1.28	2.71	0.0	0.2	98.3	1.5
黄淤 2 - 2.5	2.5	35.4	1.75	1.29	2.71	0.0	1.0	97.0	2.0
黄淤 2 - 3.0	3.0	31.7	1.76	1.34	2.69	0.0	1.0	96.8	2.2
黄淤 2 - 3.5	3.5	29.5	1.79	1.38	2.68	0.0	1.0	97.2	1.8

表 2 三门峡库区黄淤 15 断面底泥试验数据

土样编号	取样深度(m)	天然状态的物理指标				颗粒组成(%)			
		含水率(%)	湿密度(g/cm³)	干密度(g/cm³)	比重	中砂(mm)	细砂(mm)	粉粒(mm)	黏粒(mm)
						≥0.25	0.25 ~ 0.075	0.075 ~ 0.005	≤0.005
黄淤 15 - 0.5	0.5	24.3	1.76	1.42	2.69	2.0	93.1	3.6	1.3
黄淤 15 - 1.0	1.0	23.5	1.81	1.47	2.69	2.0	95.3	2.0	0.7
黄淤 15 - 1.5	1.5	24.3	1.8	1.45	2.68	1.0	95.1	3.1	0.8
黄淤 15 - 2.0	2.0	25.4	1.75	1.40	2.68	0.8	77.7	17.4	4.1
黄淤 15 - 2.5	2.5	23.3	1.74	1.41	2.67	2.3	92.1	5.0	0.6
黄淤 15 - 3.0	3.0	21.4	1.72	1.42	2.66	4.3	82.6	11.8	1.3

从检测数据中可以看出：

(1)从淤积泥沙粒径分析，黄淤2断面以粉粒和黏粒为主，在取样深度1.5 m以内的泥沙黏粒含量较大，可达25%以上；黄淤15断面以细砂为主，在取样深度3.0 m以内多处位置细砂含量可达90%以上，库区底泥粒径从上游向下游整体上由粗变细，符合水库泥沙淤积规律。在部分断面沿深度方向泥沙有粗细交替变化的分层现象，分析原因为不同时期来水来沙条件不同，淤积的泥沙粗细情况不同，形成了粗细分层淤积的现象。

(2)三门峡库区底泥比重在2.65～2.73，干密度检测值在1.19～1.46 g/cm^3，但是由于振动取样器对样品有扰动影响，对土体压缩过大，因此所得干密度检测值与真值之间有误差，所得检测值仅作为参考值使用。

4 结 语

首次应用振动式取样器在三门峡库区开展了取样试验，成功获取了库区深层淤积泥沙样品，试验分析了深层淤积泥沙物理特性。结果表明：①针对库区底泥软硬不同情况，振动式取样器均可获取3 m以上的淤积泥沙样品，取样成功率高，相比常规水文泥沙测验取表层河床质，取样长度大大提升。②从获取样品的泥沙粒径分析，底泥粒径从上游向下游由粗变细，符合水库淤积规律。但是，部分断面形成了泥沙粗细分层淤积的现象，分析原因为不同时期来水来沙条件不同，淤积的泥沙粗细情况不同。振动式取样器的应用，可为库区获取可靠的泥沙淤积资料提供技术支撑，为进一步研究库区深层泥沙物化特性及污染物运移情况等提供研究基础。同时，由于振动取样器对样品产生扰动影响，对土体压缩过大，需对所得干密度检测值与真值之间的误差范围进行进一步研究。

参考文献

[1] 焦恩泽. 黄河水库泥沙[M]. 郑州：黄河水利出版社，2004.

[2] 水利部长江水利委员会水文局. SL 339—2006 水库水文泥沙观测规范[S]. 北京：中国水利水电出版社，2006.

[3] 杨勇，郑军，陈豪. 深水水库低扰动取样器机械设计[J]. 水利水电科技进展，2012，32(S2)：18-19.

[4] 南京水利科学研究院. GB/T 50123—1999 土工试验方法标准[S]. 北京：中国计划出版社，1999.

[5] 南京水利科学研究院. SL 237—1999 土工试验规程[S]. 北京：中国水利水电出版社，1999.

【作者简介】 郑军(1984—)，工程师，主要从事水利量测技术、抗磨防护技术研究。E-mail：173728100@ qq. com。

4G 与 VPN 技术在地下水动态监测系统中的应用

陈 俊 邢方亮 王 磊 丘瑾炜

(珠江水利科学研究院,广州 510610)

摘 要 针对地下水监测点多、数据量大、地处偏远、人工测量存在较大偏差等问题,设计一种 4G 无线通信技术和 VPN 技术相结合,智能化、数字化、实时可靠的地下水动态监测系统。该系统在地下水现场设备和远程监控中心之间建立无线的虚拟专网,能够对地下水动态进行自动采集、远程传输、存储管理和分析处理。试验结果表明:该系统设计方案合理、可靠,动态数据能够及时、准确地被测量出来,可以更好地为地下水资源的合理保护和利用提供科学依据。

关键词 4G;VPN;地下水动态;自动监测

Application of 4G and VPN Technology in Groundwater Dynamic Monitoring System

CHEN Jun ,XING FangLiang , WANG Lei , QIU JingWei

(The Pearl River Hydraulic Research Institute, Guangzhou 510610)

Abstract According to a lot of groundwater monitoring points, large amount of data, located in remote, manual measurement exists deviation problem, design a 4G wireless communication technology and VPN technology, intelligent, digital, real-time and reliable groundwater dynamic monitoring system. The system establishing the wireless virtual network between field devices of groundwater and remote monitoring center, that could automatically collect, remote transmit, storage management, analysis and processing the groundwater dynamic. The experimental results show that the design scheme of the system is reasonable and reliable, and the dynamic data can be measured timely and accurately, it can provide a scientific basis for the reasonable protection and utilization of groundwater resources.

Key words 4G;VPN; Groundwater dynamic; Automatically monitoring

1 引 言

地下水资源是关系到国计民生的重要资源,科学准确地监测地下水开采量可以为地下水规划、地下水资源评价和合理开发地下水资源提供可靠的依据。地下水动态是指地下水的变化和趋势,包括水位、水量、水质和水温,在自然和人为因素的共同作用下,地下水存储空间随时间变化的规律。然而,地下水中的这些变化必须有计划、系统地去监测并长期记录,才能了解并掌握。21 世纪以来,我国地下水监测水平有了显著提高,但与发达国家相比仍存在较大差距。如何寻求一种自动、可靠、准确的监测系统就是我们面临的首要任务[1]。

在地下水自动监测系统建设中,其通信方式和组网结构设计是极其关键的。合理、高效、稳定、安全的通信组网设计,将为监测信息及时、准确的传输和系统的稳定、可靠运行打下坚实的基础。

笔者介绍了一种 4G 无线通信技术和 VPN 技术相结合,智能化、数字化、实时可靠的地下水动态监测系统,该系统将 4G 无线通信的优势与 VPN 技术的便利综合运用到地下水监测中,通过在监测领域搭建 VPN 客户端网络,采集地下水动态信息,经互联网实时传输采集数据,在数据接收端,即 VPN 服务端完成数据的接收与处理并具有管理整个系统的功能,从而构建一种虚拟局域网的地下水自动监测系统[2,3]。该系统具有快速部署、维护量小、价格低廉、可靠性高,轻松实现数据采集与传输的特点。

2 4G 技术与 VPN 技术介绍

2.1 4G 技术

4G 指的是第四代移动通信技术,该技术包括 TD - LTE 和 FDD - LTE 两种制式。4G 是集 3G 与 WLAN 于一体,并能够快速传输数据及高质量音频、视频和图像等。4G 通信技术并没有脱离以前的通信技术,而是以传统通信技术为基础,并利用了一些新的通信技术,来不断提高无线通信的网络效率和功能。如果说 3G 能为人们提供一个高速传输的无线通信环境的话,那么 4G 通信则是一种不需要电缆的信息超级高速公路。与传统的通信技术相比,4G 通信技术最大优势在于通话质量及数据通信速度。4G 技术支持 100 ~ 150 Mbps 的下行网络带宽,这意味着 4G 用户可以体验到 12.5 ~ 18.75 MB/s 的最大下行速度。这是当前国内主流中国移动 3G(TD - SCDMA)2.8 Mbps 的 35 倍,中国联通 3G(WCDMA)7.2 Mbps 的 14 倍,比目前的家用宽带 ADSL(4 M)快 20 倍,并能够满足几乎所有用户对于无线服务的要求[3]。

第四代移动通信系统主要是以正交频分复用(OFDM)为技术核心。OFDM 技术的特点是网络结构高度可扩展,具有良好的抗噪声性能和抗多信道干扰能力,可以提供无线数据技术质量更高(速率高、时延小)的服务和更好的性能价格比,能为 4G 无线网提供更好的方案[4]。

2.2 VPN 技术

VPN(Virtual Private Network)虚拟专用网络,被定义为通过一个公用网络(通常是因特网)建立一个临时的、安全的连接,是一条穿过公用网络的安全、稳定的隧道。虚拟专用网是对企业内部网的扩展,它可以帮助异地用户、公司分支机构、商业伙伴及供应商同公司的内部网建立可信的安全连接,并保证数据的安全传输。简单说就是两个具有 VPN 发起连接能力的设备(计算机或防火墙)通过 Internet 形成的一条安全的隧道。在隧道的发起端(即服务端),用户的私有数据通过封装和加密之后在 Internet 上传输,到了隧道的接收端(即客户端),接收到的数据经过拆封和解密之后安全地到达用户端[5]。VPN 网络拓扑如图 1 所示。

现在的 VPN 是在 Internet 上临时建立的安全专用虚拟网络,用户节省了租用专线的费用,同时除购买 VPN 设备或 VPN 软件产品外,企业所付出的仅仅是向企业所在地的

ISP 支付一定的上网费用,对于不同地区的客户联系也节省了长途电话费。这就是 VPN 价格低廉的原因。

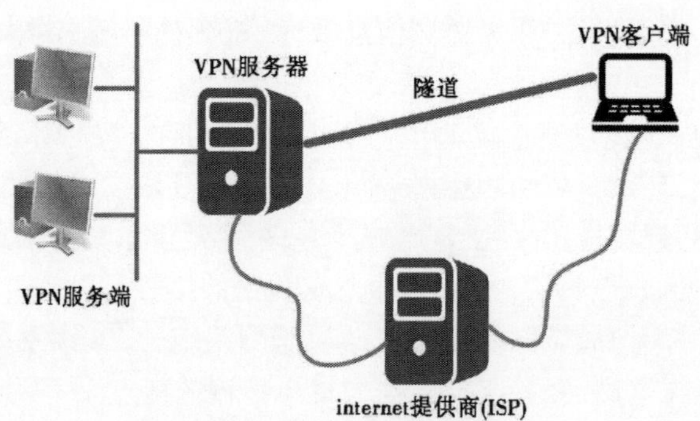

图 1　VPN 网络拓扑图

VPN 的安全性可通过隧道技术、加密和认证技术得到解决。隧道技术是一种通过使用互联网络的基础设施在网络之间传递数据的方式。目前较为成熟的技术包括:IP 网络上的 SNA 隧道技术和 IP 网络上的 NovellNetWareIPX 隧道技术。近几年不断出现了一些新的隧道技术,具体包括:PPTP(Point to Point Tunneling Protocol)点到点协议、L2TP(Layer 2 Tunneling Protocol)第二层隧道协议、IPSEC(IP Security)安全 IP 隧道模式等。本设计方案采用 IPSec VPN 技术和 PPTP VPN 技术相结合的方式[5]。

2.2.1　IPSec VPN 技术

IPSec 是网络层 VPN 技术。IPSec 提供了一种标准的、健壮的以及包容广泛的机制,可用它为 IP 及上层协议(如 UDP 和 TCP)提供安全保证。它定义了一套默认的、强制实施的算法,以确保不同的实施方案相互间可以共通。IPSec 为保障 IP 数据包的安全,定义了一种特殊的方法,它规定了要保护什么通信、如何保护通信以及通信数据发给何人。IPSec 可保障主机之间、网络安全网关(如路由器或防火墙)之间或主机与安全网关之间的数据包的安全。由于受 IPSec 保护的数据包本身不过是另一种形式的 IP 包,所以完全可以嵌套提供安全服务,同时在主机之间提供像端到端这样的验证,并通过一个通道,将那些受 IPSec 保护的数据传送出去(通道本身也通过 IPSec 受到安全网关的保护)[6]。

IPSec 不是某种特殊的加密算法或认证算法,也没有在它的数据结构中指定某种特殊的加密算法或认证算法,它只是一个开放的结构,定义在 IP 数据包格式中,不同的加密算法都可以利用 IPSec 定义的体系结构在网络数据传输过程中实施。IPSec 协议可以设置成在两种模式下运行:一种是隧道(tunnel)模式,一种是传输(transport)模式。在隧道模式下,IPSec 把 IPv4 数据包封装在安全的 IP 帧中。传输模式是为了保护端到端的安全性,即在这种模式下不会隐藏路由信息。隧道模式是最安全的,但会带来较大的系统开销[7]。

2.2.2　PPTP VPN 技术

PPTP 是链路层 VPN 技术。PPTP 是 PPP 协议的一种扩展,提供了在 IP 网上建立多协议的安全 VPN 的通信方式,远端用户能够通过任何支持 PPTP 的 ISP 访问企业的专用网络[8]。

PPTP 提供 PPTP 客户机和 PPTP 服务器之间的保密通信。PPTP 客户机是指运行该协议的 PC 机,PPTP 服务器是指运行该协议的服务器。通过 PPTP,客户可以采用拨号方式接入公共的 IP 网。拨号客户首先按常规方式拨号到 ISP 的接入服务器,建立 PPP 连接;在此基础上,客户进行二次拨号建立到 PPTP 服务器的连接,该连接称为 PPTP 隧道。PPTP 隧道实质上是基于 IP 协议的另一个 PPP 连接,其中 IP 包可以封装多种协议数据,包括 TCP/IP、IPX 和 NetBEUI。对于直接连接到 IP 网的客户则不需要第一次的 PPP 拨号连接,可以直接与 PPTP 服务器建立虚拟通路。PPTP 支持流量控制,可保证客户机与服务器间不拥塞,改善通信性能,最大限度地减少包丢失和重发现象[9,10]。

3 基于 4G 与 VPN 技术的地下水动态监测系统结构

本系统将 4G 与 VPN 技术相结合,实现了地下水动态信息远程监测。信号传输通道通过由地下水位监测仪、4G 路由器以及 VPN 服务器组成的虚拟局域网来实现,从而将数据现场传输汇聚层的数据远程传输至监控中心。基于 4G 与 VPN 技术的地下水动态监测系统结构如图 2 所示。

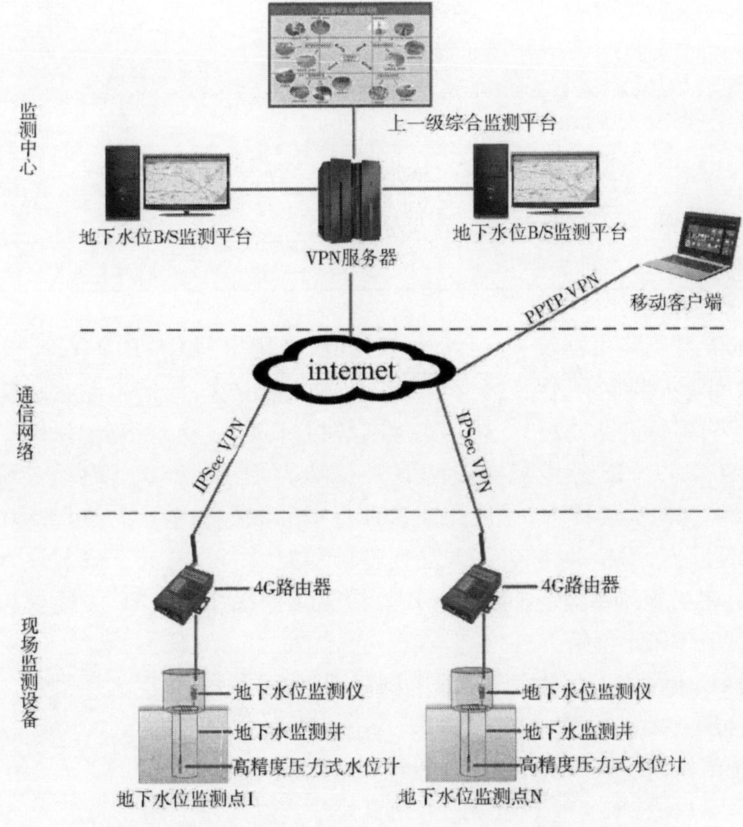

图 2 基于 4G 与 VPN 技术的地下水动态监测系统结构图

现场设备采集地下水的环境参数信息,通过核心模块处理后,通过 4G 路由器经 IP-SEC VPN 通道将数据发送至远程监控中心的 VPN 服务器,VPN 服务器下的客户端软件收到数据后,进行整理并将数据存入数据库。用户既可以在远程监控中心对地下水现场采集设备进行远程控制,也可以通过联网的移动客户端(与 VPN 服务器之间建立 PPTP

VPN)进行网络远程控制。移动客户端主要是为身处异地的管理人员提供监控手段,以增强其能动性和干预能力。这样,系统不受地理位置限制,实现"任何时间、任何地点、任何终端"的全天候地下水动态远程监控。

基于4G与VPN技术的地下水动态监测系统具有快速部署、维护量小、价格低廉、可靠性高、异地监控等优点。对于区域内的多个地下水监测点,都可以采用这种方式组建成地下水动态集群监测系统,这样便可以共用一个远程监控中心,达到节约资源、提高效率的目的。

4　系统试验

为了有效验证系统成果的实用性,分别选择位于广州市越秀区、天河区和白云区的3个位置监测井为试验对象。

4.1　试验所需设备

本次试验需要新增的设备清单见表1。

表1　新增设备清单

设备名称	数量
DLK－R300 工业路由器	3(台)
DLK－R890 TD－LTE 路由器	1(台)
中国移动4G上网卡	3(张)
华为4G无线上网终端	1(套)

DLK－R300 工业路由器支持 VPN 通信功能,采用 IPSEC/PPTP VPN 技术,企业级 VPN 隧道技术和防火墙技术,保证高安全性行业的数据安全,支持自动在线检测,实时动态刷新网络状态,保持链路畅通;支持动态域名解析(DDNS)及 DNS 代理。

DLK－R890 TD－LTE 路由器支持 VPN 通信功能,采用 IPSec/PPTP VPN 技术、企业级 VPN 隧道技术和防火墙技术,保证高安全性行业的数据安全。支持自动在线检测,实时动态刷新网络状态,保持链路畅通,产品以性能稳定、体积小、易于安装嵌入、抵抗环境能力强等优点,在工业领域得到了广泛应用。内置工业级 TD－LTE 无线模块,向下兼容 TDSCDMA/EDGE/GPRS 网络。

中国移动4G上网卡及华为4G无线上网终端可在当地运营商大厅办理,具体资费可向当地运营商咨询。

4.2　试验系统结构图

基于4G与VPN技术的地下水动态监测系统试验结构图如图3所示。

现场压力传感器接入地下水位采集仪,采集仪再接入 DLK－R890 4G 路由器,这样现场设备均处于联网状态。DLK－R300 工业路由器放在远程监控中心,接入 TP－LINK 路由器作为二级路由,这样接入 DLK－R300 工业路由器的所有客户端都可以通过电信 ADSL 上网。移动客户端通过华为4G无线上网终端接入互联网。

在所有设备都接入互联网后,便可组建 VPN 了:DLK－R890 路由器与 DLK－R300

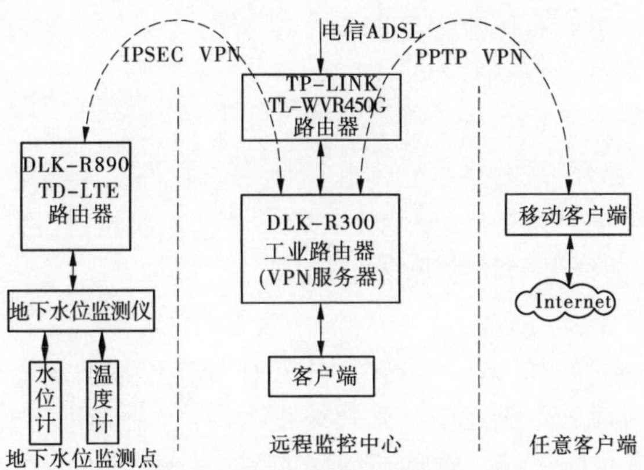

图 3 试验系统结构图

之间组建 IPSEC VPN，移动客户端与 DLK－R300 之间组建 PPTP VPN，这样所有设备均处于同一虚拟局域网中，客户端就可以访问地下水位监测现场的通信设备了。

4.3 试验流程

试验之前需要做两件事情：

(1)端口映射。

因为 DLK－R300 作为二级路由器，需要在上级路由器 TP－LINK 中做端口映射，具体映射端口及作用见表 2。

表 2 端口映射表

映射端口	说明
500	供 IPSEC VPN 使用
4 500	
53	供域名解析服务使用
1 723	供 PPTP VPN 使用

(2)动态域名解析。

因为 TP－LINK 路由器入网方式是通过电信 ADSL 拨号上网，这样每次获得的 IP 地址是动态变化的，因此需要做动态域名解析。

动态域名解析服务，简称 DDNS(Dynamic Domain Name Server)，是将用户的动态 IP 地址映射到一个固定的域名解析服务上，用户每次连接网络的时候，客户端程序就会通过信息传递把该主机的动态 IP 地址传送给位于服务商主机上的服务器程序，服务程序负责提供 DNS 服务并实现动态域名解析。就是说 DDNS 捕获用户每次变化的 IP 地址，然后将其与域名相对应，这样域名就可以始终解析到非固定 IP 的服务器上，互联网用户通过本地的域名服务器获得网站域名的 IP 地址，从而可以访问网站的服务。主流动态域名解析有花生壳动态域名解析、3322 动态域名解析、ip88 动态域名解析、webddns 动态域名解析等。目前，DLK－R300 工业路由器只支持 3322 动态域名解析，因此试验采用申请的免费域名 cgczcgii. f3322. org。

首先配置 IPSEC VPN,具体流程见图 4。

然后配置 PPTP VPN,具体流程见图 5。

4.4 软件设计

软件设计包含两部分:采集终端软件和监测中心软件。采集终端软件负责水位和温度的采集,并将这些数据打包传送;监测中心软件负责系统设置、网络连接、采集指令的发送、数据的接收、动态曲线显示和数据分析等。

4.4.1 采集终端软件设计

每个采集终端具有唯一的 ID 号,这个 ID 号在数据传输的过程中一起发送到监测中心,以便将其存储到对应的数据库中。采集终端上电后,首先进行初始化,不断与事前设置好的服务器 IP 建立网络连接。软件流程图如图 6 所示。

一旦连接成功,就按照监测中心系统设置的模式开始水位和水温的采集,并将采集终端的 ID 号一起进行数据打包传送到远程的监测中心;如果接收到结束采集命令,即刻断网进入建立网络连接等待状态。

4.4.2 监测中心软件设计

服务器端软件采用微软 Visual Studio 2010 作为开发环境,C#为开发语言,运行在 64 位 Windows7 操作系统下,数据库采用 SQL Server 2008 数据库。主要通过 Socket 控件对网络部分进行编程,并为每个新接入的客户端建立一个数据表,每张表存储对应采集终端的 ID 号、采集时间、水位和水温等数据信息,同时利用 TeeChart 控件以图形方式实时显示采集回来的温度和水位数据。另外,该监测软件具有系统设置、网络连接、历史数据查询、数据统计与分析等功能。

4.5 试验结果

该系统经过测试,工作稳定可靠,图 7 为监测中心软件采集到的水位数据曲线图,该图显示了不同监测点地下水水位在时间和空间上的关系。

5 结　语

本系统以 4G 移动无线通信技术和 VPN 网络技术为核心,实现了对地下水动态现场数据的自动采集和对现场设备的远程控制。系统充分考虑了经济、可靠、实用的原则,节省了大量的人力物力,提高了地下水动态监测与管理的时效性。

该系统可为水资源可持续开发利用、环境整治、生态恢复设计和调控提供科学依据,对建立健全地下水位动态数据库,保障地下水资源的可持续利用具有重要意义[11]。尤其需要指出的是,因系统设计方案中采用了通用型技术构架,使本系统可顺利扩展应用于其他领域中,如电力系统自动化控制、工业数据监控、安防视频监控、交通管理、气象灾害监测预警等行业,应用前景非常广阔。

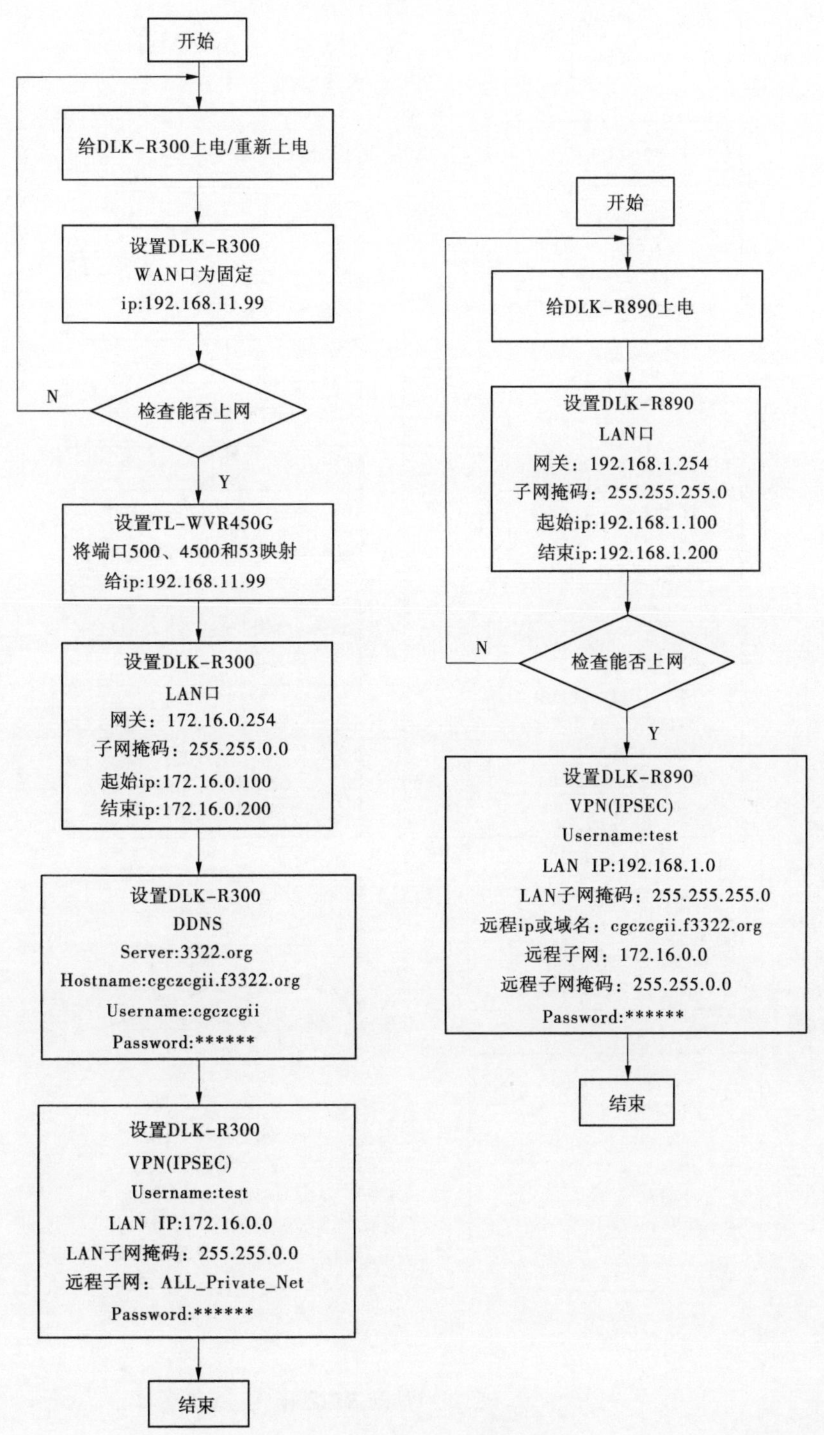

图4　IPSEC VPN 配置流程图

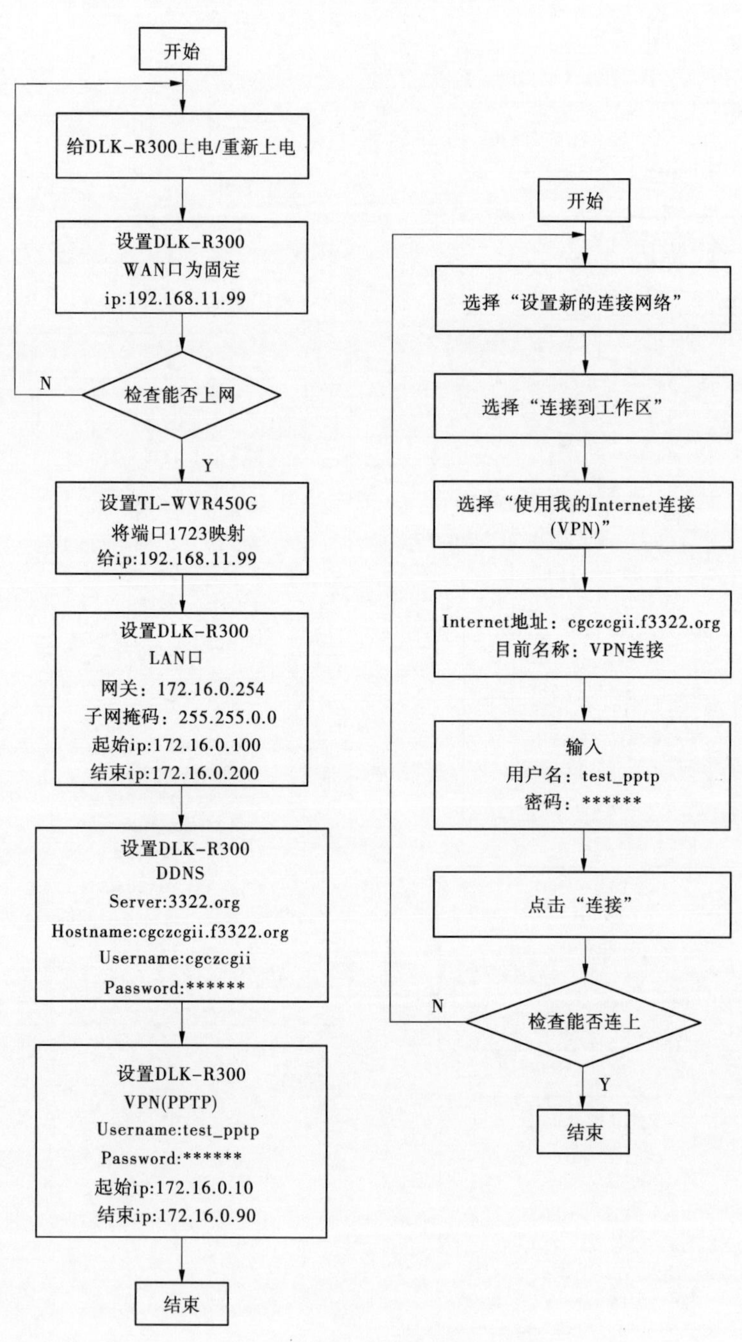

图5　PPTP VPN 配置流程图

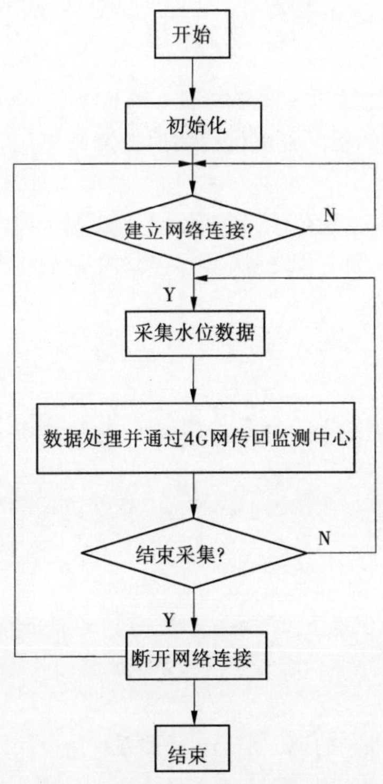

图6　软件流程图

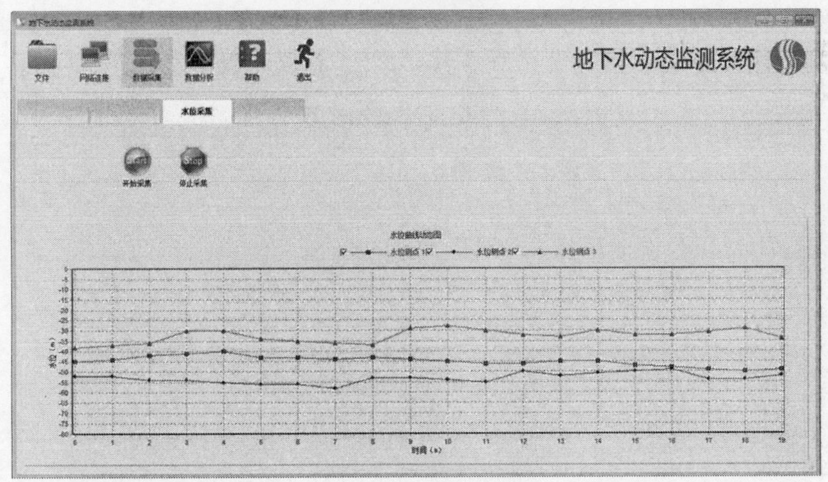

图7　测试结果界面

参 考 文 献

[1] 王爱平,杨建青 ,杨桂莲,等. 我国地下水监测现状分析与展望[J]. 水文,2010,30(6):53-56.

[2] 陈俊,陈峰,陈伟.基于3G物联的桥梁集群健康实时监测系统[J].暨南大学学报:自然科学版,2013,34(1):57-61.

[3] 刘耀峰. 智能传感系统在地下水动态监测中的应用[J]. 山西水利,2012(12):43-44.

[4] 梁居宝,杜克明,孙忠富.基于3G和VPN的温室远程监控系统的设计与实现[J].中国农学通报,2011,27(29):139-144.

[5] 王强,胡斌.基于3G与VPN技术的棉花病虫害远程视频诊断系统[J].棉花机械化,2013(2):38-40.

[6] 何亚辉,肖路,陈凤英.基于IPSec的VPN技术原理与应用[J].重庆工学院学报,2006,20(11):114-117.

[7] 杨乐东.3G与VPN技术在流动采血车组网的应用[J].医学信息,2009,22(11):2275-2278.

[8] 胡胜利,万晋军. 基于GPRS的地下水自动监测系统设计[J]. 水利水电技术,2011,42(1):89-91,95.

[9] 刘丽霞. 基于GPRS的地下水水位水温监测系统研究[J]. 制造业自动化,2010,32(4):80-82.

[10] 王昆,陈昕志. 基于GPRS的地下水动态水位监测系统研究[J]. 计算机测量与控制,2011,19(2):263-265.

[11] 郭雨,胡胜利,杨同满. 基于物联网的地下水远程监测系统的设计[J]. 电脑知识与技术, 2015,11(28):197-199,204.

【作者简介】 陈俊(1986—),男,河南信阳人,硕士研究生,在珠江水利委员会珠江水利科学研究院工作,主要从事水利测控技术研究。E-mail:861702955@ qq. com。

基于声学原理的卵砾石输移原型观测技术研究

田 蜜[1] 郭 琦[1] 杨胜发[1,2] 胡 江[1,2] 张 鹏[1]

(1. 重庆交通大学 河海学院,重庆 400074;
2. 重庆交通大学 国家内河航道整治工程技术研究中心,重庆 400074)

摘 要 以三峡库尾河段卵砾石输移导致的碍航问题为背景,基于声学原理的原型观测技术,通过卵砾石输移室内率定试验和野外现场观测试验,运用高保真水下音频记录仪采集卵砾石运动音频信号,借助并改进语音信号处理方法,得到卵砾石输移运动次数统计方法,验证了基于声学原理的卵砾石输移原型观测技术的有效性及可靠性。

关键词 声学原理;卵砾石运动;音频信号处理;短时能量

Research on Prototype Observation Technique Based on the Underwater Acoustic Principle for Gravel Transport

TIAN Mi[1], *GUO Qi*[1], *YANG Shengfa*[1,2], *HU Jiang*[1,2], *ZHANG Peng*[1]

(1. School of River & Ocean Engineering, Chongqing Jiaotong University, Chongqing 400074, China;
2. Chongqing Jiaotong University, National engineering research center of inland waterway regulation, chongqing 400074, China)

Abstract In the background of the navigation obstruction problem caused by gravel transport in Three Gorges Reservoir, and adopting the prototype observation technique based on underwater acoustic principle, through the interior calibration test and field in-situ observation of gravel transport, after that, making the use of underwater high-fidelity audio recorder to sample acoustic signal of gravel movement, subsequently, we get gravel transport movement frequency statistical method with the aid and improvement of speech signal processing method. In the end, the validity and reliability of gravel transport prototype observation technique based on the underwater acoustic principle have been successfully verified.

Key words Acoustic principle; Gravel movement; Acoustic signal processing; Short-term energy

三峡水库实际运行后,与论证期间相比,水库调度方式、水沙条件发生变化,新的水沙条件下入库推移质大幅减少,水库淤积平衡时间延长[1]。初步分析已有原型观测数据得知:三峡水库 175 m 蓄水后,尽管三峡入库的卵砾石推移质少,但消落期在枯水航槽集中输移,极易出现卵砾石沙波运动碍航和航槽淤积碍航,三峡库尾河段(重庆—长寿)面临着卵砾石输移导致的碍航问题[2]。长江经济带的发展要求三峡库尾河段畅通和航道尺度进一步提高,获得完整卵石运动过程的数据资料是揭示消落期航道卵石碍航的关键突破口,而现有的原型观测技术难以实现对卵石运动的时空参数(时刻、轨迹以及数量等)的测量,因此迫切需要深入研究三峡库尾卵砾石输移原型观测技术。

1 声学观测方法

国内外测量推移质输移量通常将推移质采样器放至河床直接测取推移质沙样,该方法测验工作量太大、采样器采样效率较低、采样器阻水较大,影响输沙率资料的正常收集;国外成功运用示踪法来研究沙质推移质的输沙量[3],但像长江这样的大型河流,由于卵石颗粒相互掩埋作用,失踪颗粒难以回收[4];摄像法只适用于含沙量小、河水较清、泥沙颗粒较大的浅水河流[5],而且必须对仪器设备进行必要的防护以及必须采取有效的照明措施[6];超声地形仪受分辨率、时效性、水流条件及含沙量等影响较大,观测成果难以达到要求;ADCP 采样频率较低、空间分辨率较大,技术上有待提高和完善[7]。综上,现有的观测系统在对卵石运动过程观测方面仍有一定困难。

声音信号在水中衰减小、传播距离远,且对深水环境具有适应性较强、实时性强、无干扰、对环境无污染等独特优势,国外研究机构已经成功运用声学观测方法对卵石运动和泥沙输移进行了观测[8,9]。Mullhoffer[10]利用声学设备结合金属箱测试河流中卵石输沙率;Bogen & Moen 和 Froelich[11]通过河流中卵石输移撞击金属管发出的噪声建立了声音强度与水流流量的关系。金属管(板)可以定位卵石输移的位置,易于分辨对应的声音,但只能检测到撞击金属管(板)的颗粒,而且在金属管周围可能存在伪冲刷。Thorne[12]、Richkenmann[13]、Hardisty[14]等通过水听器进行室内、现场观测,得到不同的声强与输沙率的经验公式;Barton[15]水槽试验中采用采样器与水听器对比验证,得到声功率与卵石输沙率的均方根存在线性关系,但只研究单一粒径的卵石;Belleudy[16]对比卵石输移撞击声音的记录方法,得出可以采用撞击次数估计卵石输移,但目前还不能对卵石输移进行定量分析。

由此可见,声学观测方法对于监测卵石输移的有效性和可行性远远高于其他观测手段,但前人研究成果不能直接应用于三峡库位复杂水沙条件下的卵砾石输移观测,但声学观测作为测验理念较先进的方法,有进一步研究的必要。因此,本文采用基于声学原理的水下音频记录仪观测三峡库尾河段卵砾石输移运动。

2 卵砾石运动声音观测试验

2.1 声学仪器的选取

根据测试环境、测试卵砾石碰撞声音的频率大致范围、声音信息记录和传输形式、野外测试最长录制时间等方面选取合适的水下音频记录仪。

试验仪器是 SM2M + 水下生态声学记录仪,如图 1 所示,该仪器是一个可以潜入水下的 16 位数字记录仪,两通道可以设置输出参数(如采样频率、增益、滤波器等),记录的数据储存在 SD 卡中。该仪器直径 16.5 cm,长度为 79.4 cm,其工作深度可达到 150 m。该水听器设有 32 节电池槽,可按录制时间的长短安放电池,32 节碱性电池可以持续使用 600 h(25 d),适于长时间的布放。

图1 SM2M＋水下生态声学记录仪

2.2 室内水槽率定试验

2.2.1 手动撞击卵石试验

选取不同粒径、不同质地、不同形状的卵砾石进行多组人工撞击试验，用水听器记录采集数据。用数据分析软件对采集到的声音信息进行去噪、滤波、傅里叶变换，分析得到卵砾石碰撞的大致频率范围。

2.2.2 水槽冲刷试验

试验设施：水槽尺寸，60 m×2.0 m×1.0 m（长×宽×高），水槽河床比降 $S=0.005$，流量由精度为0.5%的电磁流量计控制，沿程布置4个精度为0.2 mm的超声水位计，1台水听器，流速仪。

试验流量：试验流量为200～1 500 L/s。

4组试验卵砾石样品：中值粒径 $D_{50}=10$ mm、20 mm、50 mm均匀卵砾石，$D_{50}=30$ mm非均匀卵砾石。在水槽底部铺设一层卵石，模拟河床。

方案一：水听器不完全浸入水中，纵向安置于固定架上。

方案二：水听器完全浸入水下一定深度，顺水流方向横向安置于固定架上。

选取不同水听器布置方案，试放流量，试验段相应的卵砾石输移能发出声音，对比以上两种方案录取的声音信号，选出水听器布置的最佳方案。选取最优方案对每种粒径卵砾石在不同流量条件下测试8组，分析数据，找出卵砾石运动声音信号的处理方法。

2.3 卵砾石输移现场观测

2.3.1 现场观测地点选取

三角碛河段由于少量泥沙淤积，碛翅和碛尾向主航道伸展，出口有大量礁石，消落期最小航道尺度保持在最低维护尺度附近，低水期航道最小宽度约为60 m，水深3.0 m左右，枯水期主航道弯曲半径仅有600 m左右，消落期上下行船舶通航极其困难，极易出现搁浅或触礁等险情，成为著名的弯、窄、浅、险水道。试验性蓄水以来，多艘船舶在三角碛水域搁浅触礁，是目前重庆主城区最为凶险的水道之一。另外通过现场摄像系统观测，可知其碍航原因主要是水流条件造成卵石输移变化，因此选取三角碛河段作为野外观测的地点，观测三角碛卵石的输移，为今后变动回水区碍航浅滩整治方案以及航道的维护措施提供支撑。

2.3.2 现场观测试验布置

测量设备：3台水听器，流速仪，超声水位计，AYT采样器。

测量方案:3 台水听器呈三角形布置,采集所有声音;测量测试段的水流条件。

为保证水听器在水下能够安全使用,要求观测架稳定性好,在水中不能摇晃,以免撞坏水听器。如图 2 所示为设计的观测架。

图 2　观测架

根据室内率定试验,当水听器未全部浸入水中时录取到的语音的噪声很大,几乎分辨不出卵石撞击的声音(尤其是输沙率比较小),这是因为水流对水听器外壳的冲击作用很大,产生很大的环境噪声,而当水听器完全浸入水中一定深度时,能够很清晰地分辨卵石运动的声音,因此要求水听器工作时浸入水中一定的深度,隔绝空气中的环境噪声。选择方案二作为安置水听器的方案,即将水听器完全浸没水中,另外考虑到水流阻力的影响,水听器放置在水下 1 m 处,另一端固定在航标船上。

基于室内率定试验音频信号分析,根据奈奎斯特采样定理,采样频率选为 32 000 Hz,进行无间断采样。水听器的现场安放见图 3。测量 10 d 左右,更换水听器存储卡和电池,继续观测。

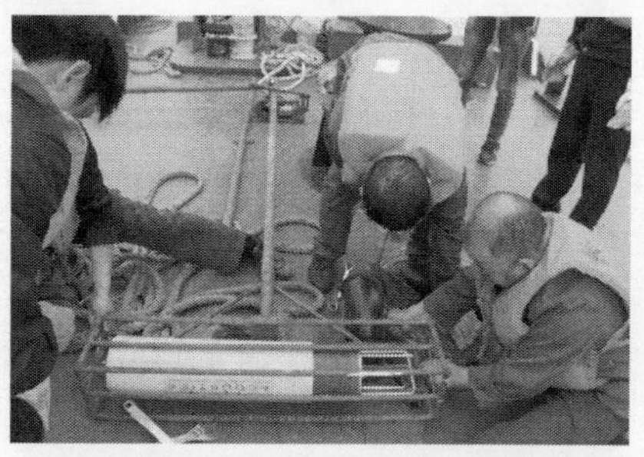

图 3　卵砾石输移现场测试

3 音频信号分析

对比分析今年与前几年三峡大坝、寸滩以及嘉陵江的水位、流量信息，现场观测从3月底开始，但由于4月底5月初暴雨频发，观测河段流量、流速陡涨，水听器无法平稳固定于航标船，而此时水流条件还未能推进卵砾石运动，采集的音频信号全都是水流、船舶、施工等杂音。总结前期观测经验，改进观测设备以及安置方案，下一个消落期再测试。所以本文主要结合室内率定试验探究卵砾石运动音频信号处理方法。

对水下卵石运动音频信号的分析主要借助于语音信号的分析方法，但两者之间既有联系也有区别。卵石碰撞发声是由自身振动发出，具有很快的衰减速度，有别于语音信号。因此，对于一段水下卵石碰撞的音频信号的处理，既需要借鉴语音信号处理的相关方法，也需要根据其特点做些调整，具体处理过程如图4所示。

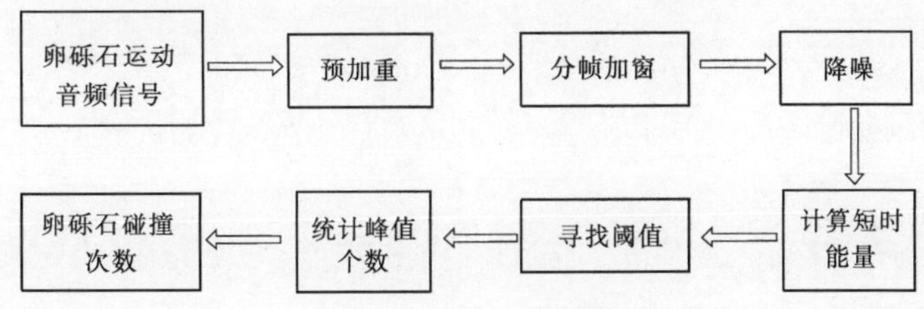

图4 对卵石碰撞的音频信号的处理

3.1 预加重

预加重可以压缩信号的动态范围，提高信号的信噪比。预加重通常由预加重数字滤波器来实现，一般选择一阶数字滤波器：

$$H(z) = 1 - \mu z^{-1} \tag{1}$$

式中：μ 为预加重系数，一般在0.9~1。预加重效果图如图5所示。

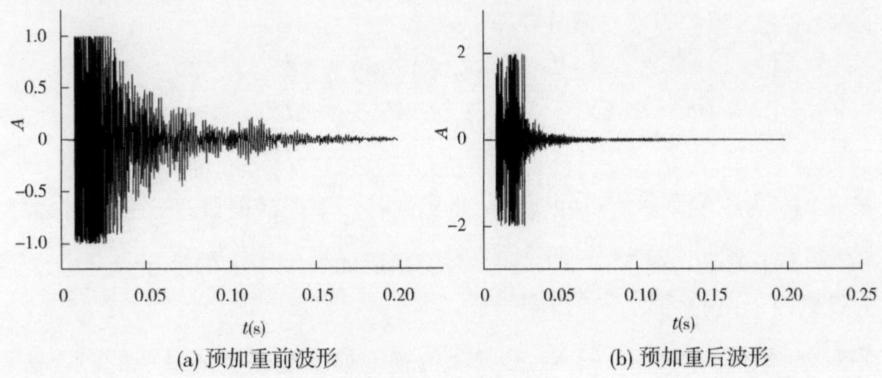

(a) 预加重前波形 (b) 预加重后波形

图5 预加重效果图

由图5可以看出，音频信号经预加重后，信噪比明显提升，利于下一步的分析。

3.2 分帧加窗

音频信号是一个非稳态、时变的信号，而一般的分析方法主要用于对稳态信号的分析，因此需要将音频信号分段分析，其中每一段都可以看作是稳态的、不变的。

音频信号经过采样后为 $x(n)$,实际上是无限长的,但处理中进行分帧相当于乘以一个无限长的窗函数: $y(n) = \sum_{-\infty}^{\infty} x(m)\omega(n-m)$ 。窗函数一般具有低通性,窗函数的不同选择将有不同的带宽和频谱泄露。常见的窗函数有矩形窗、汉宁窗和汉明窗。考虑主瓣宽度和第一旁瓣衰减,选取具有最大旁瓣衰减的汉明窗进行分帧,它的频谱泄露比另外两种窗函数小。

在语音信号处理中,每一段称为"一帧",帧长一般取 10~30 ms,示意图如图 6 所示。但对卵石碰撞的音频信号来说,由于其衰减快,需要相应的缩短帧长。在分帧中,往往在相邻两帧之间有一部分的重叠,这是为了使帧与帧之间平滑过渡,保持其连续性,减少音频帧的截断效应。

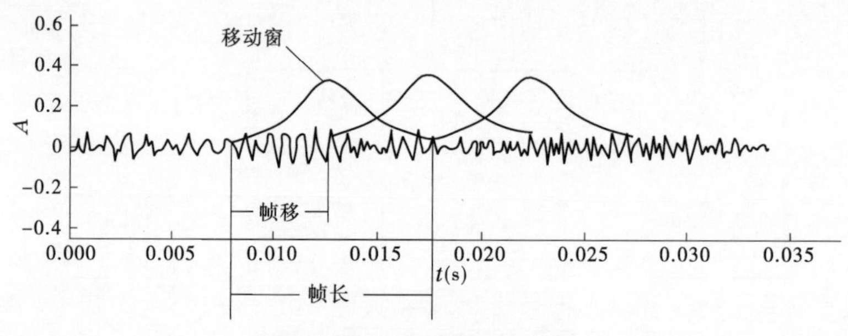

图6　信号的加窗分帧示意

3.3　降噪处理

采集到的音频信号并不是只有卵砾石运动的声音,往往混有以水声为主的环境噪声、轮船噪声以及周围施工噪声等,因此需要对原始音频信号进行降噪处理。常见的降噪方法有小波降噪、滤波器降噪以及谱减法降噪[17]等。分析室内率定试验音频信号特点,选用谱减法作为降噪的手段。设语音信号的时间序列为 $x(n)$,加窗分帧处理后得到第 i 帧语音信号为 $x_i(m)$,帧长为 N。谱减算法[18]为:

$$|\hat{x}_i(k)|^2 = \begin{cases} |x_i(k)|^2 - \alpha \times D(k) & |x_i(k)|^2 \geq \alpha \times D(k) \\ b \times D(k) & |x_i(k)|^2 < \alpha \times D(k) \end{cases} \qquad k = 0,1,\cdots,N-1 \tag{2}$$

式中: $|x_i(k)|^2$ 为原信号做傅里叶变换后得到的各频率上的能量,为前导无话段经傅里叶变换后各频率上的平均能量; $|\hat{x}_i(k)|^2$ 为谱减后的各频率上的能量; a 和 b 为两个常数, a 称为过减因子, b 称为增益补偿因子。

得到谱减后幅值为 $|\hat{x}_i(k)|^2$ 后,经傅里叶逆变换就能得到谱减后的声音信号序列 $|\hat{x}_i(m)|^2$。选取前导无话段为卵石运动前 0.5 s,如图 7(a)所示,对水槽试验信号进行谱减降噪,降噪后波形如图 7(b)所示,降噪后的信号信噪比得到明显的提高。

3.4　计算短时能量

在一段音频信号中,由于水声的连续性,其能量变化不大,但当有卵砾石发生碰撞时,能量会发生突变,每一次碰撞对应一次能量的突变,通过统计突变次数就能得到卵砾石碰

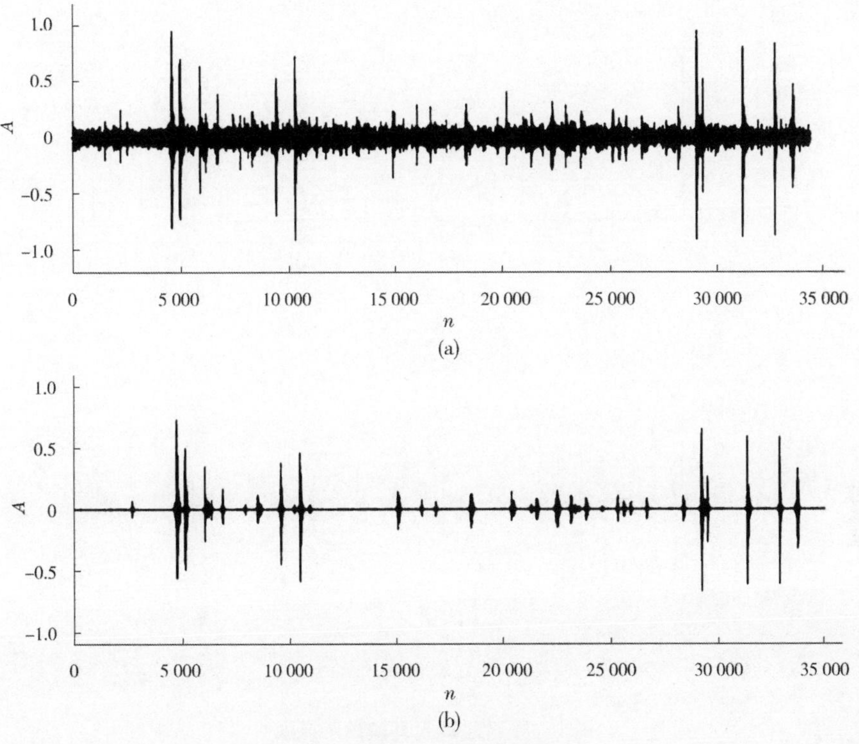

图7　降噪前后波形对比图

撞次数，短时能量计算公式如下：

$$E(i) = \sum_{n=0}^{L-1} y_i^2(n) \qquad 1 \leqslant i \leqslant fn \tag{3}$$

式中：$E(i)$为一帧的能量；L为帧长；fn为分帧后的总帧数。

3.5　寻找阈值

由于水声是完全随机的，有可能在某个时刻会有能量的跳变点，因此需要对背景水声进行单独的分析，找到其短时能量的平均值，并以此值作为阈值来滤除干扰项。图8是水槽试验信号的短时能量，能量在阈值线以下的峰值不作考虑，统计阈值线以上的能量峰值个数可得到卵石碰撞的大致次数，图中大于阈值线的峰值有10个，估计卵石碰撞为10次。

3.6　验证

由图9水槽试验音频信号经过一系列处理后，估计本文中测试端卵石碰撞为10次，对于原始数据音频文件，第7次与第6次连续碰撞，太接近，人耳辨识结果为卵石碰撞9次，两种判别结果大体接近。由此说明本文提出的音频信号处理方法可行，后续试验中，增加摄像验证，提高精度。

4　结论与展望

(1)初步拟定了一套针对卵石运动声音信号的处理方法，并将信号的短时能量峰值与卵石碰撞次数联系起来，理论上具有一定的可行性，但还需后续的试验研究，以优化阈

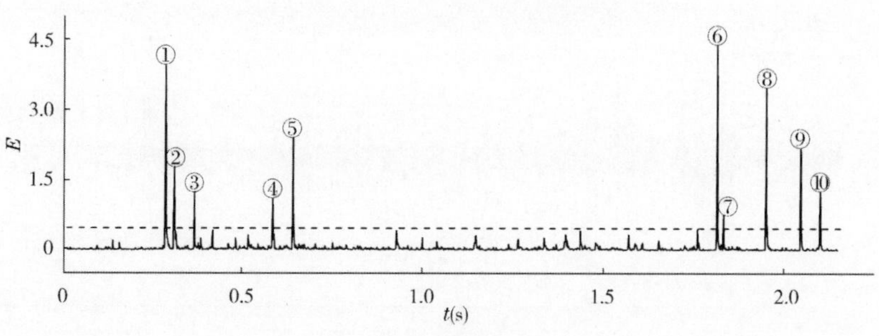

图 8 阈值示意

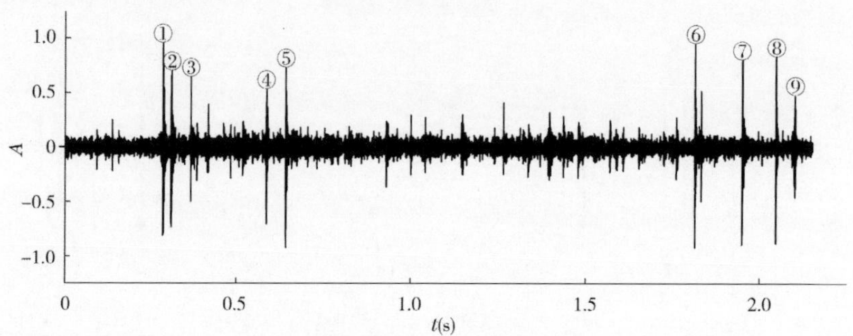

图 9 卵石碰撞人耳辨识示意图

值的选取,提高结果精度与可靠性。

(2)初期试验中采用的自容式水听器,电池与存储均为内置方式,这样不便于长期进行野外观测,后期将定制水听器,水听器与存储和供电分离,将水听器置于水下观测,数据存储和供电置于航标船上,采用太阳能供电,数据经过中转再通过远程无线传输技术传输到室内监测设备上,可实现卵砾石运动实时观测。

(3)水听器与 AYT 采样器同步观测,下一步细致研究:①卵砾石粒径与声音频率的关系;②声音强度与运动强度的关系;③音频法和采样器法测量输沙率相互校正。

参 考 文 献

[1] 长江重庆航运工程勘察设计院, 重庆交通大学. 三峡库区航道泥沙原型观测 2011—2012 年度分析报告[R]. 武汉:长江航道局, 2012.

[2] 长江重庆航运工程勘察设计院,重庆交通大学. 三峡工程试验性蓄水以来库区航道泥沙原型观测(2008—2013 年度)总结分析[R]. 武汉:长江航道局,2014.

[3] Haschenburger J K, Church M. Bed material transport estimated from the virtual velocity of sediment[J]. Earth Surface Processes and Landforms, 1998, 23(9):791-808.

[4] Papanicolaou A N, Knapp D. A particle tracking technique for bedload motion[J]. Geological Survey Scientific Investigations Report, 2010:352-367.

[5] Roseberry J C, Schmeeckle M W, Furbish D J. A probabilistic description of the bed load sediment flux: 2. Particle activity and motions[J]. Journal of Geophysical Research: Earth Surface, 2012, 117(F3).

[6] 刘德春,周建红. 川江推移质泥沙观测技术研究[M]. 武汉:长江出版社,2012.

[7] 何洋. 大水深明渠紊动特性研究[D]. 重庆:重庆交通大学,2014.

[8] Barton J S, Slingerland R L, Pittman S, et al. Monitoring coarse bedload transport with passive acoustic instrumentation: A field study[J]. US Geol. Surv. Sci. Invest. Rep, 2010, 5091.

[9] Belleudy P, Valette A, Graff B. Monitoring of bedload in river beds with an hydrophone: first trials of signal analyses[C]//Proceedings of the International Conference on Fluvial Hydraulics RiverFlow. 2010.

[10] Muhlhofer L. Untersuchung uber die schwebestoffund geschiebefuhrung des Inn nächst Kirchbichl[J]. Die Wasserwirtschaft, 1933(1-6).

[11] Bogen J, Mφen K. Bed load measurements with a new passive ultrasonic sensor, Erosion and Sediment Transport Measurement: Technological and Methodological Advances: Oslo, NO[J]. International Association of Hydrological Sciences, 2001: 181-186.

[12] Thorne P D, Hanes D M. A review of acoustic measurement of small-scale sediment processes[J]. Continental Shelf Research, 2002, 22(4): 603-632.

[13] Rickenmann D. Bedload transport and discharge in the Erlenbach stream[M]//Dynamics and Geomorphology of Mountain rivers. Springer Berlin Heidelberg, 1994: 53-66.

[14] Hardisty J. Monitoring and modelling sediment transport at turbulent frequencies[J]. Turbulence: Perspectives on Flow and Sediment Transport: New York, John Wiley and Sons, 1993: 35-59.

[15] Barton, J S, 2006, Passive acoustic monitoring of bed-load in mountain streams: University Park, PA, The Pennsylvania State University, Ph. D, 107 p.

[16] Belleudy P, Valette A, Graff B. Monitoring of bedload in river beds with an hydrophone: first trials of signal analyses[C]//Proceedings of the International Conference on Fluvial Hydraulics RiverFlow. 2010.

[17] 宋知用. MATLAB 在语音信号分析与合成中的应用[M]. 北京:北京航空航天大学出版社,2013.

[18] 杨行峻,迟惠生. 语音信号数字处理[M]. 北京:电子工业出版社,1995.

【作者简介】 田蜜(1990—),女,博士研究生。就读于重庆交通大学水利工程专业,主要从事航道整治方面的研究工作。E-mail:617005688@qq.com。

基于无人机图像采集的河道流速测量应用

郑　钧　王希花　刘俊星　李忱熙

(北京尚水信息技术股份有限公司,北京　100084)

摘　要　本文提出了基于无人机图像采集进行河道流速测量的新方法,对图像采集、图像预处理、校正与标定、流速场计算各技术环节进行了说明。对几个关键技术问题进行了深入研究论证:通过固定特征区域匹配法,消除无人机悬停抖动带来的图像采集影响;选用水流表面波纹作为示踪物质,进行水流表面流速场的计算。在贵州红水河进行了测量试验,结果表明本文研究成果可用于实际的河道流速测量。

关键词　无人机;图像;流速;示踪

Channel Flow Velocity Measurement Based on UAV Image Acquisition

ZHENG Jun, *WANG Xihua*, *LIU Junxing*, *LI Chenxi*

(Beijing Sinfotek Science and Technology Company, Beijing 100084, China)

Abstract　In this paper, a new method of river flow velocity measurement based on UAV (Unmanned Aerial Vehicle) image acquisition is proposed. The technicalaspects of image acquisition, image preprocessing, calibration, velocity field calculation are described. Several key technical problems are deeply studied and demonstrated. The effect of image acquisition caused by hovering jitter of UAV is eliminated by the fixed feature region matching method. The stream surface ripple was used as tracer material to calculate the surface velocity field. The experiment was carried out on the Red River in Guizhou Province. The results of this study can be used for the actual channel flow measurement.

Key Words　UAV(Unmanned Aerial Vehicle);Image; Flow velocity;Tracer

1　引　言

水文站大都采用流速仪法、浮标法测量和声学多普勒原理测量等方法进行流速的测量,这些方法无法实现流量的自动化监测。

近年来基于声学、电波、卫星遥感、粒子图像等非接触式测流仪器促进了流量自动化测量技术的发展(Muste,2010)。声学测量方式目前在河流流量测量上应用较多,主要使用的是ADCP设备,ADCP分为走航式、底座式和水平式三种,走航式ADCP需要人工测量,无法实现自动化测量;底座式、水平式ADCP采用固定式安装,可以进行自动化测量,通常用于形状规则、易于建模的人工渠道。电波流速仪使用微波测量波束测量覆盖区域内的水面点流速,通过调节波束指向实现断面的扫描,使用缆道式(秦福清,2012)及车载式(Costa,2000)进行断面扫描测量,这种测量方式必须使用缆道实现移动测量,或者在公路桥上采用车辆搭载测量,对基础设施要求较高。卫星遥感图像被研究用于获取河流的形态、水位及流速信息,Smith(1995)用 ERS - 1 的 C 波段探测了 Iskut 河复杂河段的宽度,通过河宽与流量的经验关系估算流量,估计误差大于 100%。Bjerklie(2003)通过遥感方式获取水面宽度、高程及流速,并提出了基于河宽、流速、水位等变量估计河流流量的方法,建立了多变量河流流量估计方程,流量估计的不确定度约为 20%。遥感图像法测流比较适用于宽浅河流的流量估计,由于对地面信息和历史数据的依赖及过大的测量误差使之尚无法实用化。

20 世纪 90 年代出现了以实验室图像粒子测速技术衍生的基于图像处理测算表面流场的方法(Fujita,1998),并在硬件设备设计和图像处理算法等方面取得了突破性进展(Creutin,2003;Fujita,2007; Le Coz,2009;Muste,2008)。J. Le Coz(2010)等对比基于图像处理测算的流量和 ADCP 流量测量值,认为基于图像方法的误差主要在图像采集方式、流速系数 K 的确定以及矢量的插值等。图像处理技术应用于河流流速具有技术可行性,并已经有了一定的技术基础,但在河流自动化测流量方面,还没有成熟可应用的产品出现。

本文采用无人机搭载相机进行河流表面水流图像采集拍摄,应用粒子图像跟踪算法进行流速场的计算,为河道流速流量的自动化测量探索新的途径。

2 技术路线

应用无人机进行河道流场图像采集与计算主要包括图像采集、图像预处理、图像校正以及流场计算等几个步骤,技术路线见图 1。

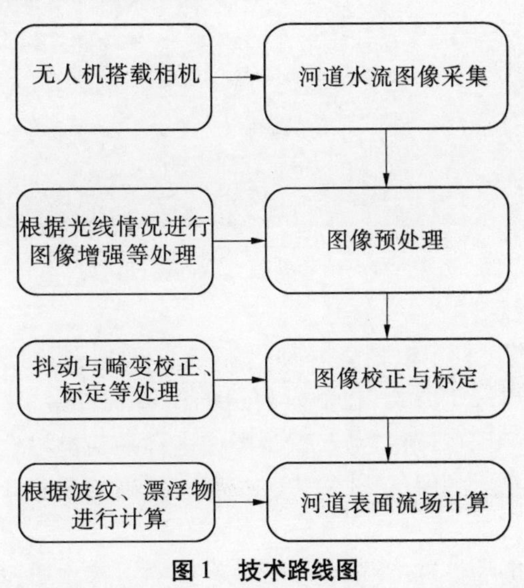

图 1 技术路线图

技术路线的各步骤说明如下:

(1)图像采集:使用无人机搭载相机、电源等设备,飞行到河流测量区域上空,悬停在空中,进行被测水流区域的图像采集。

(2)图像预处理:根据现场采集图像的光照情况,进行图像的增强等预处理,将采集的图像调整到最适合进行流场计算分析的状态。

(3)图像校正与标定:图像校正包括进行相机拍摄畸变校正,以及拍摄时因无人机悬停抖动带来的误差消除;图像标定需要通过现场的标记物进行坐标的映射,以计算实际的水流速度。

流场计算:利用天然河道表面波纹、漂浮物作为示踪物质,应用粒子示踪测速技术,通过连续多帧采集水体表面运动图像,在相邻两帧或多帧之间寻找匹配的波纹、漂浮物等示踪物质,通过示踪物的位移与图像帧的时间间隔,计算水流流速。

3　关键技术

3.1　图像抖动校正

无人机在拍摄过程中存在抖动问题,导致前后两帧图片的拍摄区域会有一定的差异,针对该问题,选取河道岸边石块等特征明显且不移动的区域,作为固定特征,如图2矩形框所示区域,与下一帧图片进行匹配,定位这些局部图像在下一帧图片中的具体位置,根据两帧图像的坐标关系,对图像进行相对平移,同时截取公共视野范围,从而消除抖动引起的两帧图片视野范围不同的问题。

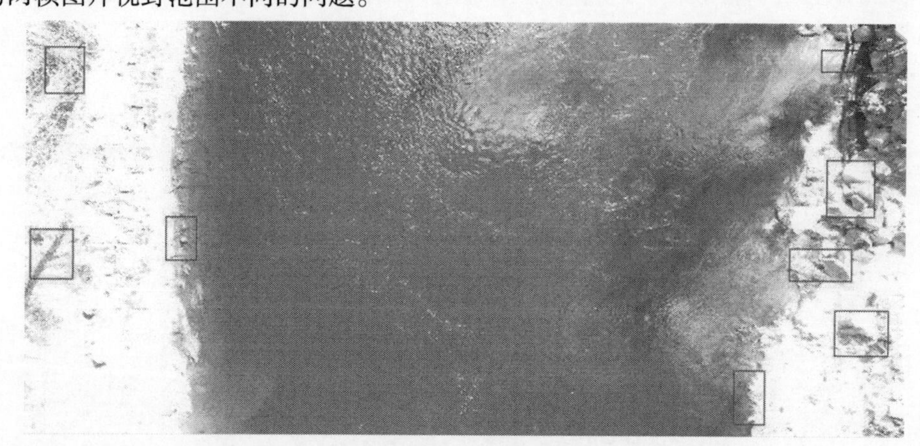

图2　抖动消除处理选取的特征区域

3.2　图像畸变校正与标定

畸变校正是利用高精度标定板获得相机的畸变,并实现相机畸变的校正,如图3所示。

图像的标定采用多点标定方式,在测量河道的岸边安置多个标记点(多于4个),利用采集的图像中的多个标记点进行标定,获得图像坐标系与世界坐标系之间的映射关系。

通过畸变校正和标定后的图像,才能进一步获得精确的流速计算成果。

3.3　流场计算

利用图像进行流速场的计算,关键在于选取合适的示踪物质,本文选取河流中的漂流物、泥沙颗粒、气泡、浪花等作为示踪物质,利用PIV技术进行流场的计算。对于面积较大的测量区域,可以分区域进行图像采集和计算,进行图像的拼接和流场拼接,从而获取整个测量区域的流速场。

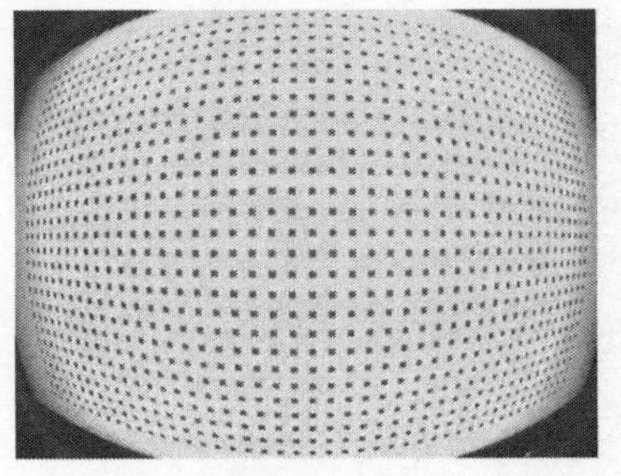

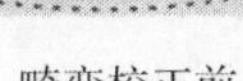

畸变校正前

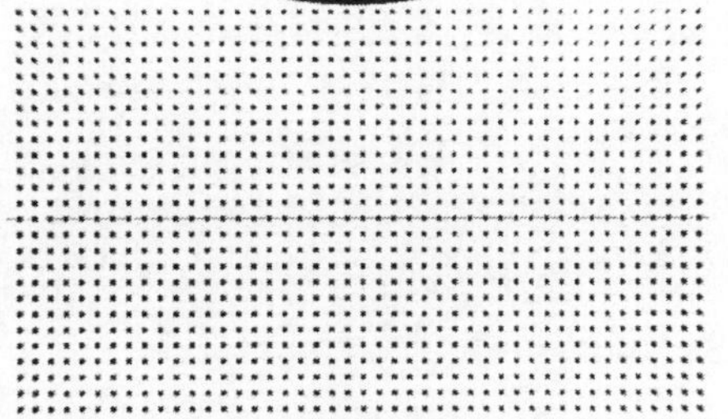

畸变校正后

图3 利用高精度标定板进行畸变校正

在采集的图像中选取流场的最小计算单元,如图4中圆圈所示区域(32像素×32像素),利用水面波纹作为示踪物质,该计算单元的放大图和波纹特征识别如图5所示,通过对比相邻两帧图像的示踪物质,可进行水体流速的计算。

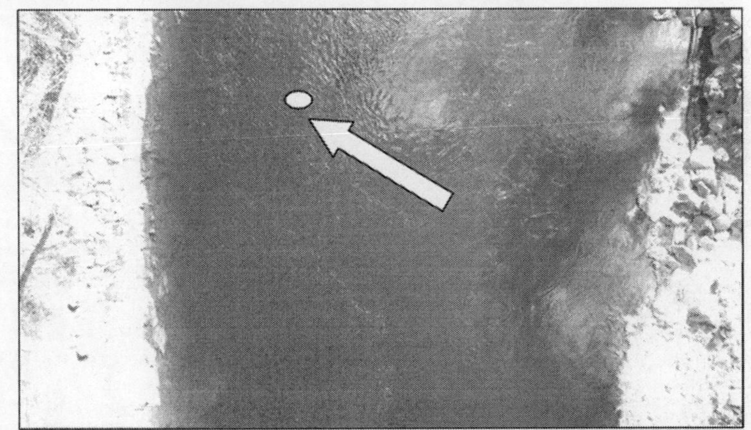

图4 流场计算单元

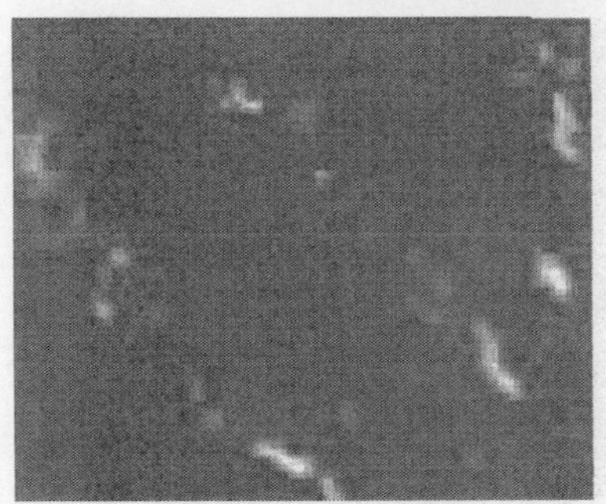

计算单元的放大图

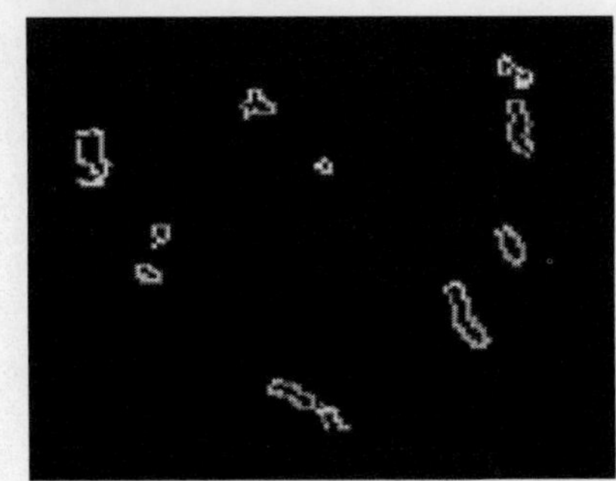

计算单元的特征识别

图5 流场计算的示踪物质识别

4 案例应用

在贵州红水河进行了无人机采集图像测量流场的应用测试。无人机与相机设备如图6所示。

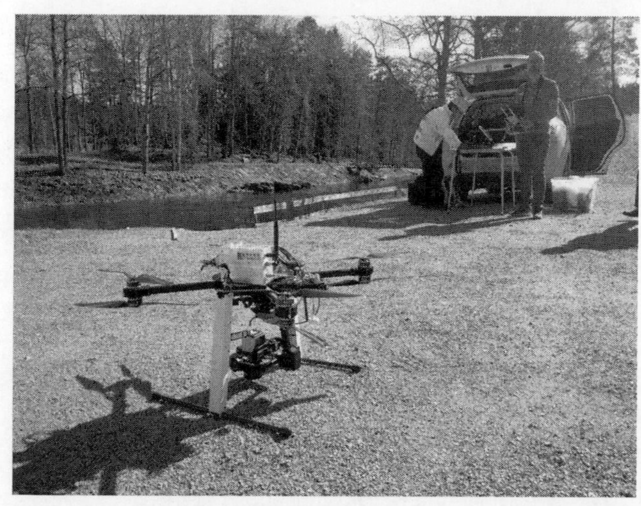

图6　无人机与相机设备

采集的图像和计算结果如图7、图8所示。

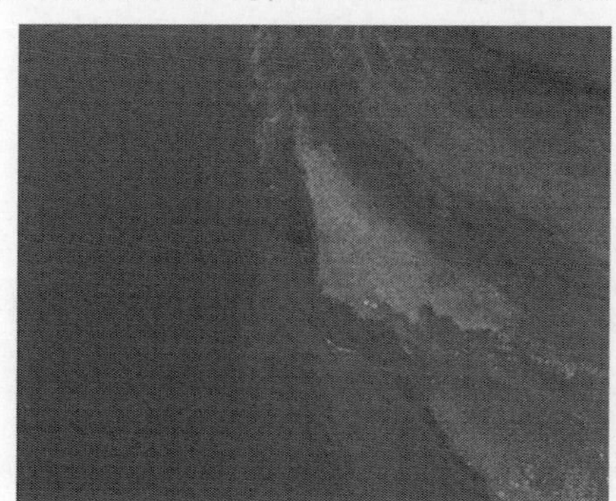

图7　近岸区域测量结果

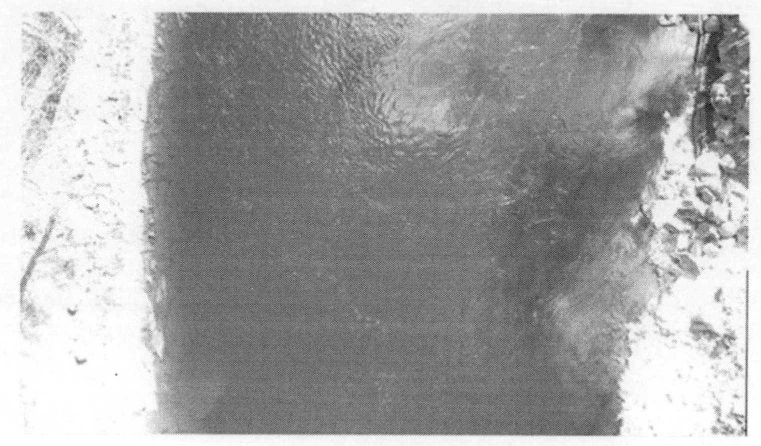

图8　河道采集图像与流场计算结果

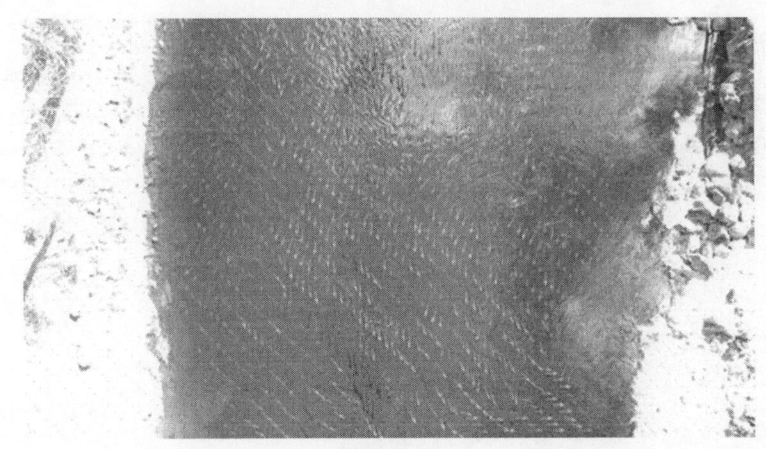

续图 8

通过采用图像中河道的纹波作为示踪物质,计算得到的流场测量结果较好反映了实际河道水流速度场的分布。

5 结 论

本文提出了基于无人机搭载相机采集河道水流图像方式进行流速测量的方法,技术路线包含了图像采集、预处理、校正标定、流速场计算等环节,同时对拍摄时抖动、图像畸变与标定校正、示踪物质选取与计算等关键技术问题进行了研究分析。

在贵州红水河进行了实际应用测试,结果表明本文研究成果技术上是可行的,流速场计算结果是合理的,为野外河流流速流量的自动化测量提供了新的途径。

参 考 文 献

[1] Bjerklie D M, Dingman S L, Vorosmarty C J, et al. Evaluating the potential for measuring river discharge from space[J]. Journal of Hydrology, 2003, 278 (1): 17-38.

[2] Costa J E, Spicer K R, Cheng R T, et al. Measuring stream discharge by non-contact methods: A proof-of-concept experiment[J]. Geophysical Research Letters, 2000, 27(4):553-556.

[3] Creutin J D, Muste M, Bradley A A, et al. River gauging using PIV techniques: a proof of conceptexperiment on the Iowa River[J]. Journal of hydrology, 2003, 277(3-4):182-194.

[4] Fujita I, Muste M, Kruger A. Large-scale particle image velocimetry for flow analysis in hydraulic engineering applications[J]. Journal of hydraulic Research, 1998, 36 (3):397-414.

[5] Fujita I, Watanabe H, Tsubaki R. Development of a non-intrusiveand efficient flow monitoring technique: The space-time image velocimetry (STIV) [J]. International Journalof River Basin Management, 2007, 5 (2):105-114.

[6] Le Coz J, Dramais G, Hauet A, et al. Flood discharge measurements by image analysis (LSPIV technique) in the Ardeche river catchment[C]//33rd IAHR Congress: Water Engineering for a Sustainable Environment, [s. l.]:IAHR, 2009.

[7] Le Coz J, Hauet A, Pierrefeu G, et al. Performance of image-based velocimetry (LSPIV) applied to flash-flood discharge measurements in Mediterranean rivers[J]. Journal of Hydrology, 2010, 394(1):42-52.

[8] Muste M, Fujita I, Hauet A. Large-scale particle image velocimetry for measurements in riverine environ-

ments[J]. Water Resources Research, 2008, 44 (W00D19): 1-14.

[9] Muste M, Kim D, Merwade V. Modern Digital Instruments and Techniques for Hydrodynamic and Morphologic Characterization of River Channels[J]. Gravel-Bed Rivers, 2010, 10(2):315-341.

[10] Smith L C, Isacks B L, Forster R R, et al. Estimation of discharge from braided glacial rivers using ERS 1 synthetic aperture radar: First results[J]. Water Resources Research,1995,31(5): 1325-1329.

[11] 秦福清. 雷达波流速仪在中小河流流量测验中的应用分析[J]. 水利信息化,2012(4): 42-48.

【作者简介】 郑钧(1982—),工程师,主要从事水利信息化、水利高端量测技术研究。E-mail:tankzh@126. com。

通用型水利信息物联感知通信服务平台设计

程闯闯　唐宏进　王　秋

（宁波市水利水电规划设计研究院，宁波　315192）

摘　要　水利物联感知通信服务主要完成遥测数据接收、处理、入库、分发等功能。针对传统水利物联感知通信服务存在的兼容性、扩展性差等缺点，采用插件、XML、多线程等技术，设计了一种基于通用思想的模块化、可配置水利物联感知通信服务。可以适应多信道、多协议应用场景，利用表达式机制实现通用的数据处理，能完成一对多数据分发，对构建复杂水情信息系统很有意义。

关键词　数据采集；插件；网络通信；水情数据

A Design of General Water Regime Data Communication Services

CHENG Chuangchuang*, *TANG Hongjin*, *WANG Qiu

(Ningbo Hydraulic Waterpower Planning and Designing Research Institution, Ningbo 315192, China)

Abstract　Water Regime Data Communication Services' function is collecting, processing, saving and distributing telemetering data. Aiming at the problem that the traditional water regime data communication services less of compatibility and expansibility, using Plug - In and XML technology, a modularized and configurable general water regime data communication services is designed. It can be used in multichannel and multiprotocol application scenarios. By mathematical expressions, general data processing has been realized. It can communicate with multi clients. It is important to build complex water regime information system.

Keywords　Data collection; Plug-In; Data communication; Water regime in formation

1　引　言

充分利用现代信息技术，深入开发和广泛利用水利信息资源，包括水利信息的采集、传输、存储和处理，全面提升水利事业活动的效率和效能，已成为水利部门的基本共识。水利物联感知通信服务是水情信息系统中心站软件的重要组成部分，主要完成遥测数据接收、处理、入库、分发等功能[1]。它在中心站软件中属于较为底层的部分，直接与遥测终端 RTU、数据接收器等硬件打交道，需要通信、网络、多线程、解码、水情数据处理等知识，一直是系统开发中一个相对复杂、难度较高的部分。根据遥测系统测报数据类型的不同、RTU 的不同、通信信道的不同、数据应用的不同，数据通信服务之间存在很大的差异性。在传统的开发中，常根据当前系统的特点和需要定制开发，其开发周期长、重复使用率很低，导致它的成本高，而一旦硬件更新、通信方式变更、应用场景更改等时，软件源程序就需要改动,灵活性差。鉴于这些问题,本文充分考虑了软件的通用性、兼容性、可扩展性等问题,采用 Miscrsoft. NET 平台,基于插件、XML 等技术,设计一种能实现多信道、多协议、通用数据处理、一对多数据分发的通用水利物联感知通信服务。

2　需求分析

2.1　多信道支持

随着通信技术的发展,可供水情信息系统选择的组网方式越来越多,目前常用的信道有:公用交换电话网 PSTN、超短波 VHF、卫星(包括海事卫星、北斗卫星等)、GSM 短信、GPRS 等,其中 GPRS 方式越来越多地成为水情信息系统首选组网方式[2]。出于适用性、经济性、可靠性考虑,很多系统中存在两种或两种以上信道:①混合组网方式,如福建沙溪口、河南鸭河口水情自动测报系统过去采用超短波通信,部分站改造后采用 GPRS 通信方式,形成超短波与 GPRS 混合组网的形式[3,4];②多信道冗余备份,如四川雅安采用 GSM 和 PSTN 为主信道、北斗卫星作为备用信道的组网方式,汶川“5 · 12 地震”使移动通信与电话网络设施破坏,主信道 GSM、PSTN 通信中断,备用信道北斗卫星确保了遥测系统正常运行[5]。各个地区根据自身特点选择信道进行组网,组网方式是多样的,这就要求水利物联感知通信服务应能适应多种信道组合。

2.2　数据包协议可扩展

目前我国水情信息系统使用的 RTU 各有不同,甚至存在一个系统中使用多种 RTU 的情况,这在由多个时期建造的系统中尤为常见,不同的 RTU 所使用的数据包格式有所不同,虽然水利部颁布了《水文监测数据通信规约》(SL 651—2014),但目前其普及率还不是很高。数据包解析模块可灵活替换和扩展是使数据通信服兼容多种 RTU 设备、增强适用范围的关键。

2.3　可自定义的数据处理

由于 RTU 的量程不足、传感器误差修正、减小数据包长度以及 RTU 智能程度不够等原因,数据包解析出来的数据必须经过一定的数据处理。如水位要根据基值做线性处理,水位求得水深而后经曼宁公式求流量,通过闸上、闸下水位以及闸门开度求下泄流量等。类似的处理需求很多,不应为每种处理都去针对性编程,而应设计一种通用的数据处理机制,通过自定义实现多种处理计算。数据采集的计算量较小,采集实时性可以达到,如果数据通信服务能支持更多计算,可以减少对其他处理软件的依赖,减小数据整编的压力,对提高系统整体效率很有意义。

2.4　一对多的数据分发

水情信息系统是由多个程序互相协作组成的,水利物联感知通信服务接收处理完的数据要发送给多个数据需求客户端,如值守电脑上的实时数据浏览控制程序、实时数据发布的 Web 服务程序、扩展的数据库的入库程序、专业数据加工程序等。将数据实时的发送给多个客户端是水利物联感知通信服务重要功能之一。

3 数据通信服务的设计

3.1 软件的模块化与可配置性实现思路

软件开发使用面向对象、插件等技术,实现一种松耦合、易扩展的软件结构。将各个部分开发成相互独立的模块,减少相互间影响,减少每次修改的成本。根据“接口与实现分离”原则,为软件中可能变化的扩展点设计其接口,以接口开发标准插件,接口是插件的规约,系统通过接口使用各个扩展插件,并利用.NET平台的反射机制来实现插件动态加载。另外,为了实现软件能根据应用的不同改变自己运行时行为,即可配置性,本文充分考虑应用场景,设计了基于可扩展标志语言XML的配置文件。

3.2 总体结构

总体设计框图如图1所示。

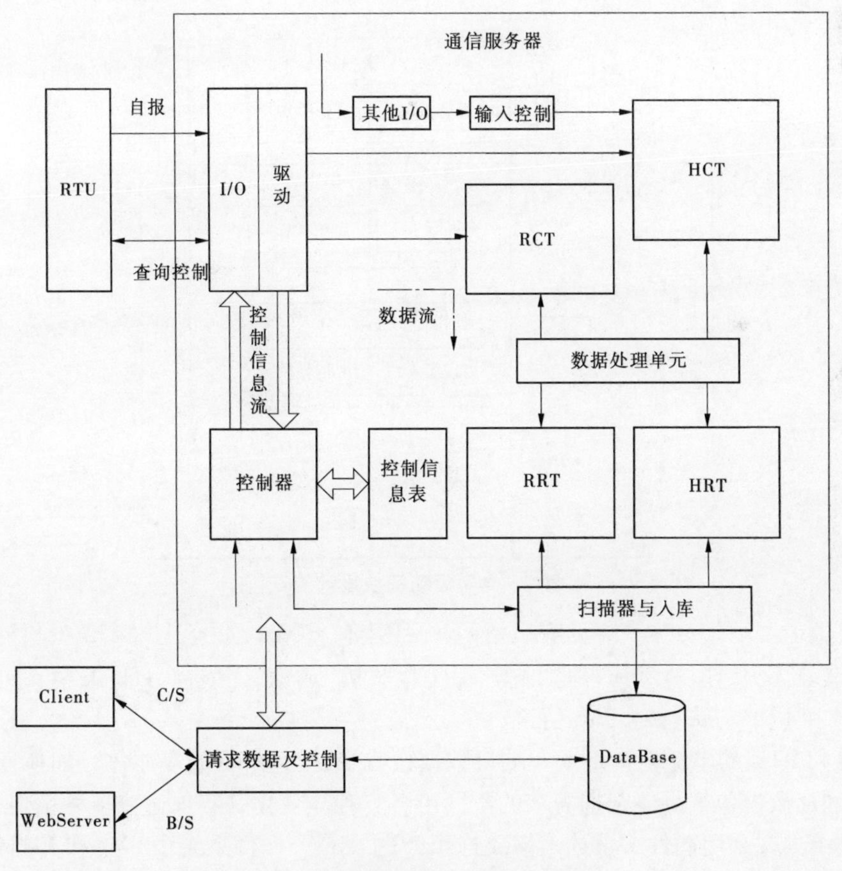

图1 数据通信服务总体设计框图

数据通信服务的运行原理:启动时,首先读取软件的配置文件,加载相应插件和运行参数,初始化I/O驱动、内存表、扫描器、控制器等模块;当程序接收到数据包后,通过I/O驱动模块进行数据包处理(包校验、数据包解析等),然后将解析后的数据存入到采集数据表(RCT和HCT)中;通过对数据进一步的分析处理,将处理后的数据存入结果数据表(RRT和HRT),最后存入数据库服务器或转入下行控制器进行分发数据;同时,数据通信服务还提供特定的端口接受来自外部的数据请求及控制命令。

数据通信服务依据实现的功能,可分为三大模块:I/O 驱动模块、数据处理模块和下行控制模块。

3.3 I/O 驱动模块

I/O 驱动模块是数据通信服务与 RTU 进行通信的窗口,它通过读写计算机的 I/O 端口完成信道数据收发并解析 RTU 的数据包,是数据采集的基础,如图 2 所示。遥测站到数据通信服务器之间的通信方式是多样的,但对于数据通信服务而言,这些通信链路只是传输的物理介质不同,其处理方式是相似的,数据通信服务只需要明确以下两大内容即可以完成与各遥测站的通信:一是直接与接收服务器进行通信的 I/O 端口的数据接收;二是从端口接收数据包的解析。

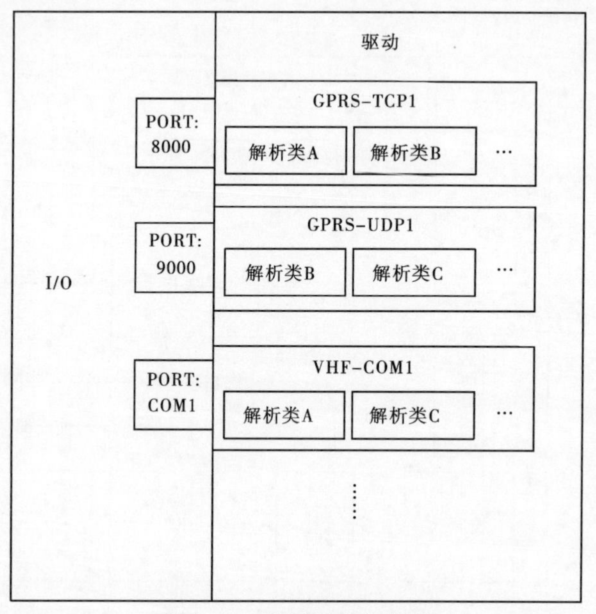

图 2 I/O 驱动模块设计图

服务器的 I/O 端口方式主要有以下两种:①串口 COM,如通过 RS232 口与外围数据收发终端(如 GSM 模块、VHF 接收设备、卫星接收机)通信,完成与 RTU 通信;②网络口,包括 TCP 和 UDP 方式,如 GPRS 信道。

信道和 RTU 的多样化带来 I/O 端口数据接收、数据包解析的多样化。如何使 I/O 端口数据接收、数据包解析能根据需求的不同可各自独立变化是实现适应多种信道、多种协议的关键。本文采用插件式设计来解决这个问题。一个插件系统由宿主和其插件组成。宿主指主程序框架,宿主与插件通过定义接口确立交互的契约。插件之间是平行关系,可互相替换,多个插件可以组成插件库。插件与宿主之间的连接发生在运行时而不是编译时,可实现软件的"即插即用"[6]。本文分别为 I/O 端口数据接收驱动和数据包解析设计接口(见图 3)并开发各自的插件库,用户可通过配置确定从插件库中加载的插件,来实现定制每个信道。

信道的 XML 格式配置文件示例如下,元素 Port 用于配置当前信道的 I/O 端口;元素

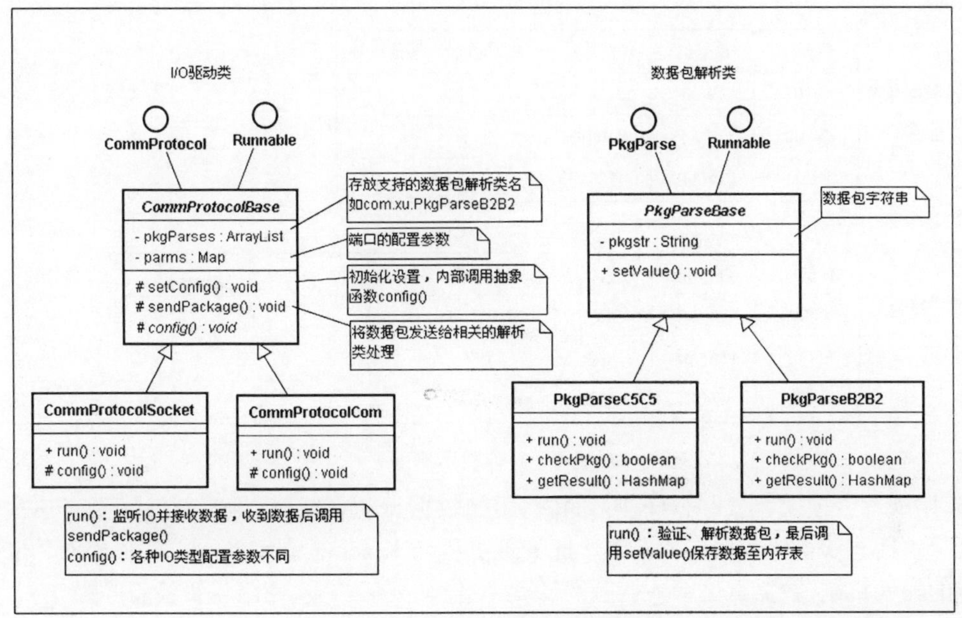

图3 I/O 驱动模块相关类图

PkgParse 用于配置数据包解析插件,包含包解析插件的文件路径、解析类类名等定位信息,运行时利用 .NET 反射机制依据这些信息来动态地创建插件中的解析对象。

当遇到新的信道或数据包格式时,只需依照对应接口开发扩展 I/O 驱动插件和数据包解析插件,系统其他部分无需改变。I/O 驱动模块设计充分体现了系统的可扩展性。

3.4 数据处理模块

I/O 驱动模块通过调用数据处理模块前端接口传递解析好的数据并放入内存表中,此时数据处理模块的处理逻辑已经与具体的通信方式和 RTU 种类无关了。数据处理模块由内存表、数据处理单元及扫描器组成,主要负责对解析后的数据进行存储、分析、处理、入库。

3.4.1 内存表

为了便于处理过程中数据的集中管理,将数据点组织成数据表形式,并根据遥测站编号、数据类型等信息为每个数据点分配唯一 ID。数据表依据处理前后顺序,分为采集数据表和结果数据表。由于历史数据往往数据量很大,为了不影响数据处理模块对实时数据的处理效率,需要将实时数据与历史数据进行物理隔离,因此设计时将数据表分为实时表(实时采集数据表 RCT 与实时结果数据表 RRT)和历史表(历史采集数据表 HCT 与历史结果数据表 HRT)两组,进而实现实时数据流与历史数据流的相互独立。

3.4.2 数据处理单元

本文通过为结果数据表中每个数据点设置一个可配置的数学表达式属性确定数据点的处理加工过程(见图4)。表达式通过数据点 ID(可以是采集数据表,也可以是结果数据表的)确定它所引用的数据点,能实现加、减、乘、除、指数、三角函数等数学运算,可以包含任意深度的括号,能满足常见数据处理的需求。处理的触发基于 .NET 事件处理机

采集数据表

数据ID	数据值	数据地址	接收时间	其他属性
A101	12.13	00120001		
A102	1163.33	001200002		
A103	16.34	00120003		

结果数据表

数据ID	数据值	数据类型	表达式	接收时间	变化率	死区	告警门限
W0001	26.26	水位	{A101}*2+2				
F0001	1163.33	流量	A102				
F0002	W0001	流量	曼宁公式				

图4 内存表示例图

制,运用观察者模式,当数据点监听到其引用的数据点的更新时,将更新值代入表达式中并计算表达式获得该数据点的新值。此处理过程与 Excel 的单元格公式机制相似。依照同样的触发机制,数据点更新还会触发变化率计算、死区检查、超限告警检验等操作。

3.4.3 *扫描器与入库*

扫描器包含一个单独的线程,每隔一定的时间就去读取结果数据表中的数据,然后通知下行控制模块数据更新情况。扫描器的另外一个重要作用是触发入库操作,根据配置信息,动态生成 SQL 语句,将内存表中的更新数据存入到相应的数据库表中。

3.5 下行控制模块

下行控制模块负责将数据处理模块处理后的数据分发到各个客户端,同时接受内部或外部的指令,执行相应操作。下行控制模块通过可靠传输控制协议 TCP 完成端与端之间的数据传输,并基于 XML 建立了一套控制信息和数据传递的协议。因为 TCP 和 XML 都是标准化的、跨平台的,任何实现了该协议的客户端都可以实现与数据通信服务通信,数据通信服务就有了跨平台的特性。

下行控制模块为每个客户端与建立一对 Socket 套接字进行通信,并分配一个独立线程进行数据发送和控制响应,客户端的处理相互独立,不会因为一个客户端的阻塞而影响其他客户端。客户端初次连接下行控制模块,需发送注册申请消息,经验证后,其将被添加到控制信息表中。控制信息表中维持了客户端的 IP 地址、工作模式、当前状态、权限等信息。客户端正常断开时,向通信服务器发送注销申请,通信服务器释放该客户端占用的线程和 Socket 连接等资源。数据通信服务采集到数据后,将处理完的成品数据(包括数据的值、时间、类型、告警等信息)用协议格式编码,根据控制信息表中各个客户端的信息,发送数据。

下行控制模块接收到由客户端发送的数据请求命令和 RTU 控制指令(如重启、设置系统时间等)后,首先对客户端进行权限检验和命令合法性检验后,将命令通过驱动模块发送给指定 RTU,然后将执行的结果信息返回给客户端。控制信息流与数据流之间的相互独立。

4 应用举例

本水利物联感知通信服务在宁波内涝监测系统以及智慧水利系统中得到了应用。系统包含雨量、水位、水闸、积水、泵站等信息,通信方式包括 UDP、TCP、GSM 短信,使用的设备协议达 5 种。本软件很好地完成了对多种协议、多通信方式、多种类型数据的数据采集,并通过水力公式完成闸门下泄流量的计算、截污井液位异常数据滤波等复杂计算,采集数据连续、正确。

5 结 语

通信技术和信息技术的发展,为水利信息化带来了机遇和挑战。设计一种可配置、可扩展,支持多种信道、灵活进行数据处理、实现一对多数据分发的水利物联感知通信服务很有意义。本文设计的水利物联感知通信服务在实际生产中得到了应用,证实其有效、可行。

参 考 文 献

[1] 中华人民共和国水利部. SL 61—2003 水文自动测报系统技术规范[S]. 北京:中国标准出版社,2003.

[2] 张然. 水情遥测系统通信方式之比较分析[J]. 江苏水利,2009(7):24-27.

[3] 杨晓鹏. 鸭河口水库水情自动测报系统更新改造方案[C]//科技创新与现代水利——2007 年水利青年科技论坛论文集. 郑州:河南省水利学会青年科技工作委员会,2007:370-376.

[4] 杨良广. 沙溪口水情自动测报系统通信组网优化改造[C]//2008 南方十三省水电学会联络会暨学术交流会论文集. 杭州:浙江省水力发电工程学会,2008:263-270.

[5] 徐银昌,刘持恒,李长学. 双通信信道在水情自动测报系统中的应用[J]. 中国城市经济,2012(1):228.

[6] 章志,都金康,卓凤军. 基于 .NET 反射机制的 GIS 插件技术研究[J]. 测绘科学,2011(7):151-155.

【作者简介】 程闯闯(1988—),男,硕士,主要从事水利物联及信息化研究。E-mail:cheng76430@163.com。

浅地层剖面系统在浙江省“五水共治”淤积调查工作中的应用研究*

张 杰[1,2] 肖文涛[1,2] 李最森[1,2] 魏荣灏[1,2]

(1. 浙江省河海测绘院,杭州 310008;2. 浙江省河口海岸重点实验室,杭州 310020)

摘 要 2016年浙江省“五水共治”工作明确提出全面开展河湖库塘淤积情况调查,分河段、湖泊、库塘等水域查明淤积地点、淤积深度、淤积总量等基本情况,分类推进实施河湖库塘清污(淤)工作。如何高效、准确地开展淤泥厚度探测成了当前面临的新技术难题。本文首先介绍并分析目前常用淤积探测方法及其特点,然后简述浅地层剖面系统的工作原理和数据采集与处理方法,并通过实地测试案例研究该技术在内陆水域淤积探测中的应用成效,最终总结出一套科学有效的河湖库塘淤积探测技术方案。

关键词 浅地层剖面系统;五水共治;淤积探测;三江口

The Study on Application of Sub-bottom Profiler in Investigation on Sedimentation in Zhejiang Total of Five Water Treatment Program

***ZHANG Jie*[1,2], *XIAO Wentao*[1,2], *LI Zuisen*[1,2], *WEI Ronghao*[1,2]**

(1. Zhejiang Surveying Institute of Estuary and Coast, Hangzhou 310008, China;
2. Zhejiang Provincial Key Laboratory of Estuary and Coast, Hangzhou 310020, China)

Abstract A Total of Five Water Treatment Program of Zhejiang Province puts forward requirements explicitly about investigation on sedimentation in river, lake, reservoir and pond during the period of 2016. The distribution, thickness and total amount of silt will be detected and calculated by subregion of river, lake, reservoir and pond, and categorized desilting work will be implemented. Obviously, to detect the thickness of silt effectively and accurately has become a new technical problem. This paper firstly introduces current methods of silt detection and their characteristics, working principle of Sub-bottom Profiler System, method of data collection and processing, then studies the application effect of this technology in inland water silt detecting by field test. Finally, concludes a set of scientific and effective scheme for silt detecting in river, lake, reservoir and pond.

Keywords Sub-bottom Profiler; A total of five water treatment; Silt detecting; SanJiangKou

1 引 言

浅地层剖面探测是利用声波的传播和反射特性来探测底床浅部地层结构和构造[1]。

* **基金项目**:浙江省科技计划项目(2016F10012);浙江省水利科技计划项目(RC1501)。

作为一种比较成熟的地球物理探测手段,目前浅地层剖面仪的应用区域主要为近海、航道以及河口,而在内陆浅水域如河道、湖泊、水库与山塘等鲜有较全面的工程应用。

2016年浙江省“五水共治”工作明确提出全面开展河湖库塘淤积情况调查,分河段、湖泊、库塘等水域查明淤积地点、淤积深度、淤积总量等基本情况,分类推进实施河湖库塘清污(淤)工作。淤泥探测是其中一个重要环节。目前各种淤泥厚度测量方法的原理和特点见表1,可以看出各种方法均在一定程度上存在不足。综合考量这些方法优缺点,探索一套高效、准确的淤积探测技术方案。尝试使用声学探测中的浅地层剖面探测法获取底泥剖面声呐图像,结合底泥柱状样物性分析并进行声图分层标定,从而实现河湖库塘中的淤泥厚度勘测。

表1 淤泥厚度测量方法汇总

方法	量测机制	特点
静力触探	通过单点测定淤泥对测杠的比贯入阻力来确定淤泥厚度	无法测定淤泥密度,且人工误差大
钻孔取样	通过钻机单点采集淤泥柱状样品	可测定淤泥密度,但效率低,且无法避免对淤泥的扰动
声学探测	分别通过高频和低频声波测量淤泥表层和底层距换能器的距离,从而计算淤泥厚度	效率高,无扰动,但无法测定淤泥密度
放射线测量	根据放射线的放射衰减比来测定淤泥的密度	精度较高,但对工作人员和被测定区域环境存在潜在放射性危害

2 浅剖探测技术简介

2.1 浅地层剖面仪工作原理

浅地层剖面探测是一种基于水声学原理,以连续走航方式探测水下浅部地层的地球物理方法[2]。换能器按一定时间间隔垂直向下发射声脉冲,声脉冲穿过水体触及水底以后,部分声能反射返回换能器;另一部分声能继续向地层深部传播,同时回波陆续返回,声波传播的声能逐渐损失,直到声波能量损失耗尽为止。

通过测定各反射界面对应声波传播的时间,可按以下公式计算各地层相对换能器的距离:

$$W_{1,2,\cdots,n} = \frac{1}{2}CT_{1,2,\cdots,n} \tag{1}$$

式中:$T_{1,2,\cdots,n}$为各反射界面对应声波传播的时间;C为声波传播速度。

声波在地层内传播遇到反射界面发生反射,反射能量大小由反射系数决定,反射系数R为:

$$R = \frac{\rho_2 v_2 - \rho_1 v_1}{\rho_2 v_2 + \rho_1 v_1} \tag{2}$$

式中:$\rho_1 v_1$、$\rho_2 v_2$分别为上、下层介质密度和声速的乘积(即声阻率),当相邻两层存在一定声阻率量差,就能在剖面声呐图像上反映出界面线,并分别显示两层沉积物的声学特性差异。地层内不同的物性结构表现在剖面上的声学特征[3]归纳如表2所示。

表2 浅剖图像判图要素

物性组成	图像特征
流泥	界面不清晰,呈棉絮状,声学图像表现为时隐时现,灰级小,下部白色
淤泥	含水量高,声反射弱,界面清晰光滑,界面下部灰级小
黏土质	界面连续,局部有空隙
砂质	界面不连续,声学图像呈点状和散射状

2.2 仪器介绍

近年来,浅地层剖面采集主要采用线性调频(CHIRP)和非线性调频(SES)两种方式,主要区别在于震源的能量和激发方式不同[4],主要技术参数对比[5,6]见表3。

表3 浅地层剖面仪技术参数对比

浅地层剖面仪类型	CHIRP型	参量阵型
仪器型号	EdgeTech公司的3100P型; Benthos公司的Chirp III型; SyQuest公司的Bathy-2010PC型	Innomar公司的SES-2000型; ATLAS公司的Parasound 70型; Simrad公司的TOPAS-PS018型
优点	技术成熟,可靠性高; 价格低廉; 主频低,穿透力较强	脉冲发射速率快,波束开角小; 主频高,水平和垂直分辨率较高; 换能器尺寸较小
缺点	分辨率要低于参量阵浅剖; 换能器尺寸较大	设备控制系统较为复杂; 价格高; 沉积物穿透力较差

本次浅地层剖面数据获取采用美国EdgeTech公司3100P型浅地层剖面仪,该系统采用全频谱Chirp技术,是一种高分辨率宽带调频(FM)浅地层剖面系统,由水下单元、甲板单元及辅助设备构成,系统配置如图1所示,主要技术指标参见表4。

表4 EdgeTech 3100P型浅剖系统主要技术指标表

序号	性能名称	性能指标
1	频率范围	2~15 kHz
2	脉冲类型	FM(调频)
3	标准脉冲宽度	2~15 kHz/20 ms
4	垂直分辨率	6~10 cm
5	拖曳速度	3~5 kn,最大7 kn

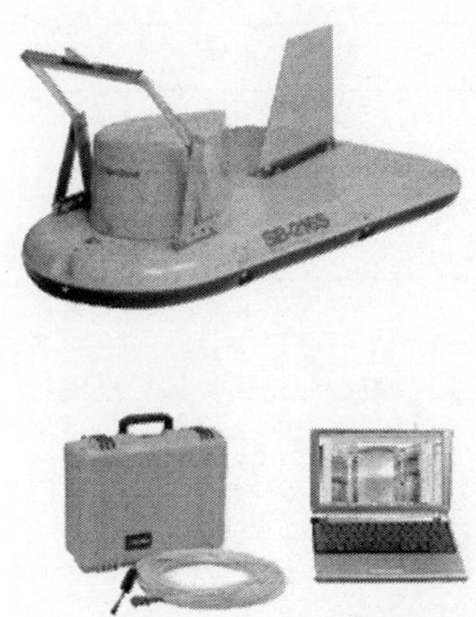

图1 EdgeTech 浅剖系统组成
（包括:216S 拖鱼、3100P 便携式甲板处理器和采集电脑）

3 数据采集处理

3.1 导航定位

导航定位采用 Hypack 软件进行,按一定距离设定定标间隔,并将该定标触发信号通过内存共享传输至浅剖系统,以此实现定位和浅剖的同步定标,数据采集流程示意如图 2 所示。

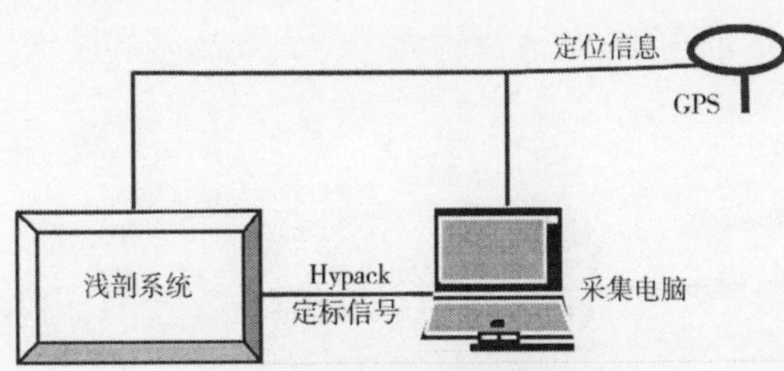

图2 浅剖系统数据采集流程

在探测过程中,若航速过小,不易操作测船;航速过大,采集的数据质量相对较差。综合参考仪器性能指标和测区实际情况,航速应控制在 4 kn 以内。

3.2 数据处理

数据采集过程中,Hypack 软件按照一定距离间隔控制浅剖定标,同步记录的定标文件中包含定标点坐标信息,因此根据浅剖图像上的定标号就可以确定该定标点实际位置。同时由于各地层在声波发生反射时体现出不同的声图特性,技术人员可在声呐剖面图像上按各定标点依次判读出不同分层相对于底床的深度,具体流程如图 3 所示。

3.3 地层标定

在不同水域条件下运用各种专业取样装置采集典型点位的底泥柱状样,通过现场鉴别和检测各分层中底泥的含水率,依据《疏浚岩土分类》(JTJ/T 320—96)中淤泥土类的分类标准判断各层底泥的土质特性,将其分为流泥层、淤泥层和淤泥质土层。通过该典型点位柱状样成果标定浅剖数据,就能了解清晰、连续的声呐图像上各层位所代表的底质类

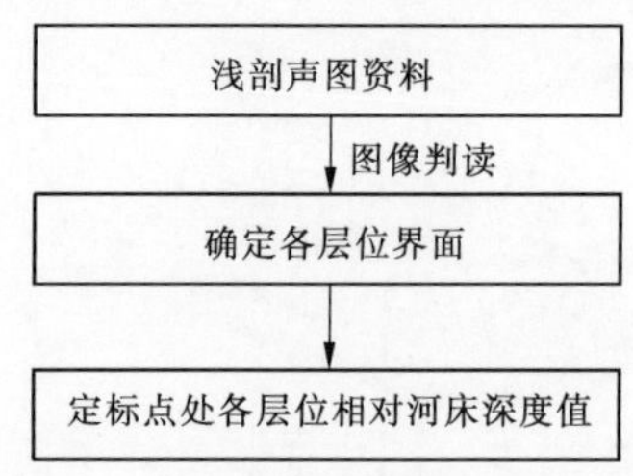

图3 浅地层剖面数据处理流程

型,最终通过判图得到其余点位底泥分层数据。

4 钱塘江三江口区域实地测试

三江口河段位于富春江与浦阳江汇合处附近,是钱塘江受潮洪交互作用影响的典型河段[7]。通过该区域内之江水文站观测断面数据了解,该河段潮汐属非正规半日潮,在洪、潮交互作用下,受三江口河流急弯影响,落潮主流沿闻堰海塘附近下泄,涨潮主流沿上泗南北大塘上溯,河床冲淤多变,具有洪冲潮淤特性,河床冲刷幅度东岸大于西岸。

沿钱塘江自下游往上游方向,分别于三江口、上游富春江和周浦港支流三种不同规模江道区域布置 a、b、c 三条探测断面,获取的浅地层剖面声呐图像参见图4。断面 a 位于之江水文站附近,展布方向为自西向东。由图可知断面 a 西侧水下地形较平缓,东侧较陡,河床以下可以清晰判读 1 ~ 2 个层位,剖面中部层位厚度约 3 m,地层向两端减薄尖灭。在东侧江道弯折处,受大流量泄洪冲刷作用导致淤积较小,仅为 0.2 ~ 0.3 m,剖面上形成一个底面平缓、深约 13 m 的洼地,洼地西端为一约 2 m 高差的陡坎,该现象与吴敏珍研究成果[7]一致。

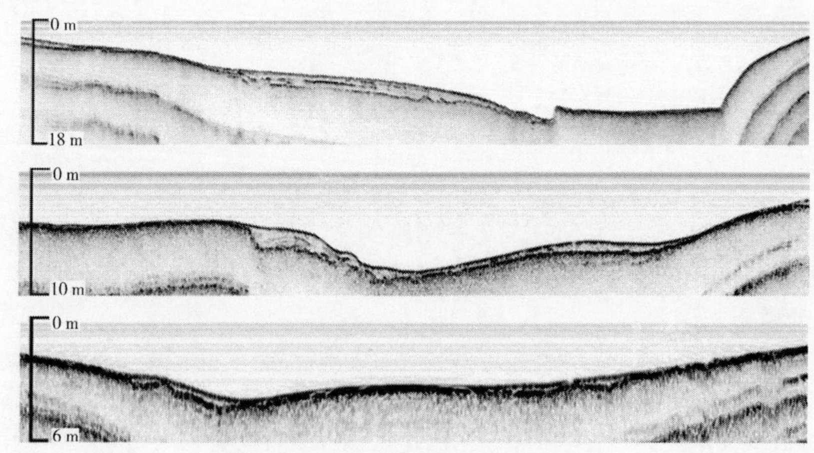

图4 自上而下分别为 a、b、c 探测剖面

断面 b 位于上游富春江,展布方向为自东南向西北,由图可知剖面中部能清晰判读 1 个层位,东南侧淤积最厚约 2 m,向西北侧减薄为 0.5 ~ 1 m。断面 c 位于周浦港支流,展布方向为自南向北,剖面上判读的淤积厚度为 0.2 ~ 0.7 m。

5 结 语

浅水域淤积探测是水下物理探测领域的一个新难题,传统的淤积厚度测量方法效率低且准确性差。2016 年浙江省“五水共治”河湖库塘淤积调查工作时间紧迫、任务繁重,探索浅地层剖面系统在浅水域淤积探测中的具体实施方案,并结合柱状取样成果进行分层底质标定。

选择三江口区域开展淤积厚度探测,获取的地层剖面声呐图像清晰,层位连续性较好,证明该技术方案科学,淤积探测成果可靠,在浙江省“五水共治”清污(淤)工作中具有较大应用价值。

参 考 文 献

[1] 李平,杜军. 浅地层剖面探测综述[J]. 海洋通报,2011,30(3):79-86.

[2] 李一保,张玉芬,刘玉兰,等. 浅地层剖面仪在海洋工程中的应用[J]. 工程地球物理学报,2007,4(1):4-8.

[3] 夏伟,陈秋菊,唐红渠. 浅地层剖面探测技术在山地型水库生态研究中的应用[J]. 生态科学,2013,32(3):276-281.

[4] 薛花,杜民,文鹏飞,等. 非线性调频信号的浅地层剖面处理技术[J]. 地球物理学进展,2014,29(5):2287-2292.

[5] 王方旗. 浅地层剖面仪的应用及资料解译研究[D]. 青岛:国家海洋局第一海洋研究所,2010.

[6] 万芃,牟泽霖. Chirp 型浅地层剖面仪和参量阵浅地层剖面仪的对比分析[J]. 地质装备,2015,16(4):24-28.

[7] 吴珍敏. 径潮流交互作用下的钱塘江三江口河段冲淤变化浅析[J]. 浙江水利科技,2012(6):55-57.

【作者简介】 张杰(1985—),男,工程师,本科,主要从事海洋物理探测方面的应用研究。E-mail:53920534@ qq. com。

【通讯作者】 李最森(1976—),男,高级工程师,博士,主要从事河口海岸方面的研究与咨询。E-mail:lizuisen@ hotmail. com。

基于 GIS 的大型灌区信息化管理研究与应用

雷　雨[1,3]　金有杰[1,3]　谢红兰[2,3]

(1. 水利部南京水利水文自动化研究所,南京　210012;
2. 江苏南水科技有限公司,南京　210012;
3. 水利部水文水资源监控工程技术研究中心,南京　210012)

摘　要　针对大型灌区信息化管理存在的问题与弊端,充分利用地理信息系统(GIS)技术的优势,构建基于 GIS 平台的大型灌区信息化管理系统,开展相应关键技术的研究工作,明确 GIS 在大型灌区信息化管理中的应用手段和执行方案。研究成果表明:GIS 可以在大型灌区信息化管理领域得到良好应用,能够提升数据管理效率、信息展示的直观性以及统计分析的可靠性,并进一步提高和优化灌区信息管理水平。

关键词　大型灌区;信息化;GIS;信息管理

Research and Application of Large Scale Irrigation District Informatization Management Based on GIS

***LEI yu*[1,3], *JIN Youjie*[1,3], *XIE Honglan*[2,3]**

(1. Nanjing Automation Institute of Water Conservancy and Hydrology, Ministry of Water Resource, Nanjing 210012, Jiangsu; 2. Jiangsu Nanwch corporation, Nanjing 210012, Jiang su;
3. Hydrology and Water Resources Engineering Research Center for Monitoring, Ministry of Water Resources, Nanjing 210012, Jiangsu)

Abstract　Aiming at the problems and disadvantages of existing in the information management for large irrigation district, make full use of geographic information system (GIS) technology advantage, and construction platform of large-scale irrigation information management system based on GIS. To carry out the corresponding key technology research work, clear the application method and implementation scheme of GIS in large-sized irrigation district information. Research results show that GIS can get good application in the field of large-scale irrigation area information management, to improve the efficiency of data management, information display, intuitive and statistical analysis of reliability. To further enhance and optimize the information management level for irrigation area.

Key words　Large-scale irrigation district; Informationization; GIS; Information management

1　引　言

作为农业大国,我国的灌溉面积广大,其中大型灌区占全国耕地面积的 11%,农业生产总值占全国农业总产值的 1/3,对我国农业发展影响重大[1]。目前,我国部分大型灌区节水改造与续建配套工程已经基本完成,为灌区信息化建设奠定了良好的基础。另一方面,我国灌区信息化建设与管理当前还处于初级阶段,信息化系统规划、建设、管理的水平还比较低。尤其对于大型灌区而言,其是由众多渠道、排沟、水库、闸门和农田等要素组成的复合系统,涵盖了点、线、面等多类型水利空间数据结构,增加了采取信息化手段实现大型灌区高效管理的难度。当前尚不存在一套可以直接借鉴的信息化工程模式,需要进行长期的摸索。与此同时,GIS、物联网、大数据挖掘等现代信息化高新技术快速发展,为提高信息存储、处理、查询、分析、展示的准确性和实时性,让大型灌区管理走向高效节水、科学管理、良性运行的信息化道路创造了条件。

2 现状与问题

2.1 研究现状

20 世纪 70 年代初,我国就开始进行农业灌区自动控制技术的研发,这些技术对当时的灌区管理发挥了重要作用。然而由于技术、经济等条件制约,灌区自动化技术一直停留在初期阶段,直到 90 年代,随着现代计算机、电子、通信技术的发展,灌区信息采集与管理逐步走向自动化、信息化道路。但是,相对于国外发达国家而言,我国灌区管理手段仍然较为落后、标准也较低。近年来,现代化信息技术高速发展,利用 GIS 技术实现灌区信息化管理取得了一些成果:陈静利用 VB 和 GIS 二次开发,建立了可视化灌区水资源管理信息系统[2];李晓辉和刘建印对 GIS 在灌区信息化中的应用和发展趋势做出梳理总结,并设计了灌区 GIS 系统功能和结构[3];袁舜承针对目前灌区节水灌溉自动化程度低、技术相对落后的现状,开发了基于 GIS 的灌区智能管理平台[4]。这些研究成果表明,GIS 技术在灌区信息化管理领域具有广阔的应用前景,对提高水资源利用效益有很大的实用价值。与此同时,对于大型灌区的 GIS 应用与研究还比较少,应用程度还不够深入,充分利用 GIS 技术开展大型灌区信息化管理的深入研究与应用显得十分必要。

2.2 灌区信息化建设存在的问题

我国大型灌区管理能力的建设与提高相对滞后,灌区信息化建设工作还处于比较低的水平,面临着各方面的问题。比如灌区建设中存在重视硬件建设、轻视软件开发与应用的倾向,造成硬件设备无法充分发挥作用,系统的操作及后续维护与需求不匹配;大量水情、土壤墒情、闸门开合度等数据的整理、分析需要人工操作,工作效率低下;智能化数据分析、辅助决策等功能无法实现等问题[5]。此外,大型灌区信息化建设涉及大量来源广泛、结构相异的数据信息。对于多系统多来源的海量数据如何进行集成管理,尤其对于灌区空间数据与关系型数据如何进行数据融合和无缝集成,实现灌区专题信息的统一存储、高效管理和资源共享是当前灌区信息化数据建设急需解决的问题。

因此,针对目前大型灌区信息化建设中存在的技术难点和管理弊端,本文充分应用地理信息系统(GIS)技术在数据管理、信息融合、图形展示以及资料分析等方面的优势,开展大型灌区信息化管理关键技术研究,设计和研发信息化管理平台,进一步丰富和发展我国大型灌区信息化管理的理论基础和应用水平。

3　关键技术

3.1　GIS 技术

GIS 是以地理空间数据为基础,在计算机软硬件的支持下,对地理空间数据及其相关属性数据进行采集、输入、存储、编辑、查询、分析、显示输出和更新的应用技术系统[6]。大型灌区监测信息管理是灌区信息化建设的关键工作,水信息的监控与调度涉及大量的空间特征信息。GIS 是一种空间信息明确的信息管理系统,能够有效处理大型灌区各渠系、农作物作业区和闸门监控点的相互位置关系。此外,将 GIS 与灌区有效监测信息相结合,可优化信息可视化的方式,并提升智能分析的准确性,更好地发挥辅助决策的作用。因此,本文在传统灌区信息管理系统的基础上进一步优化升级,充分利用 GIS 的空间信息处理、数据管理、图形可视化、图/表信息集成管理等方面的技术优势,结合用户实际需求,对大型灌区监测信息实现智能化管理。

基于 GIS 的大型灌区信息化管理不仅仅包括单一的 GIS 开发工具,其具有完整配套的 GIS 技术服务体系(见图 1),包括 GIS 研发平台、数据处理专业软件服务、空间数据库服务等一系列 GIS 技术支撑。

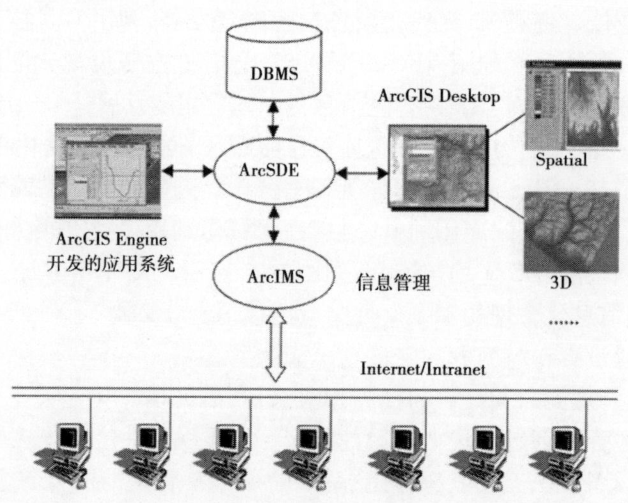

图 1　GIS 技术服务体系示意图

(1) ArcSDE 是一个高效的海量空间数据库引擎,能够将所有的空间数据(包括灌区流域、地形、影像数据、渠系位置、监测点分布等)和相关的灌区监测、属性数据放在统一标准的 DBMS 下进行管理,支持分布式数据管理和多用户并发访问操作。由于行业的特殊性,灌区信息综合数据库具有庞大的数据量,这就要求系统具有海量数据管理功能,同时还应当具有高效、安全、分布式管理等功能特点,确保系统基础的稳定性。因此,在大型灌区信息化管理中可以利用 ArcSDE 结合 SQLServer 商业数据库管理系统,对空间信息、属性数据以及监测数据进行集成管理。

(2) ArcGIS DeskTop 作为 GIS 主流桌面版数据处理软件,提供了一系列工具用于数据采集和管理、可视化、空间建模和分析以及高级制图[7]。不仅支持单用户和多用户的编辑,还可以进行复杂的自动化工作流程。大型灌区监测图形文件、测点空间信息、地图分层界面等数据预处理可以利用 ArcGIS DeskTop 进行操作,为整个信息化管理系统提供数据支撑。此外,灌区信息化管理目前迫切需要的是深层次的、带有辅助决策支持的系统,利用 ArcGIS DeskTop 具备的空间分析功能,以数学模型和决策分析为支撑,便于对各种监测数据进行深层次的研究与分析,能够为有关部门和领导提供科学的计算结果和决策依据。

(3) ArcGIS Engine 是一个基于 ArcObject 的开发工具,为实现系统平台中的相关 GIS 开发与应用提供了一种新的部署策略和资源。ArcGIS Engine 具有完整的开发体系结构,包含了多个控件、组件库、类以及接口[8],涉及地图显示、数据分析、图表统计、信息输出等多个模块化集成开发工具。基于 GIS 的系统建设对象与开发平台是无关的,其能够在各种编程接口中调用,具有良好的可扩展性,由初级搭建到构架完善,可以无缝扩展,系统数据和程序能够平滑移植。有利于大型灌区信息化系统建设从宏观、长远、发展的角度来统筹规划,同时根据现有的条件,有步骤地分步实施。

3.2 地理空间数据库技术

由于 GIS 中管理的灌区数据量增大,为同时满足灌区信息化对数据的集中管理和运行速度两方面的要求,采用地理空间数据库技术进行数据管理。即将空间信息、监测数据与属性信息分开存放在中间数据库平台中,并建立彼此之间的联系与互访机制,以此来定位空间对象的属性信息,构建地理空间数据库。

地理空间数据库的建设过程中主要包括如下三个要素[9]:

(1)空间数据的逻辑组织模型。地理空间数据的主要表现形式为地图,而且它们在数据库中都是以层来组织和表达的。每一层数据有其对应的属性和空间等信息,为便于空间分析,在图层基础上可以建立相应的空间索引。

(2)关系数据库的空间数据设计。关系数据库的层次结构具有和地理数据逻辑组织相似的特点,而且关系数据库是建立在关系模型的基础上的,它的基本组成是表,每个表由列(表字段)、行(表记录)组成,一个数据库则由许多个表组成,这些表之间采用一定的关系组织连接。各个表具有用于描述本层表格自身的特点和可随意添加的多个属性值。

(3)方法。空间数据库管理两类信息对象。一类是流域、测站、工程等地理专业信息,一类是流域、测站、工程的灌区实时数据等属性信息。按照面向对象思想,每种地理目标都可以被抽象为某一类具有公共属性的对象,具有自己的属性。各种对象分层管理,这样就解决了空间数据与属性数据的一体化管理问题。

具体处理流程如图 2 所示:将灌区监测的水情、工情信息与地理空间点、线、面等基本数据结构相结合,通过唯一性地理编码,以属性表关键字和文件空间对象标识相对应的方法,实现监测硬件设备与系统数据库记录一一对应。利用 GIS 提供的硬件设备、监控点以及灌区地理信息等的地理空间属性进行叠加合成,建立地图图形与数据库之间的对应连接关系。进而将复杂多样的灌区信息数据分类型、分图层进行统一管理,建立一个完整的多层次的灌区空间数据库。实现图形空间与监控数据之间的双向查询,将数据库中的信息进行直观的可视分析,发掘隐藏在文本数据中的有用信息,为用户提供一种崭新的决策支持方式。

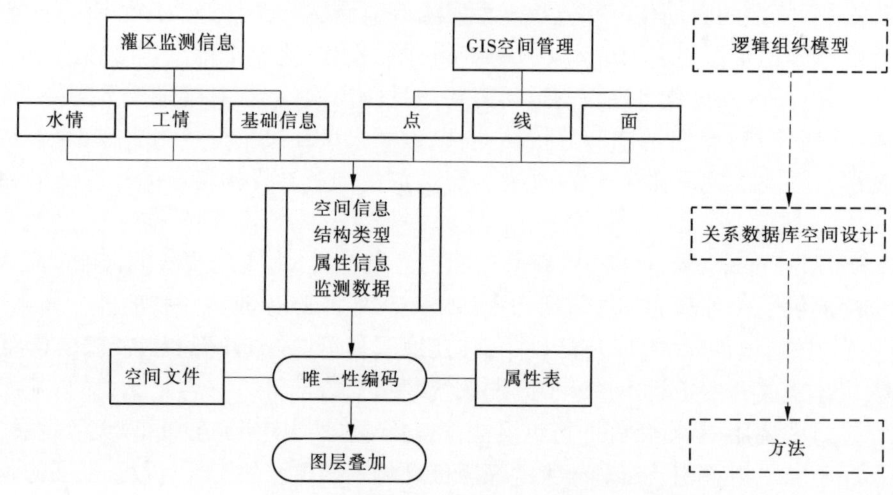

图2　地理空间数据库建设基本流程

4　实施与应用

4.1　系统架构

考虑当前灌区信息管理的弊端并充分利用GIS技术优势,克服监测信息利用率低、多源数据管理不利、信息分析与资源共享不足等问题,基于GIS实施并应用大型灌区信息化管理系统,进一步提升灌区信息化数据管理和应用水平。系统架构以SOA(面向服务的体系结构)为基础,在结合灌区信息管理现状和IT需求的前提下,提出如下的系统架构设计(见图3),自底向上分别为资源层、组件层、服务层、业务层、表现层。

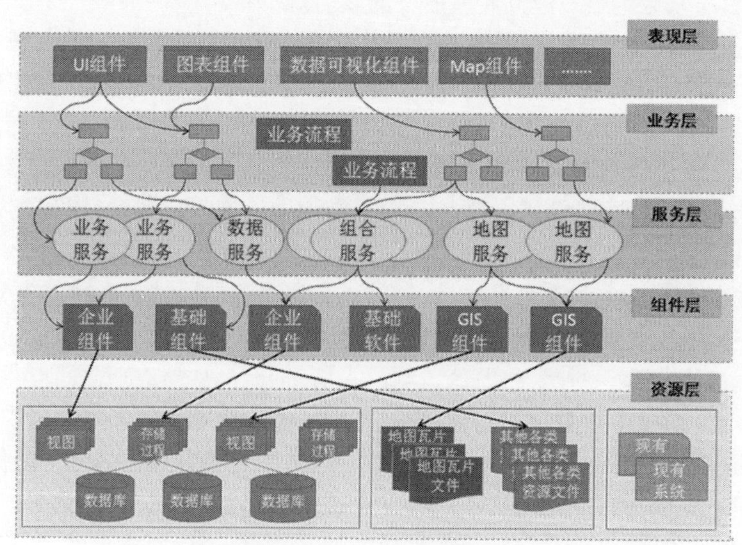

图3　系统开发技术体系结构图

资源层:处理及存储系统的数据,业务组件通过DAO(数据访问对象)接口实现对数据资源的操作。外部系统接口组件提炼、封装了对外部系统的访问,向使用者－组件层提供统一的 API(应用程序编程接口),隐藏调用的细节同时降低外部系统和核心业务组件的耦合。本项目所涉及的资源层包含:数据库资源及通过业务规则梳理出的数据视图和存储过程;通过 GIS 工具将空间数据加工生成的地图瓦片数据;各类电子文件;现有系统的程序资源等。

组件层:提供 GIS 功能、接口服务功能以及数据资源访问的基础组件,包括经过封装的资源融合访问组件等。通过一系列组件服务形成统一的资源服务化接口,达到高效集约地访问资源,同时有效地监管服务分发的目的。

服务层:服务层隐藏了业务逻辑层的细节,提供业务服务、组合服务、数据服务、地图服务等。基于规范来进行组织,利用契约接口封装,提供更宏观的、面向表现层的服务逻辑。

业务层:此层包含系统所需业务过程上的实现,并与下层服务层进行交互。根据大型灌区信息管理的业务需求,将相关的领域规则加以抽象和归纳形成一系列的业务流程和模型。这些规则或者领域模型向上接收用户指令和参数,向下从服务层获取相关的数据服务资源,最终经过模型和规则的分析、判断、计算、处理等环节后提供给上层表现层相应的结果输出。

表现层:此层的职责在于数据和交互动作的输入、输出的展示。具体负责业务逻辑层以及 UI 用户界面之间的数据交互,并且尽可能地让 UI 逻辑不依赖于 UI 技术。这一层包含了一系列的 UI 组件,如图表组件、地图组件、UI 交互组件、数据可视化组件等。

4.2 功能实现

系统基于 GIS 技术,实现了上下游水位、土壤墒情、灌区降雨量、闸阀开合度等信息的存储管理、信息查询、智能预警、统计曲线、报表、视频查看、分析与模型、项目管理等功能。帮助管理人员对灌区监测数据进行信息管理,快速高效完成监测报告的编写,并利用现有数据信息对灌溉分析与决策、渠系调度、优化控制等做出准确的分析判断,实现大型灌区信息化管理。具体功能包括(见图 4):

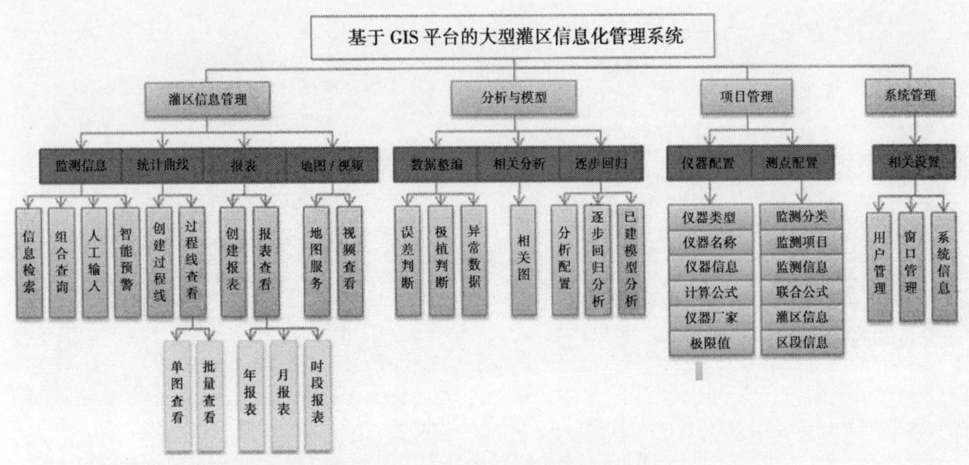

图 4 基于 GIS 的大型灌区信息化管理系统软件功能设计

(1)灌区信息管理:主要包括监测信息查询、历史测值统计曲线显示(见图 5)、监测数据报表管理、地图服务以及视频监控查看等功能。实现灌区渠道水位、土壤墒情、灌区降雨量、闸门开合度等监测数据的检索查询;支持多测点多设备的组合查询并形成报表、过程线分组;可以自定义创建过程线和报表分组,并根据用户需求批量生成过程线样式;能够通过系统平台实现地图服务以及调用灌区视频监控系统。

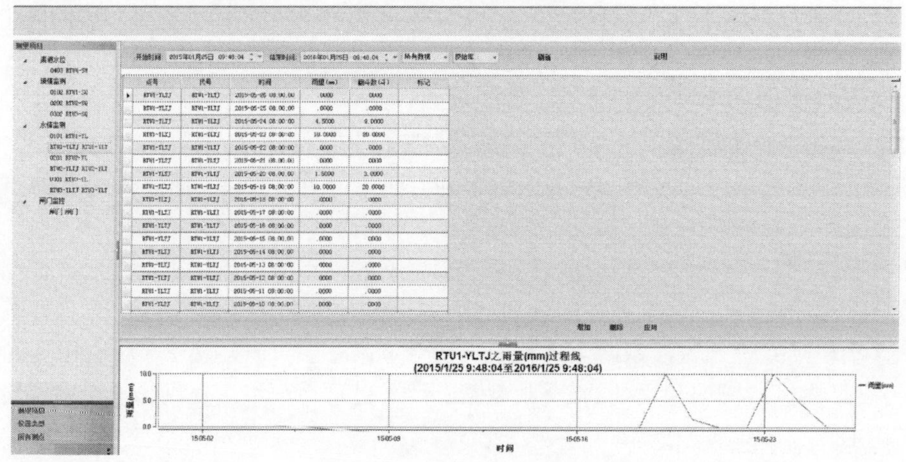

图5　信息查询显示界面

(2)分析与模型:通过对灌区监控采集数据进行误差判别、极值判断和异常数据甄别等操作,实现监测数据整编,提供可靠性较高的监测数据;利用对灌区监测信息等相关参数设定,建立分析模型对灌区信息进行相关性分析和逐步回归分析(见图6)。

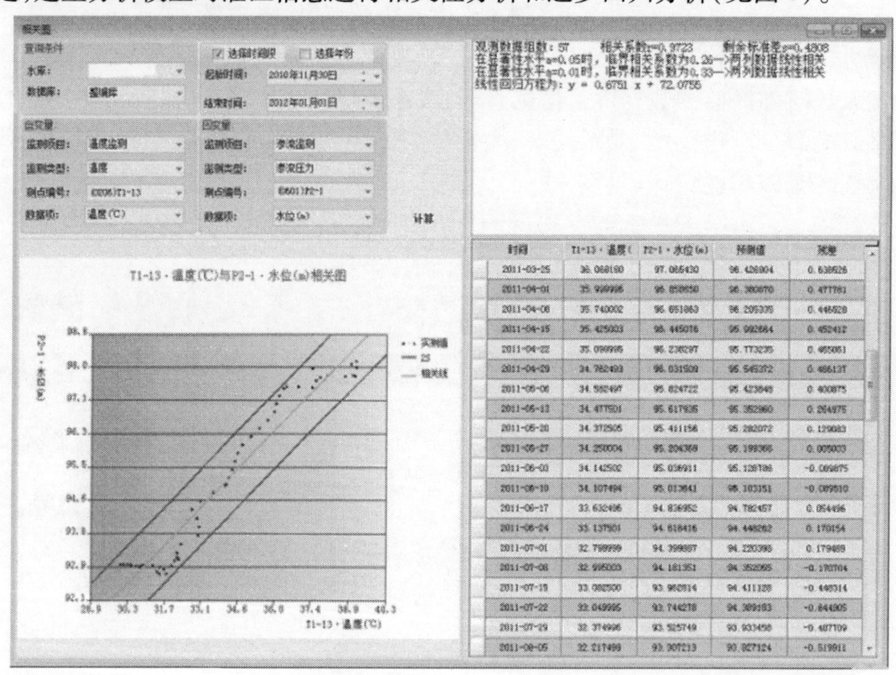

图6　监测信息分析界面

(3)项目管理:针对项目中的仪器和测点进行批量化管理,实现任意灌区监测仪器类型、基本信息、计算公式、生产厂家的增加、删除和编辑的精细化管理操作,并支持仪器与测点相关对应,对灌区自动化监测的监测项目、灌区信息、监测类别进行管理。

(4)系统管理:实现系统用户的统一管理,提高系统平台操作的安全性,并通过窗口管理和系统信息管理等功能,增强系统的可操作性和用户友好性。

5 总结与展望

针对目前大型灌区信息化管理存在的一些问题与弊端,充分利用地理信息系统(GIS)技术的优势,构建基于 GIS 平台的大型灌区信息化管理系统,并对相应关键技术开展研究与应用。实现方案,研究成果表明:GIS 可以在大型灌区信息化管理领域得到良好应用,能够提升数据管理效率、信息展示的直观性以及统计分析的可靠性,并进一步提高和优化灌区信息管理水平。今后将 GIS 与物联网、云计算等新兴信息技术相结合,构建大型灌区智能化辅助决策平台是下一步工作的重点。

参考文献

[1] 刘海燕,王光谦,魏佳华,等. 基于物联网与云计算的灌区信息管理系统研究[J]. 应用基础与工程科学学报,2013,21(2):195-202.

[2] 陈静. 基于 GIS 的灌区水资源管理信息系统研发[D]. 西安:西北农林科技大学硕士学位论文. 2008.

[3] 李晓辉,刘建印. GIS 在灌区信息化中的应用[J]. 百家论坛,2010(6):217-218.

[4] 袁舜承. 基于 GIS 的灌区智能管理平台的设计与应用[J]. 水电站机电技术,2015,38(10):23-25.

[5] 郭毅,白鹏,王智宏,等. 灌区信息化系统的设计与关键技术研究[J]. 中国农村水利水电,2005(2):26-29.

[6] 黄杏元,马劲松,汤勤. 地理信息系统概论[M]. 北京:高等教育出版社,2001.

[7] 邓晓斌. 基于 ArcGIS 两种空间插值方法的比较[J]. 地理空间信息,2008,6(6):85-87.

[8] 李崇贵,陈峥,丰德恩,等. ArcGIS Engine 组件式开发及应用[M]. 北京:科学出版社,2012.

[9] 程昌秀. 空间数据库管理系统概论[M]. 北京:科学出版社,2016.

【作者简介】 雷雨(1982—),女,工程师,主要从事水利信息化系统集成及研发等工作。E-mail:18462889@ qq. com。

基于物联网的灌区信息采集与监控系统研究

谢红兰[1,3] 李 东[1,3] 王海妹[2,3]

(1. 江苏南水科技有限公司,南京 210012;
2. 水利部南京水利水文自动化研究所,南京 210012;
3. 水利部水文水资源监控工程技术研究中心,南京 210012)

摘 要 充分利用物联网技术优势,对灌区信息物联网建设、多元化通信传输以及多线程智能处理等关键技术开展研究,建设基于物联网的灌区信息采集与监控系统,实现灌区信息的实时采集、智能监控、物物相连以及资源共享,进一步优化和加强灌区信息采集与监控系统的整体性能,满足灌区信息智能化信息传输及精准控制的需求,为灌区管理部门提供科学的决策依据。

关键字 灌区信息;物联网;信息采集;监控;多线程处理

Research on Information Collection and Monitoring System of Irrigation District Based on Internet of Things

XIE Honglan [1,3] *LI Dong* [1,3] *WANG Haimei* [2,3]

(1. Jiangsu Nanwch Corporation, Nanjing 210012, Jiangsu; 2. Nanjing Automation Institute of Water Conservancy and Hydrology, Ministry of Water Resource, Nanjing 210012, Jiangsu;
3. Hydrology and Water Resources Engineering Research Center for Monitoring, Ministry of Water Resources, Nanjing 210012, Jiangsu)

Abstract Making full use of the advantage of the Internet of things technology, and research on key technology of construction for internet of things on irrigation distinct, diversified communication and multi thread intelligent processing. Construction irrigation information acquisition and monitoring system based on internet of things. Realized irrigation information real-time acquisition, intelligent surveillance, physical objects connected and resource sharing. To further optimize and strengthen the overall performance of the irrigation district information acquisition and monitoring system, and meeting the needs of irrigation information intelligent information transmission and precise control. provide scientific basis of decision making for the irrigation management department to.

Key words Irrigation district information; Internet of things; Information collection; Monitoring; Multi thread processing

1 概 述

灌区信息采集与监控是灌区信息化建设的重要内容,即充分利用现代信息技术定时或实时采集灌区信息,研究灌区墒情预报的趋势性模型,建立分布式灌区调度模型,并对相关水利设施进行智能自动监控,实现灌区信息资源的深入开发和广泛利用。传统的灌区管理以手工作业为主,管理者无法及时掌握灌区的信息变化和设备运行情况,造成水资源分配不均和浪费,无法达到全天时、全天候、精准农业灌溉的目标。近年来,先进的计算机技术已经应用到灌区信息化建设中,灌区信息采集与监控软件大量开发,初级的灌区信息化系统建设方案已经较为成熟,灌区管理取得了显著的成效,极大提高了信息采集和处理的准确性以及数据传输的实时性。

与此同时,灌区信息化建设还存在一些问题,比如系统建设缺乏统一规划和管理,监测硬件设备、软件功能、管理人员等多方之间对应关系不明确;监测区域受当地条件和环境的局限,数据采集与信息交换的通信方式较为单一,对互联网资源的挖掘与应用还不够深入;“信息孤岛”造成信息交换与资源共享匮乏,信息采集和监控的智能化程度处于较低应用水平等。这些问题严重阻碍了灌区走向高效节水、科学管理、良性运行的信息化建设的目标,制约了灌区信息化系统建设向大规模、高质量的方向发展。近年来,以物联网技术为代表的新兴信息化技术飞速发展,物联网技术利用局部网络或互联网等通信技术把传感器、控制器、人员和物等通过新的方式联在一起,形成人与物、物与物的相互关联。实现信息化、远程管理控制和智能化的网络,为灌区信息化建设提供了新的思路和途径。

因此,基于物联网技术的优越性,并总结前人对灌区信息采集与监控系统的研究成果与经验[1-4],通过建立灌区信息物物相连的网络体系,开展物联网技术、多元化通信传输、多线程智能处理等关键技术的研究工作,并构建基于物联网的灌区信息采集与监控系统,实现灌区信息的实时采集、智能监控、物物相连以及资源共享,对提升灌区自动化采集和智能管理水平,促进灌区信息化建设工作的持续发展具有重要的意义。

2 关键技术

2.1 物联网技术

物联网是新一代信息技术的重要组成部分,也是“信息化”时代的重要发展阶段。物联网即物物相连的互联网,其核心和基础仍然是互联网,是在互联网基础上延伸和扩展的网络。把所有物品通过信息传输设备与互联网建立连接,实现物与物之间的智能化识别和管理[3]。物联网通过智能感知、识别技术、传感器、普适计算等通信感知技术,对所有需要监测、控制的数据进行实时采集,通过网络实现物、人、数据的相互关联,最终实现对监控过程智能化的识别和管理。因此,灌区信息采集与监控系统可以充分利用物联网全面感知、可靠传输和智能处理的特征,随时随地对灌区信息进行识别、感知、捕获和测量,并通过灌区多样化通信技术,达到监控信息的交互与共享,以及海量数据的智能决策与处理的目的。

结合物联网通用架构来看,灌区物联网架构的建设可分为三层(见图1):感知层、网络层和应用层[5]。其中,感知层由灌区各种监控传感器以及网关构成,包括传感器、二维码、RFID 标签、摄像头、GPS 等感知终端。感知层是灌区物联网建设中识别物体、采集信息的基础和源头,其具有识别监控设备,采集灌区信息的重要作用;网络层主要用于负责传递和处理感知层捕获的数据信息,由各种私有网络、互联网、无线通信网等组成,实现数据信息的多向交换与分发。应用层是物联网、用户、传感器之间的接口,以灌区信息采集与监控需求为基础,通过结合 GIS、云计算、大数据挖掘等技术实现物联网的智能应用。

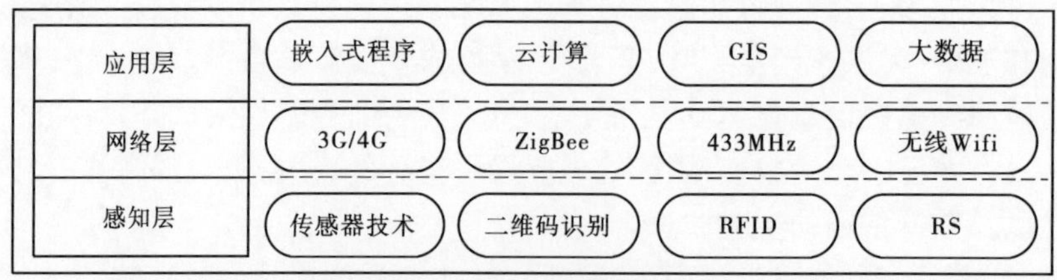

图1　物联网技术架构示意图

构建灌区物联网的关键是形成物物相连的网络体系,在灌区监测与控制过程中包含的物以及它们之间的关系如表1所示。主要由渠系、硬件设备、软件、监测项目、人员、水利设施以及应用主体七大类组成,几乎涵盖了灌区信息监测和控制的所有主体单元。对每一个"物"的个体之间建立逻辑明晰但是关系复杂的网络体系。明确物与物之间的联系关系,通过对任意个体单元的检查都能够检索到与之相关的任意物体终端,进而实现灌区信息采集与监控的精细化管理,提高系统建设和应用效率,为信息决策提供有力支撑。

表1　灌区物联网"物"体系分类表

类型	内容
渠系	水源地、主渠、支渠、地下水、田间水、蓄水池
硬件设备	水位计、雨量计、土壤墒情传感器、流速仪、RTU、摄像头
软件	数据库、采集软件、监控软件、操作系统、功能模块
监测项目	水位、雨量、土壤墒情、温度、蒸发量、流速、流量
人员	组织机构、单位、个人、部门、厂家
水利设施	闸门、泵站、机井
应用主体	农作物、土壤、田地、水塘

2.2　多元化通信传输技术

针对目前灌区的信息传输手段单一,数据采集实时性和稳定性不佳的问题,基于物联网技术,以 GPRS、433MHz、ZigBee 等多种通信相结合的方式,利用无线与有线通信相互配合、优势互补,充分发挥各类通信传输方式的技术优势,实现灌区信息多元化通信采集(见图2)。

为完成上述功能,灌区信息监测与控制系统程序采用模块化设计,各模块相对独立地完成各自功能。对外提供数据交换通用接口,当需要调用某一模块时,只需要提供接口参数,相关程序模块即可完成指定的任务。其中,网络通信模块和数据处理模块在通信传输过程中起到十分重要的作用。网络通信模块:接收 GPRS 信道上传的数据和控制命令的下达。RTU 和监控中心之间选择 TCP 作为传输层协议,通信服务程序支持同多个遥测站并行通信,该模块负责侦听遥测站端发起的连接请求,当一个新的 RTU 发起连接请求时,该模块创建一个独立的线程处理此连接。数据处理模块:对网络接口接收到的数据帧按

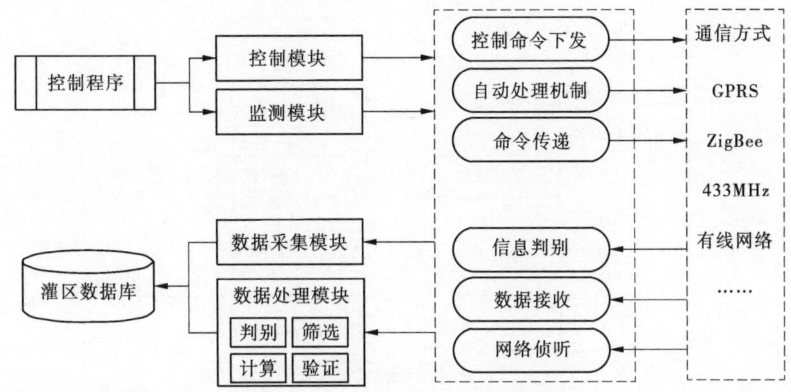

图2 多元化通信传输流程示意图

照通信规约进行解析,对相应数据进行处理并存入数据库。

基于物联网的灌区信息采集与监控系统采用面向连接的 TCP 协议,根据连接启动的方式以及本地套接字要连接的目标,Socket 建立连接需要经过服务器监听、客户端请求、连接确认三个步骤[6]。当 Socket 建立连接后便可以接收 GPRS DTU 上传的数据,系统软件对数据进行异步接收并同时对数据包进行合法性判断,根据通信规约把接收到的数据流组合成一个完整数据包,然后交由数据处理模块,由数据处理模块根据功能码字段进行解析,判断接收的数据包性质,并提取相应数据,将数据存储到数据库中。

2.3 多线程数据处理

根据灌区信息采集与监控系统的需求分析,系统建设主要包括有闸门监控、水情监控和土壤墒情监控等。由于不同地区灌区建设条件存在差异性,通信方式可能会存在多种组合形式(如水情监测 RTU 采用 GPRS 通信方式,土壤墒情模块采用433MHz 无线通信方式,闸控机柜采用有线通信方式)。同时不同监测项目由于硬件设备来自不同厂商,通信协议很可能各不相同。基于这种情况,为了使采集与监控软件既能控制闸门又能采集水情、墒情信息,同时还能对其他类型的数据进行处理,可以采用多线程数据处理模式,从而解决不同服务之间的响应冲突,提高采集计算机 CPU 的使用效率。

操作系统中,程序是由若干进程组成的,而每一个进程又包含了多个线程,线程之间是并行的,所以多项任务可以在同一个程序中并发执行[7]。但如果线程用的过多且处理不合理,可能会造成不同线程竞争共享资源、死锁等问题。因此,灌区信息采集与监控系统软件合理地利用线程池这种多线程处理形式,提升多线程数据处理的性能。软件中开启的线程主要有 TCP 监听线程、数据处理线程,流程如图 3 所示:以灌区信息监测为例,多线程处理以参数初始化开始,对监测的 TCP 线程进行实时监听,如侦听到水位 DTU 连接请求后,接收 TCP 连接请求并创建一个线程连接用于处理、接收数据流,直至连接断开,清空连接信息并关闭线程。在此过程期间,TCP 始终保持监听状态,如果发现雨量、土壤墒情、闸门开合度等其他信息连接请求,自动重新创建线程用于数据流接收,避免不同服务之间的响应冲突。另一方面监听线程结束后,进行数据处理和智能判别,根据识别和捕捉的多线程信息、灌区水资源调度算法和农作物生长模型等,实现灌区信息的智能处理、水利设备的自动控制以及农业水资源的精准调度。

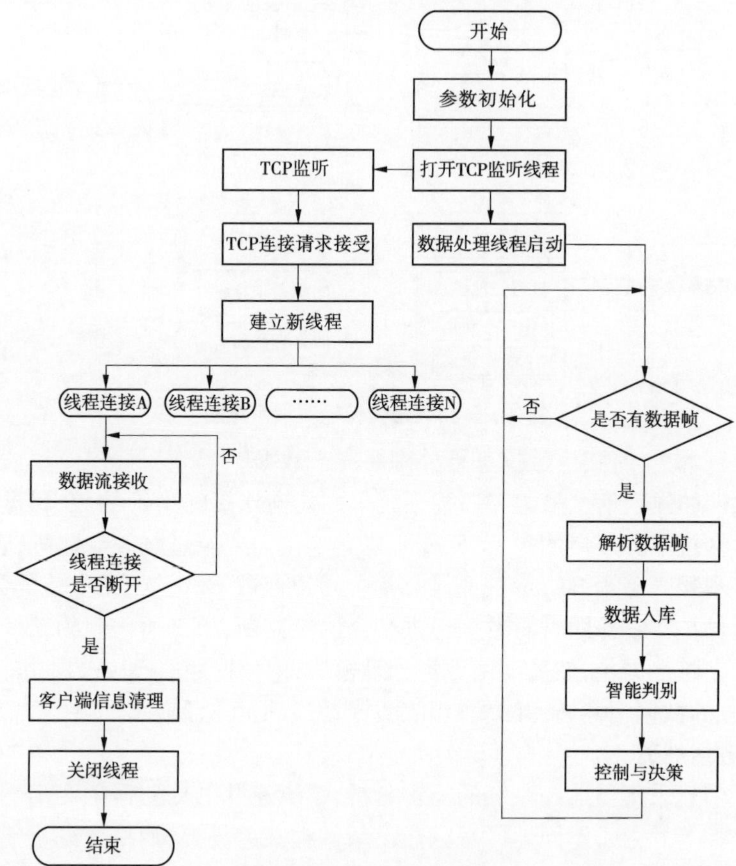

图3　多线程数据处理流程

3　实施与应用

基于物联网技术,通过对灌区物联网组建、多元通信传输、多线程处理技术等关键技术的研究,构建新型灌区信息采集与监控系统。克服了灌区信息化建设过程中监测个体关系不明确、采集手段落后、信息传输方式单一、智能分析应用水平较低等问题,进一步提升灌区信息化数据采集与智能化监控管理的应用水平。

3.1　设备选型

设备选型是基于物联网的灌区信息采集与监控系统建设的重要任务,灌区设备主要包括监测传感器、RTU、电源和网络设备等。硬件的优劣对整个系统能否稳定、高效运行起到至关重要的作用。通常设备选型从通信方式、传感器、供电方式以及RTU设备性能等几个方面进行比较和选择。其中,RTU和传感器是信息化系统建设中十分重要的组成部分。RTU是灌区水情信息监测的常用设备,功能以水情参数采集、存储、显示和传输控制为主。包括模拟量数据采集、数字采集式、频率采集式几种工作方式,需要综合考虑RTU的可靠性、稳定性、功耗程度、环境适应能力等多个方面,根据不同的应用需求分别进行选择。传感器作为灌区信息监测的最底层终端,主要分为压力式、浮子式、数字视频、超声波和感应式数字液位传感器等几个类型,可以根据不同的监测项目以及预算造价来进行选择。

3.2 系统应用

灌区信息采集与监控系统软件实现了灌区监控数据管理、系统工具、测量控制、查看与窗口等功能模块。具体包括:上下游水位、土壤墒情、灌区降雨量、闸阀开合度等信息的智能接收与实时控制,并提供监测数据浏览、图表统计、数据库备份、辅助决策等功能。满足灌区信息智能化信息传输及精准控制的需求,帮助管理人员及时接收和控制灌区监测实时信息。具体功能包括:

(1)数据管理模块:包括在线监测、测值记录浏览、图表统计功能。在线监测根据监测项目类别,利用互联网实时在线监测灌区水情、墒情、工情、气象等基本信息;测值记录浏览可以查看所有测点在所选时间段内的历史测量数据和历史成果,也可以按点号或箱号分类查看历史测量数据和历史成果(见图4);图表统计功能提供查看每个测点的日、月和年测值过程线服务。对每一个测点可能有1~3条测值过程线和1~3条成果过程线(由仪器决定),分别以不同的颜色绘制。每个测点的每一条过程线的坐标轴比例都是可以调整的,用户可根据该仪器的实际测值范围进行实时调整,同时可查看过程线所对应的测值记录。

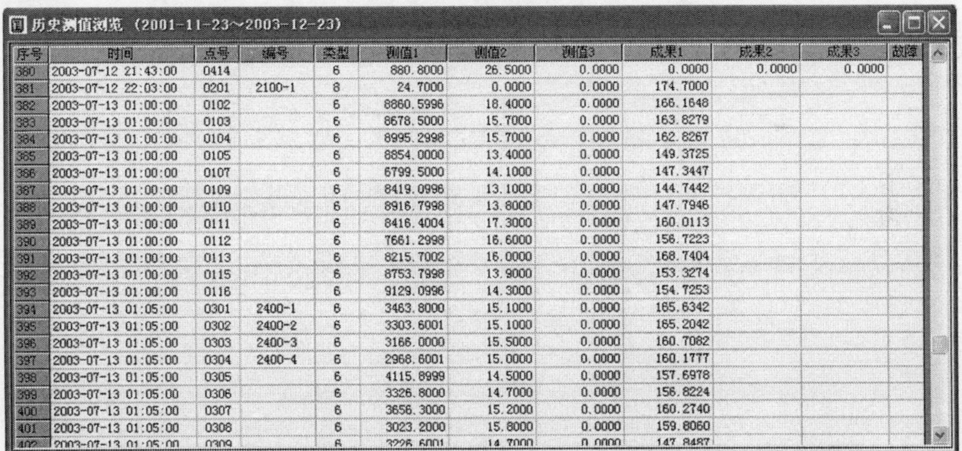

历史测值浏览 (2001-11-23~2003-12-23)

序号	时间	点号	编号	类型	测值1	测值2	测值3	成果1	成果2	成果3	故障
380	2003-07-12 21:43:00	0414		6	880.8000	26.5000	0.0000	0.0000	0.0000	0.0000	
381	2003-07-12 22:03:00	0201	2100-1	8	24.7000	0.0000	0.0000	174.7000			
382	2003-07-13 01:00:00	0102		6	8860.5996	18.4000	0.0000	166.1648			
383	2003-07-13 01:00:00	0103		6	8678.5000	15.7000	0.0000	163.8279			
384	2003-07-13 01:00:00	0104		6	8995.2998	15.7000	0.0000	162.8267			
385	2003-07-13 01:00:00	0105		6	8854.0000	13.4000	0.0000	149.3725			
386	2003-07-13 01:00:00	0107		6	6799.5000	14.1000	0.0000	147.3447			
387	2003-07-13 01:00:00	0109		6	8419.0996	13.1000	0.0000	144.7442			
388	2003-07-13 01:00:00	0110		6	8916.7998	13.8000	0.0000	147.7946			
389	2003-07-13 01:00:00	0111		6	8416.4004	17.3000	0.0000	160.0113			
390	2003-07-13 01:00:00	0112		6	7661.2998	16.6000	0.0000	156.7223			
391	2003-07-13 01:00:00	0113		6	8215.7002	16.0000	0.0000	168.7404			
392	2003-07-13 01:00:00	0115		6	8753.7998	13.9000	0.0000	153.3274			
393	2003-07-13 01:00:00	0116		6	9129.0996	14.3000	0.0000	154.7253			
394	2003-07-13 01:05:00	0301	2400-1	6	3463.8000	15.1000	0.0000	165.6342			
395	2003-07-13 01:05:00	0302	2400-2	6	3303.6001	15.1000	0.0000	165.2042			
396	2003-07-13 01:05:00	0303	2400-3	6	3166.0000	15.5000	0.0000	160.7082			
397	2003-07-13 01:05:00	0304	2400-4	6	2968.6001	15.0000	0.0000	160.1777			
398	2003-07-13 01:05:00	0305		6	4115.8999	14.5000	0.0000	157.6978			
399	2003-07-13 01:05:00	0306		6	3326.8000	14.7000	0.0000	156.8224			
400	2003-07-13 01:05:00	0307		6	3656.3000	15.2000	0.0000	160.2740			
401	2003-07-13 01:05:00	0308		6	3023.2000	15.8000	0.0000	159.8060			
402	2003-07-13 01:05:00	0309		6	3226.6001	14.7000	0.0000	147.8487			

图4 测值记录浏览功能界面

(2)系统工具模块:包括对监测采集通信参数进行设置、明确数据源、监测测点参数设定、系统安全口令设置等功能。系统选项功能如图5所示,可以设置系统运行时所需要的所有参数,包括通信口数量(MCU通信口、GSM通信口和墒情通信口)、通信对象、波特率、数据源等;测点参数设置支持系统内各测点的基本信息、计算参数及计算公式的设置功能,确保任意测点仪器都有特定的参数信息,实现测点的精细化、定量化管理;数据库备份管理功能用于备份和还原数据库中的测量数据与系统信息,保障系统运行时数据的安全性和可靠性,做到人机交互数据库定期备份和管理。

(3)测量控制模块:包括闸门泵站控制、数据自动接收功能,支持对灌区闸阀启闭的实时控制,以及对灌区水位、土壤墒情的信息的监测采集。其中闸门控制提供对灌区闸门

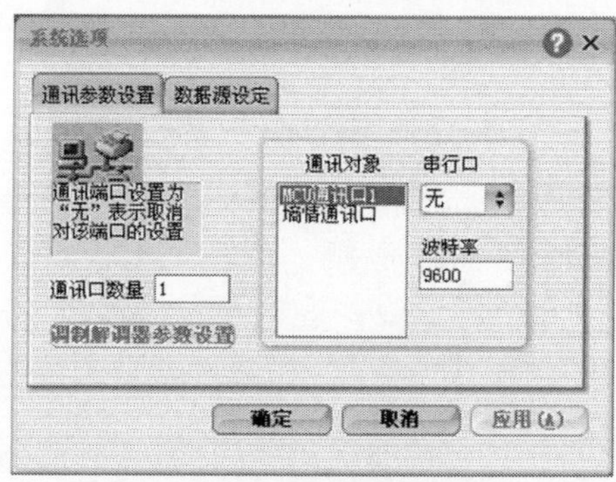

图5　系统选项功能界面

状态进行实时监测与控制功能(见图6),通过人机交互的方式,支持用户对灌区闸门进行远程监控,包括闸门启闭、闸门开合度控制等。并可以实时接收闸控信息,对闸位、水位、雨量信息进行自动化定时接收;数据自动接收界面显示实时接收数据情况,通过后台程序对监控灌区进行智能化信息采集与数据接收。

图6　闸门控制功能界面

4　总结与展望

通过对物联网等新兴信息化技术进行研究,充分利用其技术优势应用于灌区信息化建设中,构建基于物联网的灌区信息采集与监控系统。新型系统能够克服灌区硬件设备、软件功能以及管理人员等多方关系模糊,数据采集与信息交换的通信方式单一,互联网资源的挖掘与应用不深入,信息处理的智能化水平较低等弊端。进一步提高灌区信息采集与监控系统的整体效率,同时能够结合对灌区数据的管理,做出及时、准确的反馈和预测,为灌区管理部门提供科学的决策依据,提升灌区自动化采集和智能管理水平。今后与云计算和移动终端相结合,建立更加便携、灵活和智能的灌区信息化管理平台是下一步工作的重点。

参 考 文 献

[1] 王冠宇,等. 初识物联网[J]. 自动化技术与应用,2011,30(6):34-40.

[2] 刘海燕,王光谦,魏加华,等. 基于物联网与云计算的灌区信息管理系统研究[J]. 应用基础与工程科学学报,2013,21(2):195-202.

[3] 谢崇宝,张国华,高虹,等. 我国灌区用水管理信息化软件系统研发现状[J]. 节水灌溉,2009(2).

[4] 蔡书军. 浅谈水利信息化建设主要目标及发展趋势[J]. 创新科技,2013(6).

[5] 郝秋岩,王林辉. 浅谈灌区利用物联网技术提高水利用系数[J]. 吉林水利,2013(5).

[6] 朱程,戚晓明. 物联网技术在水利信息化中的应用研究[J]. 赤峰学院学报(自然科学版),2013,29(8):28-29.

[7] 姜杰. 物联网技术在水利信息化中的应用[J]. 网络天地,2015(2).

【作者简介】 谢红兰(1966—),女,江苏南京人,工程师,从事工程安全监测仪器设备生产与管理、项目建设与管理等工作。E-mail:Xiehonglan@ nsy. com。

安全监测技术及其他

测缝计在毛滩河三层岩水电站大坝安全监测中的应用*

谢红兰[1,2]　张忠举[1,2]

（1. 江苏南水科技有限公司，南京　210012；
2. 水利部水文水资源监控工程技术研究中心，南京　210012）

摘　要　碾压混凝土坝在施工过程中最容易发生的问题是裂缝，这关系到大坝的质量和安全，是施工和运行过程中特别关注的问题，通过布设测缝计能观测到关键部位裂缝的开合度和坝体温度，对检验设计、指导施工、全面掌握和了解大坝的施工质量、运行状况等都起到非常重要的作用。

关键词　测缝计；水电站大坝；安全监测；数据分析

Application of Slit Gauge in Dam Safety Monitoring of Maotan River Sancengyan Hydropower Station

XIE Honglan[1,2], *ZHANG Zhongju*[1,2]

(1. Jiangsu Nanwch Corporation, Nanjing 210012, Jiangsu; 2. Hydrology and Water Resources Engineering Research Center for Monitoring, Ministry of Water Resources, Nanjing 210012, Jiangsu)

Abstract　The problem that the roller compacted concrete dam is the most easy to happen in the construction process is the crack, which is related to the quality and safety of the dam, and it is a special concern in the course of construction and operation. By laying slit gauge can observe the key parts of the degree of opening of cracks and dam temperature, it plays a very important role in designing and construction, fully grasping and understanding the quality of construction of the dam, health and so on.

Key Words　Slit gauge; Dam of hydropower station; Safety monitoring; Data analysis

1　工程概述

毛滩河为乌江流域七曜山脉以东郁江右岸的一级支流，属乌江流域，发源于重庆市石柱县金铃乡七曜山袁家湾，南流经金铃、金竹、新乐乡，于新乐乡九蟒村吴家湾流入湖北省利川市文斗区域，再南偏东于龙口处汇入郁江。河长 27 km，流域面积 231 km^2，河口流量

*基金项目：该课题得到水利部公益性行业专项经费“大坝安全检测与监测技术标准化关键技术研究”(201401022)资助。

6. 63 m^3/s。

毛滩河三级电站(三层岩电站)坝址位于石柱县新乐乡九蟒村附近的滴水潭峡谷,坝址以上控制流域面积 158. 63 km^2,河长 18. 75 km,河道平均比降 29. 50‰。电站厂房位于石柱县新乐乡九蟒村附近的三层岩,厂房布置于毛滩河左岸,厂址以上控制流域面积 185. 35 km^2,河长 24. 91 km,比降 23. 53‰。

毛滩河三层岩水电站大坝是碾压混凝土大坝,混凝土拱坝采用混凝土圆弧线等厚度双曲拱坝,左右岸对称布置,拱坝中心线顺河床布置。最低建基面高程 588. 00 m,坝顶高程 644. 00 m,最大坝高 56 m,拱坝拱冠梁处底厚 12. 995 m,厚高比 0. 23,坝顶宽 3. 5 m。

碾压混凝土大坝在施工中分坝段浇筑,由于筑坝材料固有特性,大坝容易产生横缝。在施工中的横缝分三种方式:①临时缝;②永久缝;③半永久缝。为了能及时了解毛滩河三层岩水电站大坝的缝变化情况,根据设计监测,在施工中布置 32 支测缝计,由此可见观测的重要性。测缝计埋设部位如图 1 所示。

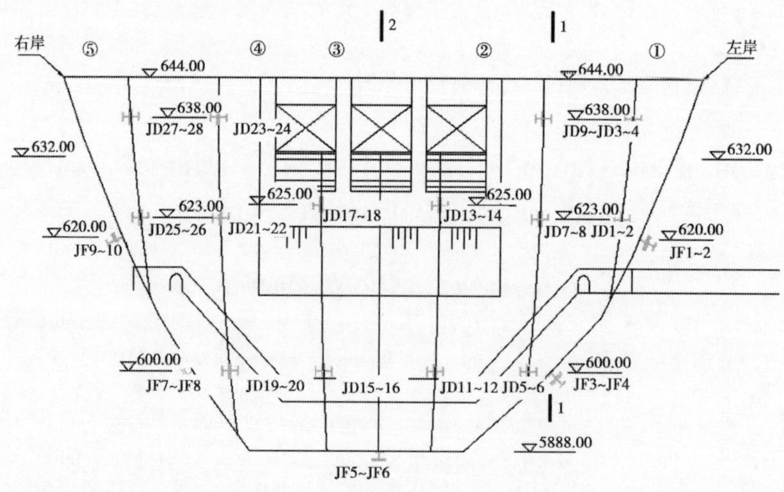

图 1 大坝测缝计监测立视图

2 测缝计工作原理与计算

埋设在大坝内部的测缝计采用振弦式测缝计,其仪器工作原理与计算方法如下。

2.1 仪器组成

振弦式测缝计由前后端座、保护筒、观测电缆、振弦及激振电磁线圈等部件组成,如图 2 所示。

2.2 测缝计的工作原理

当被测结构物发生变形时将会带动测缝计变化,通过前、后端座传递给振弦使其产生应力变化,从而改变振弦的振动频率。电磁线圈激振振弦并测量其振动频率,频率信号经观测电缆传输至读数装置,即可测出被测结构物的变形量。同时可同步测量埋设点的温度值。

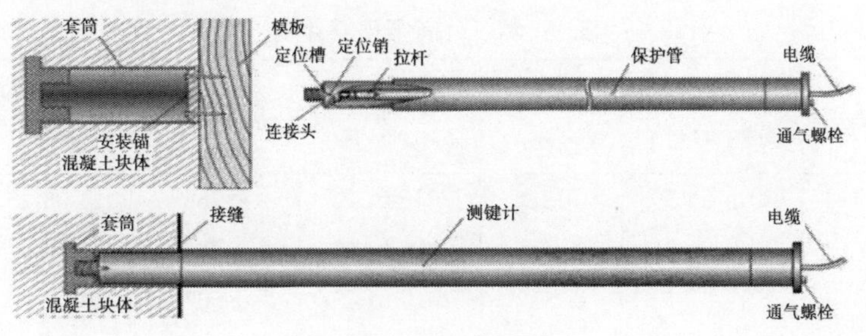

图 2 测缝计结构组成

2.3 计算公式

(1)当外界温度恒定测缝计仅受到轴向变形时,其变形量 J 与输出的频率模数 ΔF 具有如下线性关系:

$$J = K\Delta F$$

$$\Delta F = F - F_0$$

式中:J 为测缝计的测量值,mm;k 为测缝计的测量灵敏度,mm/F;ΔF 为测缝计实时测量值相对于基准值的变化量,F;F 为测缝计的实时测量值,F;F_0 为测缝计的基准值,F。

(2)当测缝计不受外力作用时(仪器两端标距不变),而温度增加 ΔT 时,测缝计有一个输出量 $\Delta F'$,这个输出量仅仅是由温度变化而造成的,因此在计算时应给以扣除。实验可知 $\Delta F'$ 与 ΔT 具有如下线性关系:

$$J' = k\Delta F' + b\Delta T = 0$$

$$k\Delta F' = -b\Delta T$$

$$\Delta T = T - T_0$$

式中:b 为测缝计的温度修正系数,mm/℃;ΔT 为温度实时测量值相对于基准值的变化量,℃;T 为温度的实时测量值,℃;T_0 为温度的基准值,℃。

(3)布设在混凝土结构物或其他材料结构物内及表面上的测缝计,受到的是变形和温度的双重作用,因此测缝计一般计算公式为:

$$J_m = k\Delta F + b\Delta T = k(F - F_0) + b(T - T_0)$$

式中:J_m 为被测结构物的变形量,mm。

3 监测成果分析

通过对测缝计的测量数据(见表 1)进行分析,累计开合度最大测点编号为 JD1,位置为坝体(625.00)F1,其他测点在 4.457 mm 至 -4.788 mm 之间,缝开合度总体呈缓慢张开趋势,说明坝体混凝土温控措施较好,工程质量详细变化情况见时间—典型开合度变化曲线,如图 3 ~ 图 11 所示。

表 1　测缝计特征值统计表　　(单位:mm)

编号	位置	埋设时间 (年-月-日)	最大值	最大值时间 (年-月-日)	最小值	最小值时间 (年-月-日)	当前
JD1	(625)F1	2014-06-25	10. 386	2015-01-21	-4. 788	2014-08-23	10. 386
JD2	(625)F1	2014-06-06	0. 958	2015-01-21	-0. 284	2014-08-07	0. 939
JD3	(638)F1	2014-07-19	0. 545	2015-01-21	-0. 507	2014-09-10	0. 545
JD4	(638)F1	2014-07-19	1. 680	2015-01-21	-0. 306	2014-07-21	1. 680
JD5	(625)F3	2014-01-03	2. 019	2015-01-19	0. 000	2014-01-03	2. 010
JD6	(625)F3	2014-01-03	0. 174	2015-01-21	-0. 242	2014-10-25	0. 174
JD7	(625)F2	2014-06-02	4. 114	2015-01-21	-0. 029	2014-06-02	4. 114
JD8	(625)F2	2014-05-26	4. 457	2015-01-21	-0. 089	2014-05-26	4. 457
JD9	(638)F2	2014-08-07	1. 906	2015-01-21	-0. 025	2014-08-07	1. 906
JD10	(638)F2	2014-08-07	2. 359	2014-10-23	0. 000	2014-08-07	2. 170
JD11	(591)F3	2013-11-18	2. 044	2014-03-26	-0. 092	2013-11-18	1. 962
JD12	(591)F3	2013-11-12	1. 084	2014-07-20	-0. 246	2013-11-30	1. 001
JD13	(600)F3	2014-01-07	0. 598	2014-12-20	-1. 236	2014-04-27	-0. 105
JD14	(600)F3	2014-01-07	2. 554	2014-04-27	-0. 147	2014-02-11	2. 545
JD15	(625)F3	2014-06-03	1. 452	2014-10-15	-0. 372	2014-08-07	1. 109
JD16	(625)F3	2014-06-04	2. 479	2014-12-20	-0. 198	2014-02-11	2. 387
JD17	(591)F4	2013-11-12	0. 662	2014-03-30	-0. 171	2013-11-20	0. 565
JD18	(591)F4	2013-11-18	0. 876	2014-07-20	-0. 008	2013-11-30	0. 786
JD19	(600)F4	2014-01-07	0. 000	2014-01-07	-0. 206	2015-01-11	-0. 202
JD20	(600)F4	2014-01-07	0. 723	2014-02-27	0. 000	2014-01-07	0. 645
JD21	(625)F4	2014-05-27	0. 753	2014-09-10	0. 000	2014-05-27	0. 515
JD22	(625)F4	2014-06-04	0. 000	2014-06-04	-0. 462	2014-08-16	-0. 252
JD23	(600)F5	2014-01-03	0. 049	2014-06-04	-0. 987	2014-10-25	-0. 953
JD24	(600)F5	2014-01-03	-0. 023	2014-01-03	-0. 312	2015-01-07	-0. 311
JD25	(625)F5	2014-05-08	2. 571	2015-01-21	-0. 121	2014-05-20	2. 571
JD26	(625)F5	2014-05-08	2. 383	2015-01-21	-0. 119	2014-05-20	2. 383
JD27	(638)F5	2014-08-07	4. 114	2014-12-30	0. 000	2014-08-11	4. 015
JD28	(638)F5	2014-08-11	3. 598	2014-12-31	-0. 316	2014-08-16	3. 507
JD29	(620)F6	2014-06-11	1. 608	2015-01-20	-0. 359	2014-06-18	1. 608
JD30	(625)F6	2014-06-11	2. 279	2015-01-20	-0. 153	2014-06-18	2. 279
JD31	(638)F6	2014-07-26	1. 383	2015-01-20	-1. 007	2014-08-12	1. 383
JD32	(638)F6	2014-07-24	1. 549	2015-01-20	-0. 592	2014-08-11	1. 549

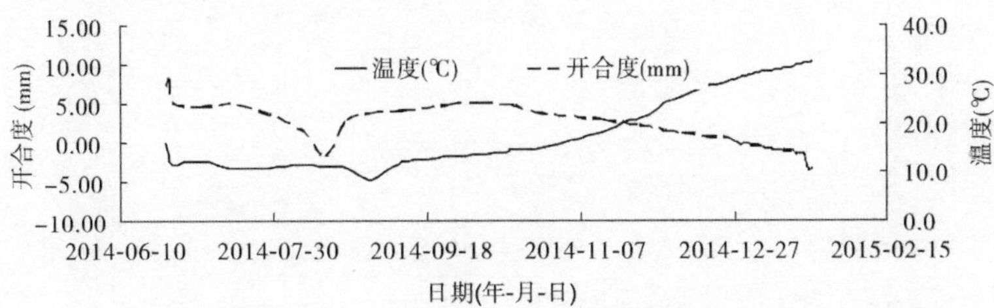

图3　毛滩河三层岩水电站 JD－1 测缝计观测时间－开合度曲线

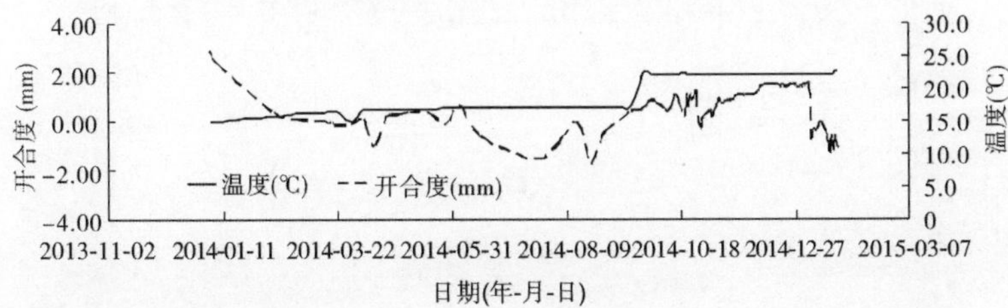

图4　毛滩河三层岩水电站 JD－5 测缝计观测时间－开合度曲线

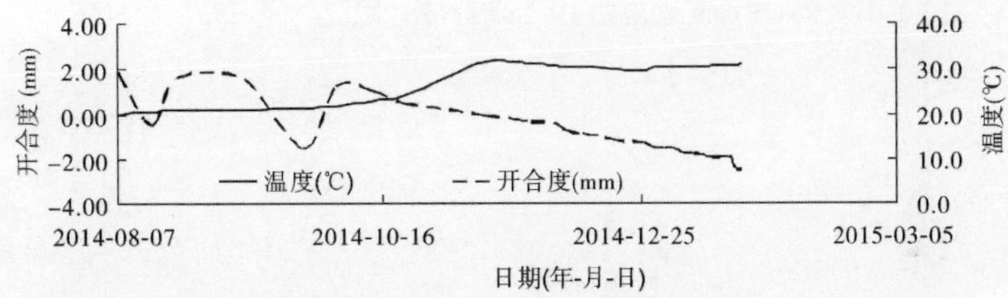

图5　毛滩河三层岩水电站 JD－10 测缝计观测时间－开合度曲线

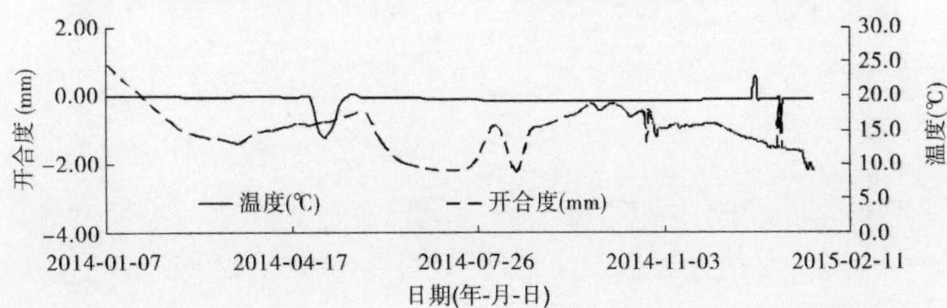

图6　毛滩河三层岩水电站 JD－13 测缝计观测时间－开合度曲线

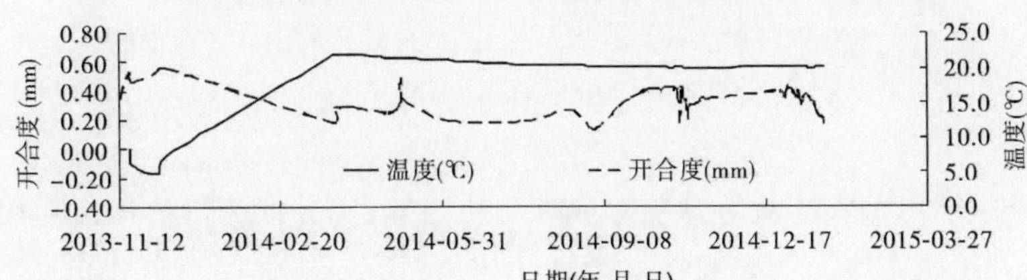

图7　毛滩河三层岩水电站 JD－17 测缝计观测时间－开合度曲线

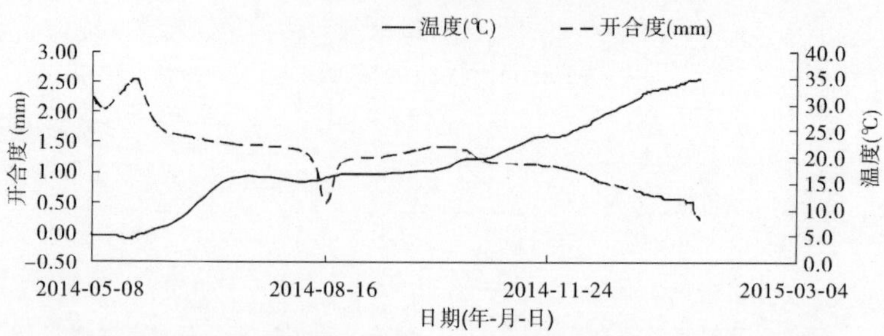

图 8　毛滩河三层岩水电站 JD－25 测缝计观测时间－开合度曲线

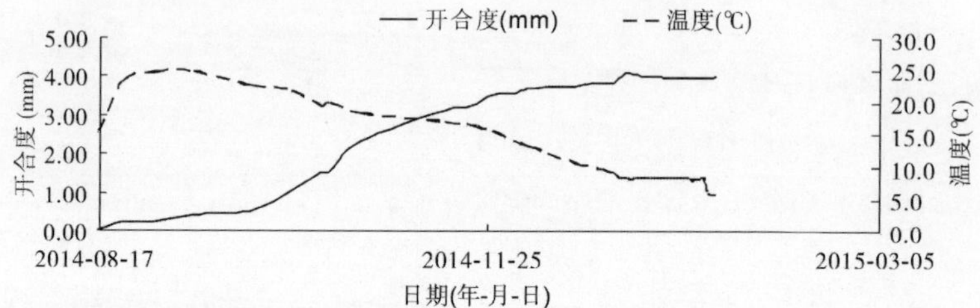

图 9　毛滩河三层岩水电站 JD－27 测缝计观测时间－开合度曲线

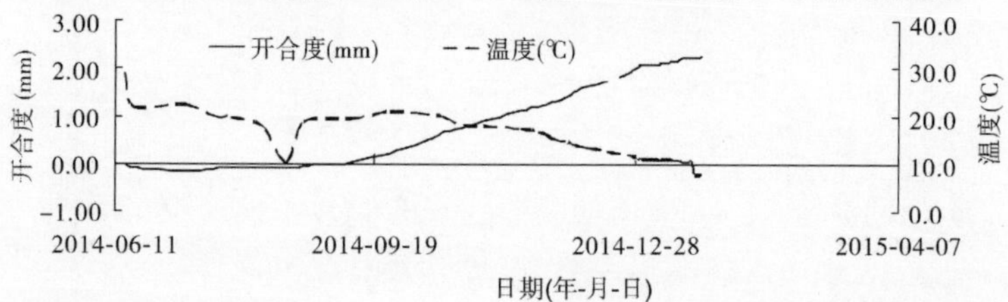

图 10　毛滩河三层岩水电站 JD－30 测缝计观测时间－开合度曲线

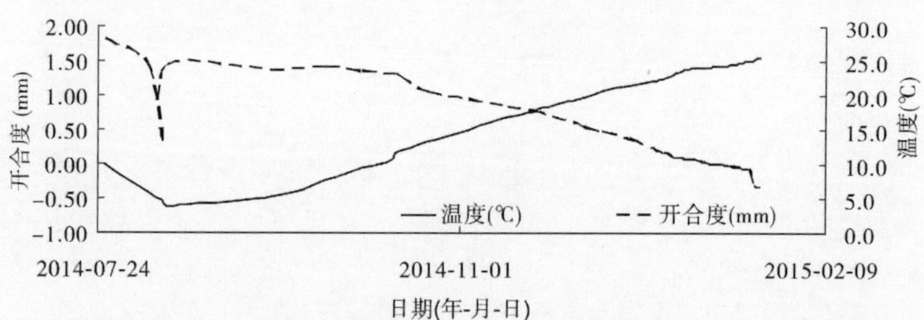

图 11　毛滩河三层岩水电站 JD－32 测缝计观测时间－开合度曲线

4　结　论

毛滩河三层岩电站大坝测缝计监测成果分析得知,测缝计测得的开合度较小,证明灌浆密实,接缝处灌浆水压力的影响较为明显,同时受气温影响,与混凝土的自身膨胀变化等有关。

参 考 文 献

[1] 王德厚,刘景僖,华锡生. 三峡工程安全监测系统仪器布置优化研究[C]//中国水力发电工程学会

大坝安全监测专业委员会 1998 年学术年会暨中青年科技成果报告会论文集 . 1998.

[2] 魏德荣 . 大坝安全监测设计现状及思考[C]//中国水力发电工程学会大坝安全监测专业委员会 1998 年学术年会暨中青年科技成果报告会论文集 . 1998.

[3] 吴鹏举 . 铜街子水电站面板坝三向测缝计资料分析[C]//混凝土面板堆石坝国际研讨会论文集. 2000.

[4] 张明 . 湿喷稠流输送混凝土的可泵性分析[C]//第十三届全国探矿工程(岩土钻掘工程)学术研讨会论文专辑 . 2005.

【作者简介】 谢红兰(1966—),女,江苏南京人,工程师,从事工程安全监测仪器设备生产、项目建设与管理等工作。E-mail:Xiehonglan@ nsy. com。

混凝土面板堆石坝的面板接缝止水修复探讨

杨玉波 姚成林 邓中俊 贾永梅 李 平

(中国水利水电科学研究院,北京 100048)

摘 要 本文通过工程实例,简述了面板接缝止水结构形式,介绍 SR 防渗材料在混凝土面板堆石坝接缝中的应用,为混凝土面板堆石坝面板接缝止水结构的施工提供了一些参考依据。

关键词 混凝土面板堆石坝;接缝止水结构;SR

To Investigate the Repair of Slab Joint Seal of Concrete Face Rockfill Dam

YANG Yubo*, *YAO ChengLin*, *DENG Zhongjun*, *JIA yongmei*, *LI Ping

(China Institute of Water Resources and Hydropower Research, Beijing 100048, China)

Abstract By engineering example, the panel outlined form joint sealing structure, introduce SR impermeable material used in concrete face rockfill dam seams for the construction slab joint seal structure of concrete face rockfill dam provides some reference.

Key Words Concrete face rockfill dam; Slab joint seal; SR

1 面板接缝止水结构形式

混凝土面板堆石坝接缝止水是构成坝体防渗体系的重要组成部分,其结构缝主要有趾板缝、周边缝、垂直缝(张性和压性缝)、防浪墙体缝、防浪墙底缝以及施工缝(水平缝)等,接缝止水材料包括金属止水片、塑胶止水带、缝面嵌缝材料及保护膜等。

甘肃省甘南地区某水电站工程,主坝为混凝土面板堆石坝,坝顶设有“L”形防浪墙与面板相接,两岸趾板坐于岩基上,河床趾板置于砂卵砾石层上,坝基采用混凝土防渗墙防渗,顶部通过连接板与趾板相接。面板间设垂直缝,面板与趾板、河床趾板与连接板以及连接板与防渗墙之间设周边缝,坝顶防浪墙与面板间设伸缩缝。

1.1 周边缝

周边缝系指趾板与面板之间的接缝,是面板坝最薄弱的环节。本工程周边缝宽设为 12 mm,两道止水,周边缝缝内充填 12 mm 厚的沥青木板。顶部设 SR 塑性材料,外部用 SR 盖片保护,缝口设橡胶棒。底部设 F 型止水铜片与面板垂直缝底部铜止水相接,并用聚氨酯泡沫塑料充填,底部设 6 mm 厚橡胶片和水泥砂浆垫层。岸坡周边缝止水结构见图 1。

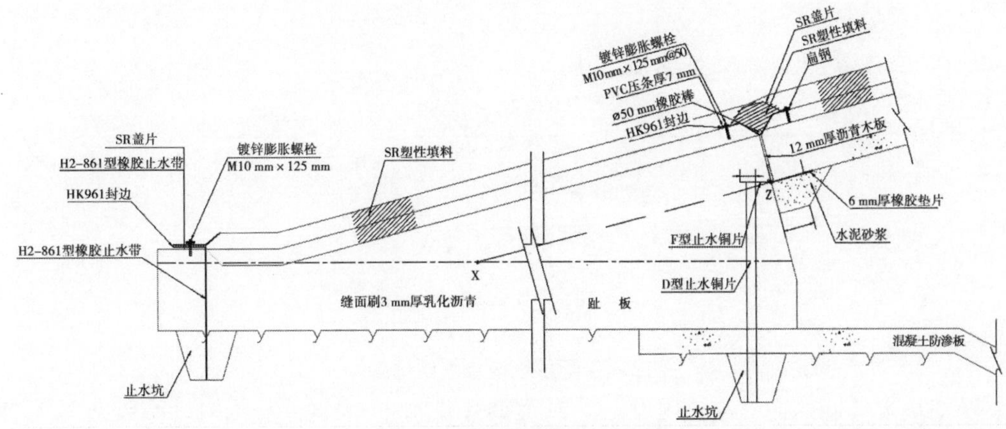

图1 岸坡周边缝止水结构

1.2 面板张性缝止水结构

面板张性缝设二道止水。顶部设 SR 塑性材料,外部用 SR 盖片保护。底部设 W 型止水铜片,W 型止水铜片(厚 1 mm)鼻高 60 mm,鼻宽 12 mm,两翼长 200 mm,立脚长 80 mm,鼻子内设 ϕ12 mm 橡胶棒并用聚氨酯泡沫塑料充填,W 型止水铜片的底部设 6 mm 厚橡胶片和水泥砂浆垫层(10 cm 厚,70 cm 宽,1∶1斜坡),缝面刷乳化沥青。面板张性缝止水结构见图 2。

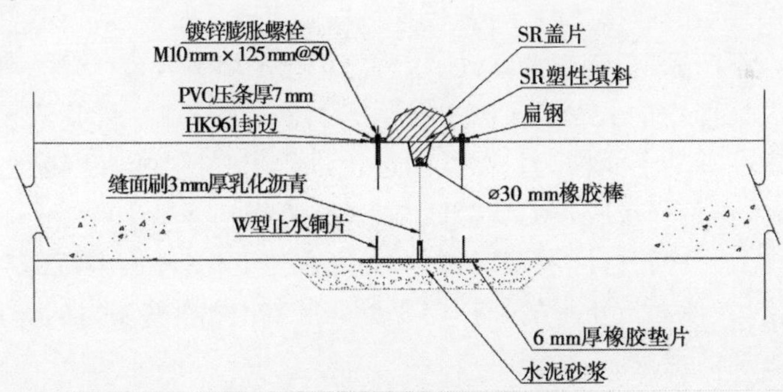

图2 面板张性缝止水结构

1.3 面板压性缝止水结构

面板压性缝设二道止水。顶部设 SR 塑性材料,外部用 SR 盖片保护。底部设 W 型止水铜片,W 型止水铜片(厚 1 mm)鼻高 60 mm,鼻宽 12 mm,两翼长 200 mm,立脚长 80 mm,鼻子内设 ϕ12 mm 橡胶棒并用聚氨酯泡沫塑料充填,W 型止水铜片的底部设 6 mm 厚橡胶片和水泥砂浆垫层(10 cm 厚,70 cm 宽,1∶1斜坡),缝内填 12 mm 厚沥青木板。面板压性缝止水结构见图 3。

1.4 伸缩缝

面板与防浪墙间、河床趾板(连接板)、趾板与连接板之间、连接板与防渗墙之间的伸缩缝设二道止水,顶部设 SR 塑性材料,外部用 SR 盖片保护。底部分别设 E 型、W 型、W 型及 F 型止水铜片,止水铜片的鼻子内设橡胶棒并用泡沫塑料充填,底部设 6 mm 厚橡胶片和水泥砂浆垫层,缝面填沥青木板。

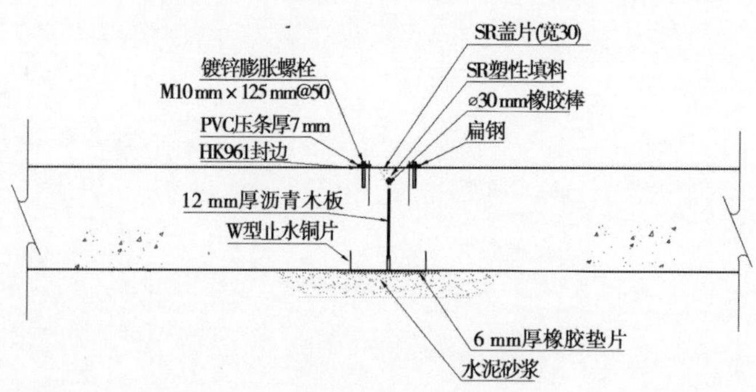

图3 面板压性缝止水结构图

防浪墙墙体间的伸缩缝缝内设一道D型铜片止水,止水铜片鼻子内设橡胶棒并用泡沫塑料充填,缝面设沥青木板。

趾板间的伸缩缝设一道止水,顶部设SR塑性材料,外部用SR盖片保护。下游侧设D型铜片止水,一端与周边缝底部F型止水铜片相接,一端伸入止水坑内。上游侧设橡胶止水,一端与SR塑性材料封边连接,一端伸入止水坑内。趾板间伸缩缝缝面刷乳化沥青。

2 面板接缝止水出现的问题

经过对冻融循环后的面板、面板与趾板连接段、SR盖片及表面伸缩缝的检查,发现面板接缝止水存在以下问题:角钢压条锈蚀、拉弯,SR止水填料鼓包、流失,SR盖片损坏等。

由于混凝土面板接缝止水表面保护层采用了加筋橡胶板封闭,其依靠不锈钢压条借助于膨胀螺栓固定在混凝土面板上。在长期运行过程中,橡胶板和混凝土表面出现接触缝隙,造成库水渗入角钢和橡胶板的缝隙面,以及橡胶板和混凝土的结合面中。受冻融作用影响,当春季气温连续回升,冰层融解开化时,库水位变化,冰面的沉降对角钢及橡胶板产生拉拖力和撞击力,使面板止水的保护层受到张拉、扭曲和剪切力的作用,从而出现面板接缝止水表面破坏的现象。

为防止接缝止水损坏情况进一步发展,保证大坝防渗系统完好,不影响水库安全运行,需要对其修复保护。

3 SR防渗体系止水材料

SR接缝防渗体系的止水材料主要包括SR塑性止水材料、三元乙丙橡胶增强型SR防渗保护盖片、SR配套底胶和HK封边黏合剂。

3.1 SR塑性止水材料

SR塑性止水材料是SR防渗体系止水结构中的主要防渗材料,具有塑性高、延伸率高、抗渗性好、耐老化、耐高低温性能好、常温冷施工等特性,是我国已建面板坝周边缝及垂直缝的主要止水材料,其主要性能见表1。

表1 SR 塑性止水材料主要性能

序号	项目			技术指标	
				SR－2 型	SR－3 型
1	密度(g/cm^3)			1.5 ±0.05	1.5 ±0.05
2	施工度(针入度)(0.1 mm)			≥100	≥100
3	流动度(下垂度)(mm)			≤2	≤2
4	拉伸黏结性能	常温、干燥	断裂伸长率(%)	≥250	≥300
			破坏形式	内聚破坏	内聚破坏
		低温、干燥(－20 ℃)	断裂伸长率(%)	≥200	≥240
			破坏形式	内聚破坏	内聚破坏
		冻融循环 300 次	断裂伸长率(%)	≥250	≥300
			破坏形式	内聚破坏	内聚破坏
5	抗渗性(MPa)			≥1.5	≥1.5
6	流动止水长度(mm)			≥135	≥135

3.2 三元乙丙橡胶增强型 SR 防渗保护盖片

三元乙丙橡胶增强型 SR 防渗保护盖片,是将 SR 材料通过特殊的生产工艺粘贴在三元乙丙橡胶表面,采用这种材料作为塑性填料的保护面膜,具有与 SR 塑性止水材料配套性好、与基面黏结力强、防渗性好、常温施工简便等特性,是面板坝和重要工程接缝、裂缝理想的防渗材料,也是 SR 防渗体系的组成部分,其主要性能指标见表2。

表2 三元乙丙橡胶增强型 SR 防渗保护盖片主要性能

序号	试验项目		三元乙丙橡胶增强型 SR 防渗保护盖片
1	断裂强力(N/cm)	径向	≥400
		纬向	≥400
2	断裂伸长率(%)	径向	≥350
		纬向	≥350
3	撕裂强力(N)	径向	≥350
		纬向	≥350
4	不透水性,8 小时无渗漏		≥2.0(MPa)
5	低温弯折(℃)		无裂纹
			－35 ℃
6	热空气老化(80 ℃ ×168 h)	断裂拉伸强度保持率(%)	≥80
		扯断伸长率保持率(%)	≥70

3.3　SR 配套底胶

SR 配套底胶是 SR 塑性止水材料相配套的黏合剂,用于混凝土干燥面,增强混凝土与 SR 塑性止水材料、SR 防渗盖片的黏结。由于 SR 配套底胶的主要成分与 SR 塑性止水材料相似,因此它能与 SR 止水材料完全结合;同时,它又能渗透到混凝土的毛细孔中,使 SR 止水材料能扎根在混凝土基面上,保证了 SR 止水材料与混凝土的黏接强度大于 SR 材料本体强度,确保了 SR 止水材料与混凝土黏结面具有可靠的防渗渗径。

常规表面止水体系采用环氧树脂作为表面止水体系的底胶,存在初黏性差、固化时间长的缺陷(一般需 4 ~5 h),普通环氧类黏合剂施工完毕后需保证较长时间不能过水(一般为 24 h),如在此期间遭遇降雨或者面板养护水,就会在很大程度降低表面止水材料黏结效果,导致渗径短路,不能满足防渗施工要求,需要局部修补,甚至全面返工,否则易造成渗漏隐患。而 SR 配套底胶表干后(只需 20 ~30 min)就具有防渗效果,一旦施工完毕,SR 防渗体系即能做到过水。采用 SR 底胶系统,能有效提高 SR 表面止水的施工质量,更好地适应在多雨地区/季节的工程。

3.4　HK 封边黏合剂

HK 封边黏合剂是一种弹性环氧涂料,对混凝土基面和 SR 材料均有良好的黏结性和保护作用,加强 SR 防渗盖片接缝和接头的防渗保护。HK 封边黏合剂产品有多种型号,能适应各种施工条件,其中 HK962 潮湿型、HK963 水中型为 SR 防渗体系适宜在潮湿面(雨天)和水下的施工和维修,主要性能指标见表 3。

表 3　HK 封边黏合剂主要性能指标

项目		指标			
		HK961 干燥型	HK962 潮湿型	HK963 水中型	HK968 柔韧型
固化时间(25 ℃)	表干(h)	2 ~4	2 ~4	4 ~8	2 ~4
	实干(h)	4	7	7	7
黏结强度(MPa)	干燥	>5	>4	>4	>4
	饱和面干	—	>2.5	>2.5	>2.5
	水下	—	—	2.0	—

4　SR 防渗体系止水材料修复

经过对面板接缝止水的破坏情况进行分析,提出以下修复方案:在保护原接缝止水结构设置不变的基础上,更换、修复原面板结构缝表面破损止水。施工方法主要为冷粘法,工艺流程主要为:卸除固定的螺母、解除压条→拆除破坏的接缝止水表面→清除损坏接缝止水和清理面板基层表面→修补夯实嵌缝填料→试铺盖片、确定定位基准线→配制适量胶粘剂→混凝土基面、基层涂刷处理剂→完成橡胶板抹胶液→粘贴、辊压、排气→盖片不锈钢压条的固定安装→对边缝进行密封→全面系统检查。

4.1　混凝土基面处理

用腻子刀、钢丝刷对混凝土基面进行清理,除去面板表面的混凝土松散物、油污及其他杂物,对混凝土表面存在的凹凸和错台进行打磨,以利于施工和后期对角钢进行锚固固定。如混凝土基面存在蜂窝麻面、起砂、凹坑缺陷,可在施工时用 SR 止水材料对混凝土基面进行找平。对于打磨下来的粉尘和混凝土颗粒,可利用高压水冲洗或用毛刷进行手工清理,以保证混凝土基面的干净。

4.2 涂刷 SR 底胶

用棉纱将待粘贴 SR 塑性止水材料的混凝土基面擦拭一遍,除去表面的浮土和浮水,晾干,底胶涂刷宽度应至固定压条处;底胶干透后(1 h 以上)涂刷第二道底胶,待底胶表干(粘手,不沾手,约 0.5 h),即可进行 SR 缝施工。若底胶过分干燥时(不粘手),需要重新补刷底胶。涂刷 SR 底胶时,应远离明火及火源,以防着火。

4.3 SR 止水材料找平

SR 底胶表干后进行 SR 止水材料找平和鼓包修补填塞。用软榔头轻轻触击,将表面整理成原设计的张缝、压缝结构形式。边缘部位应锤压密实,接头部分应做成坡形过渡,以利第二层的粘贴,每层接头部分的位置应均匀错开。粘贴过程中注意排出 SR 填料与混凝土黏接面之间的空气。如果现场温度较低,可用喷灯或塑料焊枪烘热 SR 填料,使 SR 填料表面黏度提高,再进行嵌填。

4.4 SR 防渗盖片粘贴

逐渐展开 SR 盖片,撕去面上的防粘保护纸,沿裂缝将 SR 盖片粘贴在 SR 止水材料找平层上,用力从盖片中部向两边赶尽空气,使盖片与基面粘贴密实。接缝交接处采用 SR 盖片整体异型接头,SR 盖片搭接采用下段压上段,并做加强处理。

SR 防渗盖片搭接长度为 20 ~ 30 cm,搭接时先在搭接段 SR 防渗盖片(橡胶面)上涂刷 SR 配套底胶,待 SR 配套底胶表面干燥(用手指触摸粘手与否)后再进行搭接粘贴。

用打孔器在复合盖板上打孔,打孔位置及间距应与扁钢上的预留孔一致,孔的大小以膨胀螺栓尺寸为准,然后,用冲击钻通过复合盖板上的孔往混凝土上打孔,孔的大小以膨胀螺栓尺寸为准,孔深度以设计要求为准。成孔后将混凝土粉末清除干净。

4.5 固定扁钢压条

将固定用的扁钢安装在复合盖板上,扁钢应紧贴复合盖板下部的填料包边缘安装,保证复合盖板与混凝土间的柔性填料结合紧密,没有空腔。将膨胀螺栓安装在扁钢预留孔中并紧固,使扁钢、复合盖板与混凝土紧密结合,没有脱空现象。紧固螺栓时宜适度,以防止盖片摺曲与损坏。

4.6 封边

压条固定施工结束后,在 SR 防渗盖片边缘刷涂 5 cm 宽 HK 封边黏合剂,对 SR 防渗盖片所有边缘进行封边,做到封边密实、粘贴牢固。

5 结 语

针对接缝止水破坏情况及产生的原因,编制了修复方案。修复后的接缝止水恢复了保护、防渗功能,符合原设计要求,修复施工方案切实可行,其施工工艺和施工方法相对简单且止水效果较好,修复效果良好。该方法对其他工程的面板接缝止水表层修复加固有参考作用。

参 考 文 献

[1] 张朝辉. 柏叶口水库混凝土面板堆石坝接缝止水破坏修复技术应用[J]. 中国水能及电气化,2015(9).

[2] 王甘伟,龙小庆. SR 止水材料在三板溪水电站副坝面板上的应用[J]. 贵州水力发电,2008,22(2).

[3] 张勇."SR"防渗材料在面板堆石坝中的应用[J]. 工业技术与产业经济,2013(6).

【作者简介】 杨玉波(1985—),男,内蒙古赤峰人,工程师,从事水利水电工程无损检测技术研究。E-mail:yangyb@ iwhr. com。

水电站发电引水隧洞的检查与维护

贾永梅 邓中俊 杨玉波 姚成林 李 平

(中国水利水电科学研究院,北京 100048)

摘 要 某水电站已经安全投运3 000多天,根据要求,需要对发电引水隧洞及大坝面板等水工建筑物进行详细的安全检查。作者对引水隧洞进行了现场检查,发现引水隧洞洞身段整体运行状况良好,围岩基本稳定,虽局部出现了围岩塌落,但范围较小。集石坑内集石量较小,洞内未发现较大的空鼓、坍塌、裂缝及脱落现象,局部伸缩缝渗水,渗水量较小,不影响隧洞的正常运行。并对隧洞内集石进行了及时清理。

关键词 引水隧洞;检查;维护

Inspection and Maintenance of Water Diversion Tunnel of Hydropower Station

JIA Yongmei, DENG Zhongjun, YANG Yubo, YAO Chenglin, LI Ping

(China Institute of Water Resources and Hydropower Research, Beijing 100048, China)

Abstract A hydroelectric station has put into operation safely for 3 000 days, and it is necessary to carry out detailed safety inspection on hydraulic structures such as power diversion tunnel and dam panels. The author inspected the power diversion tunnel at the spot and found that the power diversion tunnel was running well, and the wall rocks are mainly steady, though some wall rocks fell down, the range of it was small. The amount of stones in stone connection pit are little, and there were not found any big hollowing, falling down, fracture or break off in the pit. Some part of expansion joint seeped water and the amount of which was little. All of these are not affecting the running of the tunnel. The author also clear the stones in the tunnel.

Key Words Diversion tunnel; Check; Maintenance

1 概 述

某水电站位于甘肃省南部,属中型III等工程。主要建筑物为3级建筑物,次要建筑物为4级,主要由混凝土面板堆石坝、左岸侧槽溢洪道、右岸泄洪排沙洞(兼导流洞)、发电引水隧洞、调压井、压力管道、电站厂房及开关站建筑物等组成。

截至2016年2月底,该水电站安全投运3 000多天,根据水电站运行要求及国家能源局大坝安全监察中心建议,需对发电引水隧洞及大坝面板等水工建筑物进行详细的安全检查,为电站今后安全运行管理搜集可靠资料,同时为大坝注册提供相关技术数据和评价依据。

2016 年 3 ~4 月,作者对该水电站工程的引水隧洞、压力钢管、大坝面板、溢洪道、泄洪排沙洞、金属结构、厂房边坡渗水等进行了现场安全检查,并对引水隧洞进行了集石清理、对大坝面板进行了修补、止水盖片局部更换、溢洪道裂缝修补等维护,确保大坝及引水隧洞安全运行。本文主要介绍发电引水隧洞的检查与维护工作。

2　检查目的及检查内容

通过引水隧洞检查,对运行后建筑物结构设计的合理性、施工质量的可靠性、运行的安全性进行有限评价,使建设单位、施工单位、监理单位和质量监督部门对工程质量有进一步了解,为以后运行管理提供可靠的基础资料。

主要检查内容如下:

(1)进口段、洞身段及压力管道。检查运行后洞身混凝土是否有空鼓、脱落、裂缝(裂纹)等变形。

(2)混凝土的冲刷、侵蚀等情况。

(3)洞身渗水情况。

(4)检查伸缩缝止水材料有无脱落、腐蚀等情况;并判断止水材料有无脱落、腐蚀情况,并判断止水效果。

(5)未砌衬段围岩的稳定性,有无坍塌趋势,岩石裂纹是否渗水及渗流量大小。

(6)集石坑内集石量的大小,是否需要清理。

(7)调压井的结构稳定情况等。

3　现场安全措施

由于本次现场检查工作现场情况较特殊,发电引水隧洞较长,洞内长期过水,且洞内无照明设备,洞内无手机信号,需要提前做好充足的准备工作,以确保检查人员的安全及检查工作的顺利进行。检查组人员在进入洞中进行现场检查之前,首先需要将隧洞中积水全部排空,检查人员在洞中需要配备照明设备及对讲机等通信设备,以便及时与洞口值守人员进行通信。

现场安全检查需要采取以下措施:

(1)首先判断洞内水量、光线充足情况决定开展下一步工作。各小组于前一日各组领取手提式强光灯、氧气袋、防滑靴及检查所需工具,并自行充电以确保第二天正常使用。

(2)所有参与人员进、出洞前必须进行登记(含检查工器具),并完全服从组长的统一指挥和安排,小组成员之间要互相关心、互相帮助。

(3)洞口值守人员必须坚守岗位,在洞内人员未全部到齐前不得离开岗位。

(4)出入洞人员及随身物品登记制度:建立人员及工具登记表,洞外值班人员核实、登记进出人员和携带工器具。

4　检查结果

该水电站引水隧洞为有压隧洞,全长 8 355.75 m,由进口段、进水口闸门、有压洞身段、调压井部分组成。隧洞平均坡降4.46%，断面形式为圆形，开挖洞径4.9 m，衬砌形式有不衬砌、挂网喷混凝土、隔栅拱圆喷混凝土、钢筋混凝土衬砌等四种。

引水隧洞进水口紧邻泄洪排沙洞进口布置，进口底板高程2 235.00 m。进水口设一孔拦污栅，尺寸为5 m×6 m，其后设一孔平板闸门，尺寸为5 m×4.14 m。闸门井与引水隧洞之间用10.00 m长的渐变段连接。进水口闸门井2 269.00 m高程设清污平台及闸门启闭设备，并与坝顶交通相连接。

在引水隧洞末端设置调压井，其后接压力钢管。调压井为一带连接管的阻抗式地下调压井。调压井位于引水隧洞桩号引8+333.75~8+337.75 m，井口高程2 308 m，井底高程2 202.65 m，开挖直径11 m。最高涌浪水位2 290.50 m，最低涌浪水位2 216.00 m。

由于隧洞非全断面衬砌，共布置7个集石坑(长×宽×高:15 m×1.5 m×1.2 m)，集石坑桩号信息如表1所示。

表1 引水隧洞集石坑信息表

集石坑编号	1	2	3	4	5	6	7
桩号	0+735	1+950	2+600	3+750	4+810	5+490	6+200

为了使检查组人员能够安全进入引水隧洞进行现场检查，需先将引水隧洞中的水排空。但将引水隧洞进口平板闸门下闸关闭后，将水轮机组空转进行排水一段时间，发现隧洞中仍然充满水。为了保证检查工作能够顺利进行，水电站只能继续放水，最后将库水位降至隧洞进水口闸门底板，才将隧洞中彻底放空。最后，在检查组人员通过隧洞内部检查才发现，之所以会出现上述情况，是由于闸门上游处拦污栅破损严重，闸门底部门槽被断裂的拦污栅块卡住，闸门无法关严，致使隧洞中水一直无法排空。

根据检查实施方案的检查路线图，2016年4月，检查小组分别从1号支洞、3号支洞进入引水隧洞进行现场安全检查。图1~图8为现场安全检查照片。

图1 从引水隧洞中可见，进口闸门未关严

图2 进口闸门前拦污栅破损严重

图 3　隧洞底部块石集石较多,积水 30 cm

图 4　隧洞底部发现拦污栅碎片,锈蚀

图 5　洞壁顶部和侧壁局部渗水,呈线状

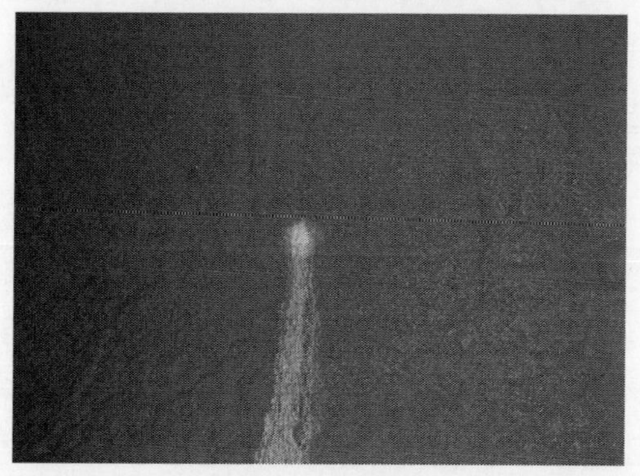

图 6　洞壁局部析钙

图 7　隧洞底部局部冲蚀,坑洞深 10 ~ 15 cm

图 8　裸洞:左侧边墙局部围岩坍塌

根据以上检查,对引水隧洞现场检查结果进行了统计,统计表如表 2 所示。

表2 引水隧洞现场检查结果

序号	桩号	检查结果描述
1	0+032	隧洞底部发现拦污栅碎片,3片,锈蚀
2	0+162	隧洞底部局部冲蚀,钢筋外露
3	0+453	隧洞底部有块石,集石较多,积水30 cm
4	0+518	隧洞底部发现拦污栅碎片
5	0+712	隧洞底部有块石,积水25 cm
6	0+750	未见标准形状集石坑,该部位集水深30~40 cm,小块碎石较多
7	0+777	隧洞底部局部冲蚀
8	0+809~842	洞壁局部渗水,呈串珠状
9	0+874	左侧壁有山体排水孔,水量较大
10	1+390~420	裸洞:左侧局部围岩坍塌,长度2 m,坍塌方量约0.5 m^3
11	1+550~690	底部存在较多集石,碎木,大块长60~100 cm,宽30~40 cm
12	1+950	1+950集石坑:集石较少,坑表面栅栏上有一块大的落石,长60~70 cm,宽40~50 cm
13	2+050	裸洞:左侧边墙局部围岩坍塌,长度3 m,坍塌方量约0.5 m^3
14	2+180	底部局部冲蚀,坑洞深15~20 cm
15	2+350	裸洞:顶部局部围岩坍塌,长度3 m,坍塌方量约0.5 m^3
16	2+460	裸洞:左侧边墙局部围岩坍塌,长度6 m,坍塌方量1.5~2 m^3
17	2+600	2+600集石坑:坑内集石呈碎屑状,无大块集石
18	2+700	洞底局部被冲蚀,钢筋外露,锈蚀,坑洞深10~20 cm
19	2+900~3+000	底部存在大块集石,长40~60 cm,宽30~50 cm
20	3+100	底部有少量集石,长30~40 cm,宽20~30 cm
21	3+180	底部局部冲蚀,坑洞深15~20 cm
22	3+350	洞壁顶部和侧壁局部渗水,呈线状
23	3+750	3+750集石坑:坑内集石较少,无大块集石
24	3+900	左侧壁出现小范围碎屑掉落(20 cm×20 cm)
25	4+000	洞底有少量小块集石
26	4+080~120	局部有大块集石,长40~60 cm,宽30~40 cm,集水深度20 cm
27	4+200~230	洞底有少量集石,积水深度25~30 cm
28	4+280~350	隧洞底部局部冲蚀,坑洞深10~15 cm
29	4+560~630	洞底局部被冲蚀,钢筋外露,锈蚀,坑洞深10 cm
30	4+810	4+810集石坑:坑内集石较少
31	4+900	洞壁顶部和侧壁局部渗水,呈线状
32	5+490	5+490集石坑:坑内集石较少
33	5+600	洞顶及洞壁有少量渗水,呈线状
34	6+200	6+200集石坑:坑内积水较深,集石较少,下游侧坑内淤泥深度1.5 m
35	6+720~7+680	混凝土衬砌洞段,经统计伸缩缝部位24处渗水,均呈线状和喷射状
36	7+800	底板局部冲蚀,发现一圆形盖板,直径50~60 cm
37	7+900	左侧下部发现混凝土衬砌局部破碎,内部被冲蚀淘空,深度10 cm
38	8+250~8+355	由于该部位集水超过50 cm,无法前行,本次检查未到达

5 引水隧洞维护处理

根据现场检查的结果,发现引水隧洞部分洞段和集石坑内存在集石,为了保障引水隧洞的畅通,组织人员对引水隧洞和集石坑内的集石进行了清理。清理人员采用榔头等工具将隧洞底部较大的石块砸成小块碎石,便于清理,并使用手推车将集石清理至隧洞口指定位置。

从引水洞及集石坑内共清理出集石 3 m^3。

图 9 ~ 图 12 为引水隧洞集石清理现场照片。

图 9 将引水隧洞中的大石头敲碎,便于清理

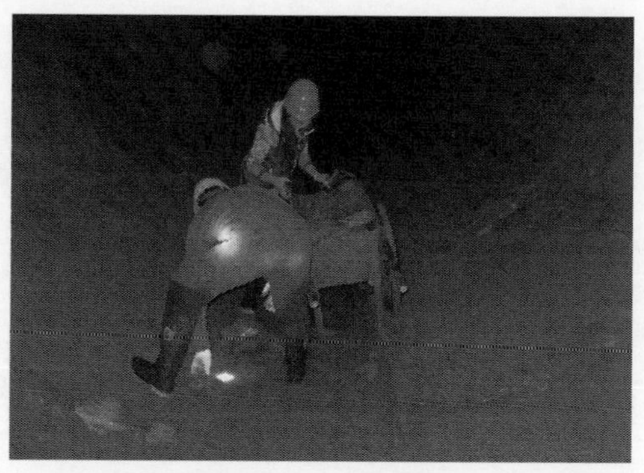

图 10 清理集石

图 11 集石转运至支洞口

图 12 从引水隧洞中清理出的集石

6 结论与建议

根据引水隧洞现场检查结果,发现引水隧洞洞身段整体运行状况良好,围岩基本稳定,虽局部出现了围岩塌落,但范围较小。集石坑内集石量较小,洞内未发现较大的空鼓、坍塌、裂缝及脱落现象,局部伸缩缝渗水,渗水量较小,不影响隧洞的正常运行。

建议及时更换破损严重的隧洞进口拦污栅,确保引水隧洞的正常运行。

参 考 文 献

[1] SL 279—2002 水工隧洞设计规范.

[2] 徐建光. 石泉扩机工程引水隧洞放空检测分析[J]. 西北水电,2007(3).
[3] 杨欣. 略论水利工程建设中输水建筑物的运用管理[J]. 农业与技术,2015,35(12).

【作者简介】 贾永梅(1975—),女,山东临朐人,高级工程师,从事水利水电工程无损检测技术研究。E-mail:jiaym@ iwhr. com。

分布式传感光纤监测黄河堤防应变的布设方案探讨

张清明[1]　徐　帅[2]　周　杨[1]

(1. 黄河水利科学研究院，郑州　450003；2. 黄河流域水资源保护局，郑州　450003)

摘　要　针对黄河堤防应变监测的分布式传感光纤的布设技术展开探讨，提出四种适合黄河堤防应变监测的分布式传感光纤布设方案，包括“T”形布设、近似多边形布设、网格式布设和悬臂式布设，并对比分析各种布设方案的优缺点，结果表明，网格式和悬臂式布设方案能监测到丁坝破坏的最初形势——根石的走失，能更好地预警堤坝的破坏，且悬臂式监测方案可有效判断坝基的变形方式并对形变量进行有效标定。

关键词　堤防；光纤；形变；监测；布设

Research on Layout Scheme of Optical Fiber Sensing Techniques for Monitoring Strain of Yellow River Dike

ZHANG Qingming[1], *XU Shuai*[2], *ZHOU Yang*[1]

(1. Institute of Hydraulic Research of Yellow River Conservancy Commission, Zhengzhou 450003, China;
2. Yellow River Water Resources Protection Bureau, Zhengzhou 450003, China)

Abstract　Research on layout scheme of optical fiber sensing techniques for monitoring strain of Yellow River dike, the paper proposed four suitable layout schemes, including the “T”-shaped layout, the approximate polygon layout, the grid-style layout and the cantilever style layout, and comparative analyzed the advantages and disadvantages of various layout schemes. The results show that the grid - style layout and the cantilever style layout can monitor the root rock lost and better early warning the dike damage, moreover, the cantilever style layout can effectively determine and calibrate the deformation of dike foundation.

Key Words　Dike; Optical fiber; Strain; Monitoring; Layout scheme

1　引　言

在实际工程中，实时准确感测原始应变信息是分布式光纤传感技术在工程使用中有效性得到保障的关键，而合理的光纤传感器现场布设方案是架设分布式光纤传感技术和工程物理量(形变、滑移)之间的桥梁。

由于黄河堤防土质结构松散，而光纤应变传感需要两个相对固定的连接，使之发生相对变形才能得到周边介质的形变，因而在利用分布式光纤对堤防形变进行监测时，光纤的布设是个必须解决的难题。为此,本文主要针对黄河堤防应变监测的分布式传感光纤的布设技术展开探讨,提出几种适合黄河堤防应变监测的分布式传感光纤布设方案,并对比分析各种布设方案的优缺点。

2 分布式传感光纤布设方案设计

2.1 "T"形布设方案及结构设计

丁坝是黄河堤防的重点监测对象,研究采用"T"形布设方案对黄河丁坝进行应变监测。"T"形布设方案由T形支撑架、圆筒连接件、安全保护盒等三部分组成(见图1)。T形支撑架由长、短两段耐腐蚀钢板焊接而成,光纤粘贴固定在T形支撑架上,为保证支架与土体结构变形的协调一致,要求支架材料的弹性模量与土体弹性模量基本保证一致(或相差不大)。

具体监测方案:在建设丁坝过程中,在一碾平的水平面内安装以上结构。在丁坝头近似圆心处垂直于地面钉上一根长度较长的桩,用来固定整个装置,桩的具体长度根据地质情况决定。在桩上先穿上安全保护盒下盖,再穿上圆筒连接件,各叶片放置在保护盒下盖的开口处并朝向坝头。将粘贴好光纤的T形支撑架用螺钉联接在圆筒连接件上(见图2),然后再分别将两层T形支撑架相邻的光纤接头逐一熔接起来,两层之间也进行熔接,但各留出一端,用来发射和采集光信号,然后,盖上安全保护盒上盖,并从另两个缺口引出光纤熔接上FC接头后接入分布式光纤传感系统。

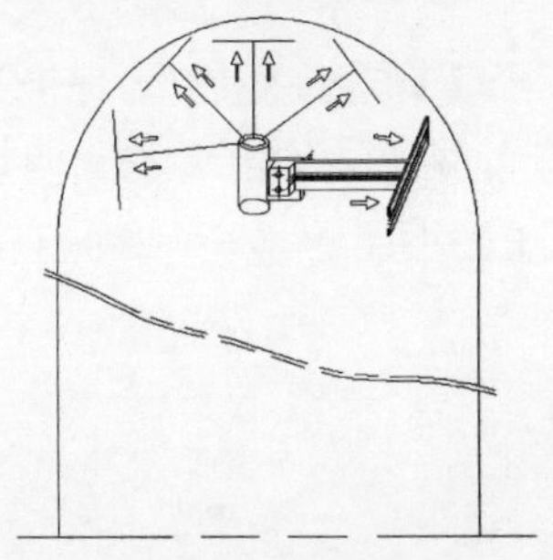

图1 "T"形铺设方案示意图

图2 圆筒连接件光纤的连接示意图

2.2 近似多边形布设方案及结构设计

近似多边形布设方案(见图3)主要以丁坝作为形变监测的对象。在丁坝坝头处,直接将光缆等距离地成近似正多边形埋设在坝头某一水平面内并且较接近坝头外沿处,在每个多边形拐角处打桩,在桩上安装夹具以夹紧光缆,防止光缆在受力时产生较大距离滑移。采用这种布设方式既可监测丁坝坝头发生的形变,也可监测坝身的形变。显然采用这种铺设方案,关键问题是设计好夹光缆的装置。方案所采用的装夹装置由固定桩、扇面固定夹板、带槽光缆夹板、平夹板、扁平螺钉以及普通螺钉等组成(见图4)。

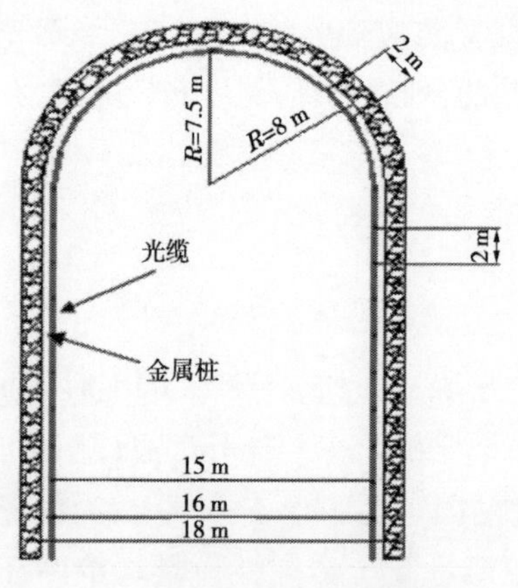

图3　近似多边形布设方案

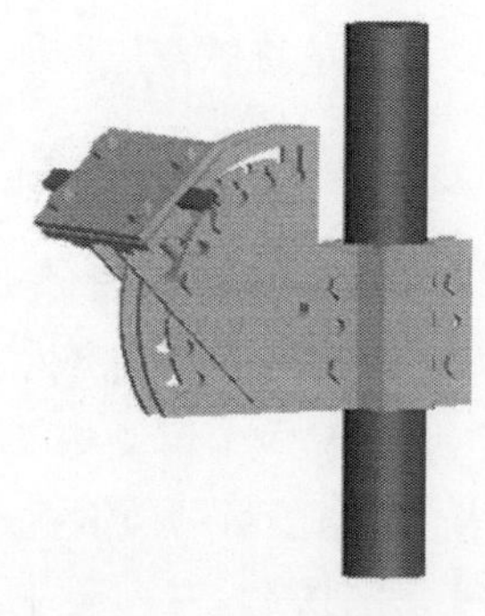

图4　装夹装置结构

具体监测方案:在建设丁坝过程中,在一碾平的水平面内安装以上结构。在坝的边缘钉上一排固定桩,用来固定整个装置,桩的具体长度根据地质情况决定。在固定桩上安装好光缆固定夹。再用固定夹夹紧光缆。光缆的两端接头接入分布式光纤传感系统。

2.3　网格式布设方案及结构设计

根石的走失是丁坝发生形变破坏的最根本原因,研究采用网格式的空间布设方案(见图5),光缆分为水平和竖直两个方向进行布设,水平布设的光纤监测根石的走失,竖直布设的光缆埋设在丁坝内,监测丁坝体内的形变。

水平布设的结构件由长、短两块钢板和圆弧连接板经螺钉连接而成,为保证光缆的最小曲率半径,长板和短板两板之间用弯曲板连接。垂直布设的结构由夹子和两块装夹板组装而成,光缆紧贴在装夹板的凹槽内,此凹槽用来保证最小曲率半径,并能让光缆在竖直面上成一定倾斜角度铺设(见图6)。

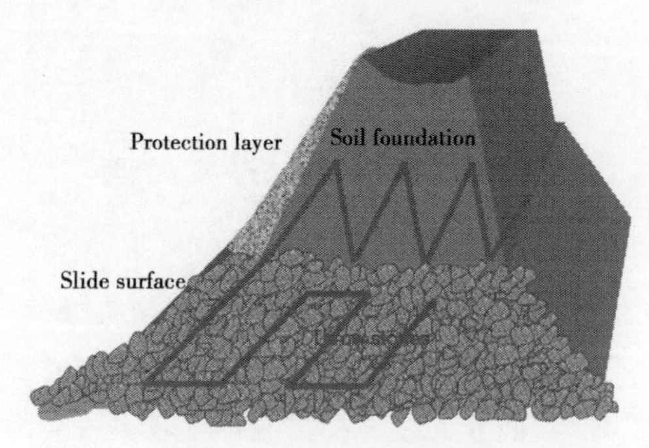

图5　网格式布设方案

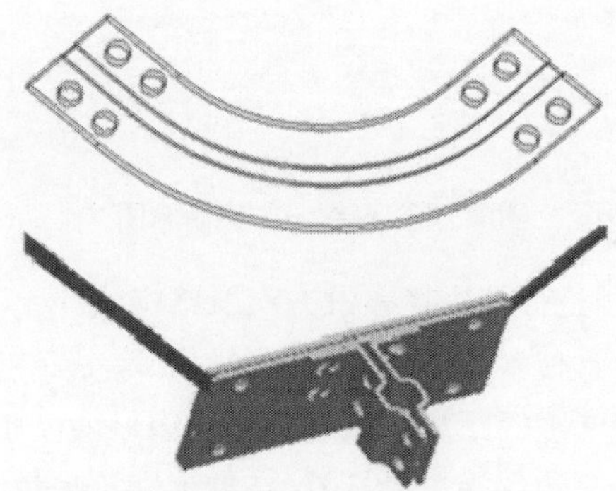

图6　圆弧弯曲板及竖直布设示意图

具体监测方案:在丁坝建设初期,安装好水平铺设的结构,并安装圆弧过渡件。装夹好光缆后,埋设在丁坝坝头的坝根处。一半埋入坝体,以固定该水平装置;另一半裸露在外,其上在丁坝完工后,铺上根石,然后打固定桩,在桩上装夹好光缆夹,对光缆进行竖直方向的铺设。光缆的两端接头接入分布式光纤传感系统。

2.4 悬臂式布设方案及结构设计

光纤监测丁坝形变,为有效标定丁坝形变量的大小,研究采用基于分布式光纤形变探测管(实用新型专利,200820053548.2)的悬臂式布设方案(见图7)。整个监测装置埋设在丁坝坝头的坝根处,筒体由一排分布式光纤形变探测管经由分布式光纤形变探测管和横梁筒体组合而成。

分布式光纤形变探测管由一根测斜管、两块挡板、两个质量块、四个光纤固定夹、光纤和左右两个端盖组装而成(见图8)。其工作原理是:光纤在发生弹性变形时,其所受拉力和伸长量满足胡克定律。在弹性系数已知的情况下,根据所受拉力的大小,可以求得光纤的伸长量,进而可以求出其应变。将光纤一端装夹一重物块,另一端固定后置于圆筒体中,两端连接分布式光纤传感分析仪。将筒体埋于坝体中,当松散土石坝发生沉降时,筒体发生倾斜,重物块滑动使光纤传感器发生拉伸。该沉降量与应变之间满足一定关系式。利用分布式光纤传感分析仪对光纤光缆进行扫描后,可得到光纤应变的大小和具体位置。据此,可以推算土坝的沉降量。

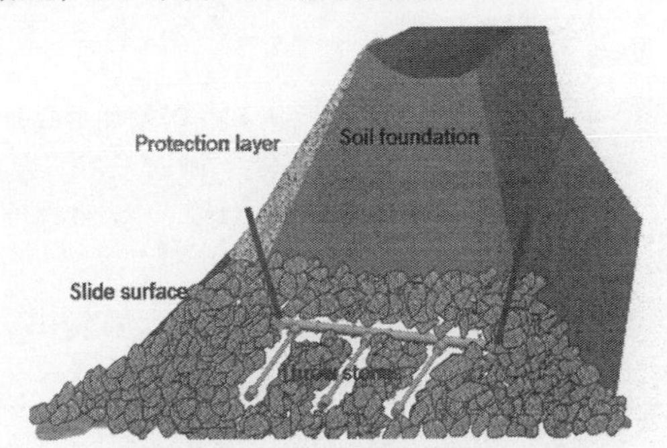

图7 方案四光纤铺设示意图

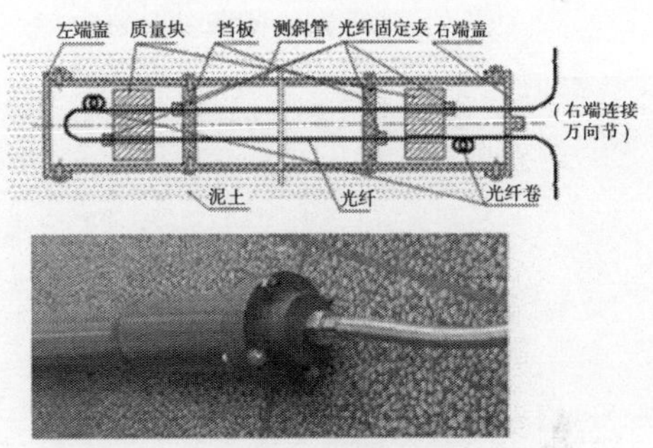

图8 光纤形变探测管结构及总装图

具体监测方案:在丁坝建设初期,安装好探测管中的结构。分布式光纤形变探测管的右端与横梁筒体之间通过法兰盘、连接件、法兰盘依次连接,其中法兰盘2套可以自由周向转动。上下两条光纤沿左右两个方向穿过横梁筒体。相邻光纤形变探测管引出的光纤用光纤熔接仪熔接在一起。最后,光纤的两端口熔接FC接头后与传递信号的光缆熔接后连接分布式光纤传感系统。

3 四种布设方案的对比分析

对比分析四种分布式传感光纤的布设方案的优缺点,如表1所示,可以看出,网格式和悬臂式布设方案具有一定的优势,能监测到丁坝破坏的最初形势——根石的走失,能更好地预警堤坝的破坏,且悬臂式监测方案可有效判断坝基的变形方式(向上隆起或者下沉坍塌),并对形变量进行有效标定,在实际工程应用过程中,推荐选用方案三或方案四。

表1　四种分布式传感光纤布设方案对比分析表

方案编号	优点	缺点
方案一	1. 易于监测大坝水平方向的形变。 2. 只需打一个固定桩,施工容易	1. 光缆在粘贴过程中,难以保证曲率半径。 2. 监测不到丁坝坝头前方根石的走失
方案二	1. 可以调整光缆的倾斜角度,可达到最好的监测效果。 2. 能监测大坝水平和竖直两个方向的形变。 3. 易于施工	监测不到丁坝坝头前方根石的走失
方案三	1. 不仅可以监测大坝水平方向,而且可以监测竖直方向的形变。 2. 能监测到丁坝破坏的最初形势——根石的走失,能更好地预警堤坝的破坏	1. 需加工的结构件较多。 2. 受结构本身重力影响较大。 3. 结构的设计和加工需考虑到光缆的曲率半径
方案四	1. 使用裸光纤监测,不需要考虑较大的曲率半径。 2. 裸光纤监测,更直接有效,更灵敏。 3. 可有效判断坝基的变形方式(向上隆起或者下沉坍塌)。 4. 应用前景更广阔	1. 探测管的长度不能过长,否则如果弯曲过大,易导致探测管失效。 2. 如探测管受力变形后弯曲,就不能确定具体形变位移。 3. 由于使用的是裸光纤,易断,安装时需要细心

参 考 文 献

[1] 施斌,丁勇,索文斌,等. 分布式光纤传感技术及其在工程监测中的应用[C]//地质灾害调查与监测技术方法现场研讨会地质灾害调查与监测技术方法论文集. 2004.

[2] 王少力. 分布式光纤传感技术在土坝形变监测中的应用研究[D]. 湖南科技大学,2009.

[3] 雷华. 分布式光纤传感器监测堤坝渗漏与形变试验研究[D]. 湖南科技大学,2012.

[4] 冷元宝,朱萍玉,周杨,等. 基于分布式光纤传感的堤坝安全监测技术及展望[J]. 地球物理学进展,2007(3):1001-1005.

[5] 张清明,周杨,等. 分布式光纤堤坝形变监测试验研究[J]. 人民黄河,2010,12:37-39.

【作者简介】 张清明(1983—),女,高级工程师,主要从事工程质量检测、安全监测评价研究。E-mail:zhangqingming312@126.com。

弹性波 CT 检测技术在高压摆喷防渗墙连续性检测中的应用*

李延卓　李姝昱　颜小飞

（黄河水利委员会 黄河水利科学研究院，郑州　450003）

摘　要　防渗墙作为一项隐蔽工程，成墙质量的优劣直接影响到墙体后期的防渗效果。弹性波 CT 检测技术通过地震波在墙体中传播速度的差异评价墙体的连续性，同时结合墙体钻孔取芯原位注水试验和芯样室内试验，综合对比分析防渗墙的连续性。

关键词　弹性波 CT；防渗墙；连续性；钻孔取芯

Application of Elastic Wave CT Detecting Technology to Test Continuity on High Pressure Jet GroutingImpervious Wall

LI Yanzhuo, *LI Shuyu*, *YAN Xiaofei*

(Yellow River Institute of Hydraulic Research, Yellow River Conservancy Commission, Zhengzhou 450003, Henan, China)

Abstract　Thecut-off wall as a Concealed engineering. The quality of the wall affects the Anti-seepage effect directly. The technique of elastic wave CT through the differences in propagation velocity to evaluate continuity of the wall, and combined with injection test in situ and lab experiments about core samples, comparison and analyses of Continuity of the wall.

Key Words　Elastic wave CT; Cut-off wall; Continuity; Drill and Core

1　引　言

高压摆喷防渗墙施工技术因其水泥用量小、成本低、施工工艺简单、操作方便、设备占用场地小等优点而在水库大坝防渗处理中得到广泛应用。高压摆喷防渗墙成墙技术原理是采用钻机造孔，然后把带有喷头的喷浆管下至地层预定的位置，用从喷嘴出口喷出的射流冲击和破坏地层。剥离的土颗粒的细小部分随着浆液冒出地面，其余土粒在喷射流的冲击力、离心力和重力等作用下，与注入的浆液掺搅混合，并按一定的浆土比例和质量大小有规律地重新排列，在土体中随着喷头一面摆动一面提升，形成似哑铃或扇形柱体的固结体。多个哑铃或扇形柱体的固结体互相搭接形成混凝土防渗墙[1]。

＊**基金项目**：水利部公益性行业科研专项经费项目（201401022）；黄科院科研专项基金（HKY－JBYW－2016－37）。

在弹性波 CT 取得成功应用之前,探测两孔之间介质波速变化和隐患分布位置,透射波法是最常用方法之一。这种方法具有快速、简便的优点,但是不能准确判定隐患具体位置,并且当高速与低速异常同时分布或者异常区域较小时,常常会漏判或者错判[2]。目前,基于射线理论的弹性波层析成像技术已经比较成熟,是重要的物探检测方法之一。本文首先介绍弹性波 CT 的基本原理,然后结合实际工程,比对弹性波 CT 检测成果和钻孔取芯注水试验以及芯样室内试验结果,相互补充,相互验证,以达到提高解释精度的目的。

2 弹性波 CT 原理

弹性波 CT 利用位于墙体两侧的钻孔,在其中一只钻孔中激发弹性波,另一只钻孔中接收弹性波,弹性波在激发点和接收点之间沿射线路径传播,并由仪器记录形成数据文件,如图 1 所示。把各条射线对应的激发点坐标、接收点坐标和弹性波初至时间输入计算机,使用弹性波 CT 专用处理软件,将断面之间划分为 $M \times N$ 个成像单元,经计算机多次迭代拟合运算,得到断面上各单元的弹性波速度。由于弹性波在缺陷处的传播速度较混凝土的低,根据断面上弹性波速度分布评价混凝土的质量,判断缺陷位置。

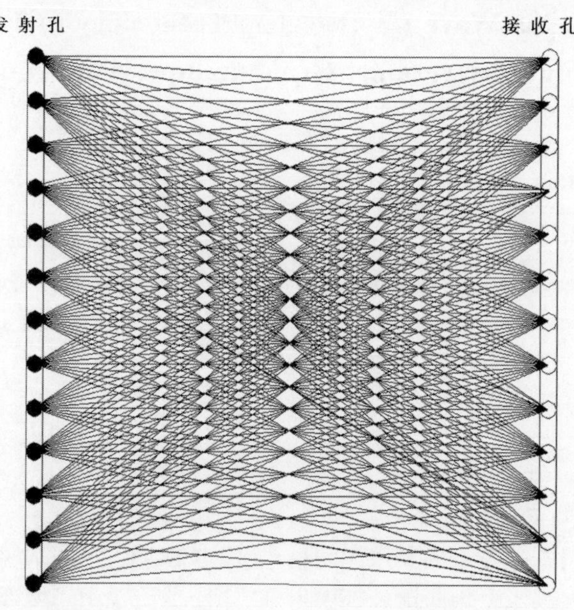

图 1 弹性波 CT 检测系统示意图

3 实践应用

3.1 大坝防渗墙检测

某水库大坝坝顶高度为 19.5 m,坝顶长 558 m,坝顶宽 6 m,溢洪道布置在大坝右侧,全长 406 m,底宽 41 m,侧墙高度为 6.9 ~ 7.9 m 渐变。据了解,2011 年 9 月水库蓄水到有史以来的高程水位 1 165 m,到 2012 年 4 月降到 1 163.5 m,此时发现大坝上游坝坡中部及右岸坝体上游坡脚部位发现了平行坝轴线和垂直坝轴线的 4 条宽度不等的裂缝,针对大坝上游坝坡裂缝产生原因及坝基、坝体渗漏情况，为清除隐患，确保大坝安全和水位的正常运行，对大坝和坝基进行高压摆喷防渗处理（见图2）。摆喷墙长度450 m左右，深度11～15 m，摆角30°，造孔直径0.2 m，孔间距1.20 m，防渗墙设计渗透系数小于1.0×10^{-6} cm/s，墙体强度大于2.0 MPa。

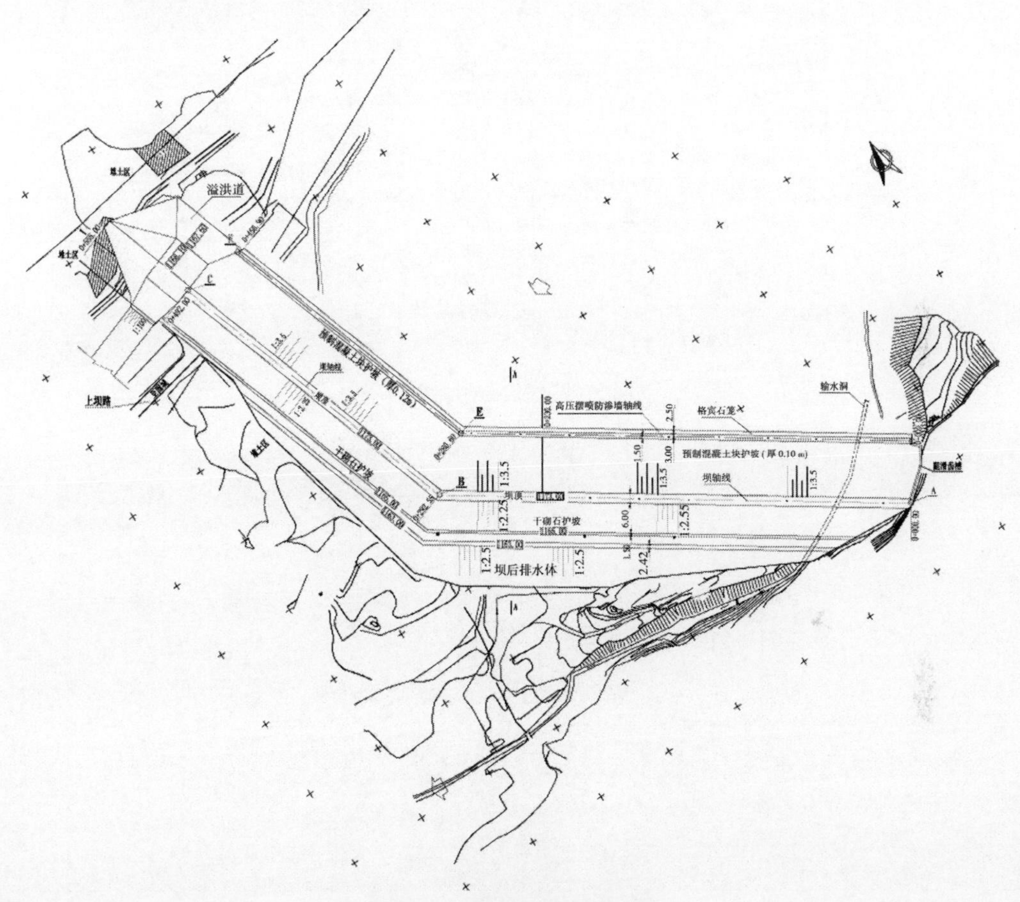

图2 大坝防渗墙平面布置

本次检测采用WZG－24A数字地震仪，配合12道井中串检波器和电火花震源，激发电压4 kV，检测间距15 m，对桩号0＋285.57～0＋300.57进行弹性波CT检测，一次震源激发后采集的弹性波走时如图3所示。

通过拾取弹性波的初始起跳时间，运用专门的弹性波CT后处理软件，反演得到该剖面的波速等值线图和波速色谱图，如图4、图5所示。

从图5可以看出该剖面的波速都在2 000 m/s以上，墙体的连续性较好。

为对比弹性波CT检测成果，在桩号0＋285.57～0＋300.57之间选取摆喷墙搭接位置钻孔取芯，芯样照片如图6所示。并做原位注水试验和芯样的室内抗压试验，结果见表1和表2。

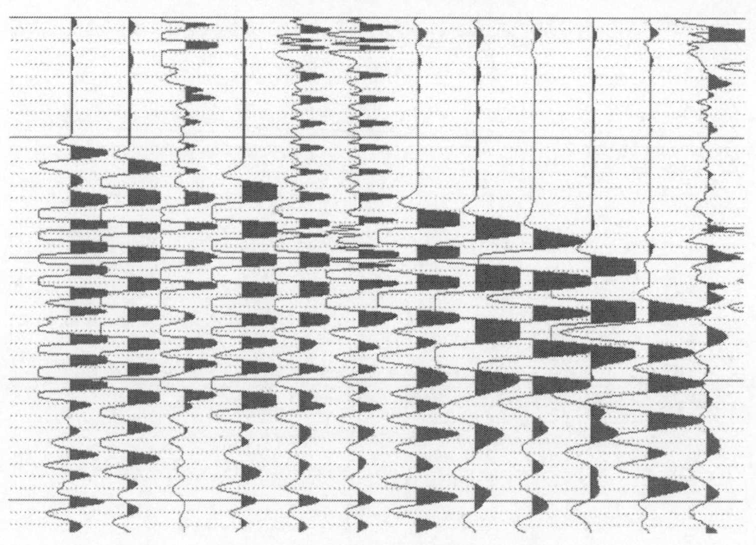

图3　弹性波波形走时

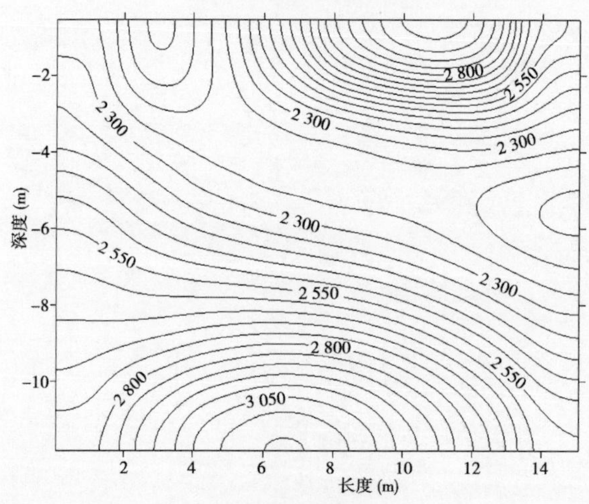

图4　波速等值线

表1　注水试验成果

试验深度(m)	渗透系数($\times 10^{-6}$ cm/s)
0～5	0.83
5～10	0.75

表2　抗压强度试验成果

芯样深度(m)	试验值(MPa)
0.1～0.3	5.30
6.7～7.0	4.10
8.0～8.2	5.00

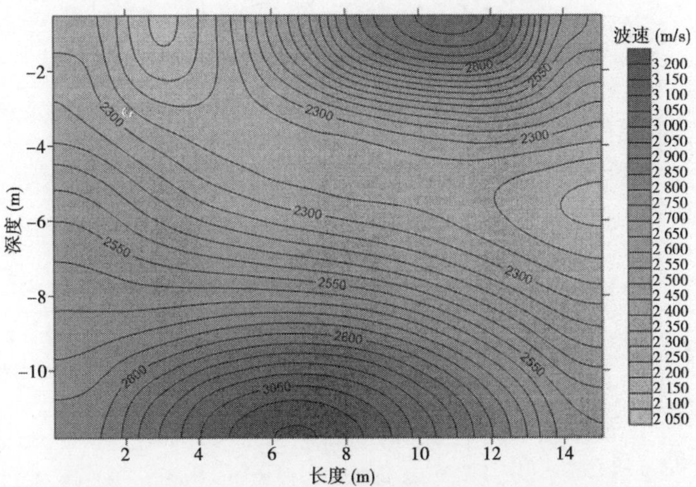

图 5　波速色谱

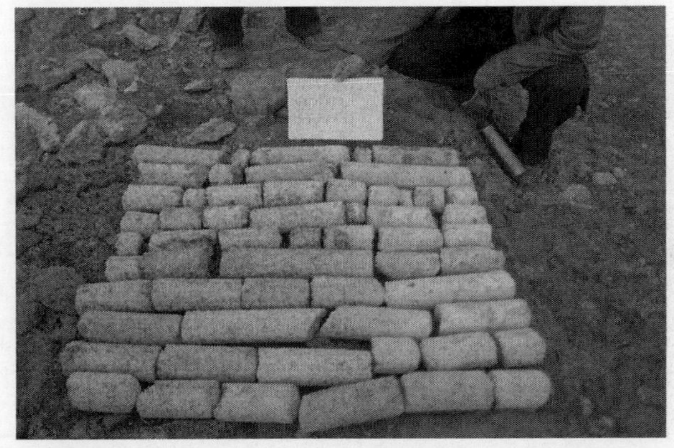

图 6　钻孔取芯照片

3.2　龙湖主湖区防渗墙检测

郑州引黄灌溉龙湖调蓄工程是一项为郑州市农业灌溉调节水量为主,兼顾生态、景观的综合性水利工程。工程位于郑州市郑东新区——东风渠北、魏河南、中州大道以东、107 国道辅道以西,工程等别为Ⅲ等,按 50 年一遇洪水设计,100 年一遇洪水校核,调蓄池总库容 2 680万 m^3,建成后水域面积 5.6 km^2,正常蓄水位 85.5 m,平均水深 4.5 m,最大水深 7 m。

根据龙湖水系的总体规划成果,在湖周共设置宽度、深度不等的湖湾十余处,在龙湖中心地带设椭圆形湖心岛,在中间区域布置一个椭圆形的中心湖。龙湖调蓄池防渗采用综合防渗方案,即垂直防渗与水平防渗相结合。沿主池区湖岸布设一道塑性混凝土防渗墙(垂直防渗),在湖湾处取直。防渗墙墙顶部与湖周护岸体或湖底壤土铺盖紧密连接,底部高程至相对不透水层以下不小于 1 m。塑性混凝土防渗墙设计厚度为 0.4 m,墙深不大于 50 m,相关技术指标见表 3,平面布置见图 7。

防渗墙完整性 CT 检测采用 WZG－24A 数字地震仪,墙内预埋直径 50 mm、厚 3 mm、间距 20 m 的无缝钢管作为检测孔,以满足抗变形能力的要求,预埋钢管布置图如图 8 所示。

表3 塑性混凝土防渗墙设计指标(28 d 技术指标)

名称	技术指标
塑性混凝土防渗墙密度	2.0~2.3 g/cm^3
抗压强度	1.5~5.0 MPa
弹性模量	500~2 000 MPa
渗透系数	<$n\times10^{-6}$ cm/s
允许渗透坡降	不小于50

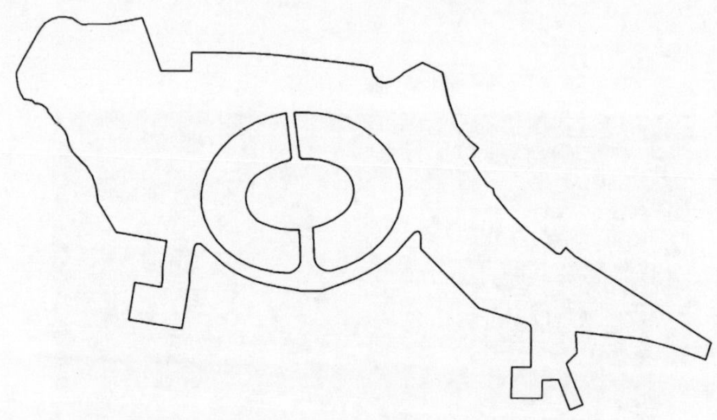

图7 龙湖主湖区防渗墙平面布置示意图

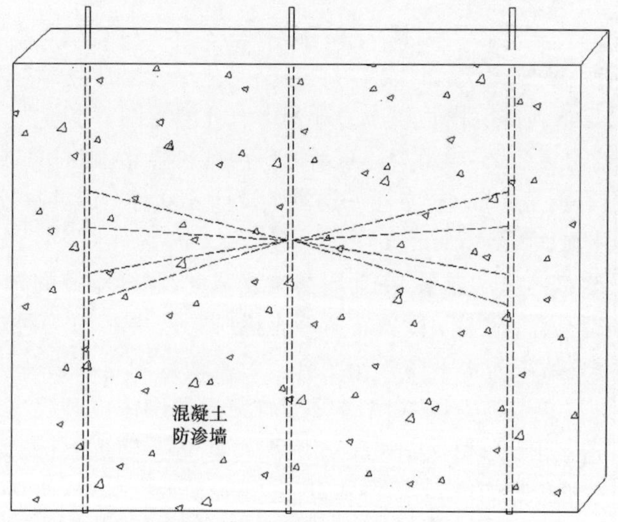

图8 预埋钢管布置示意图

经数据处理后某一剖面的CT检测成果如图9、图10所示。

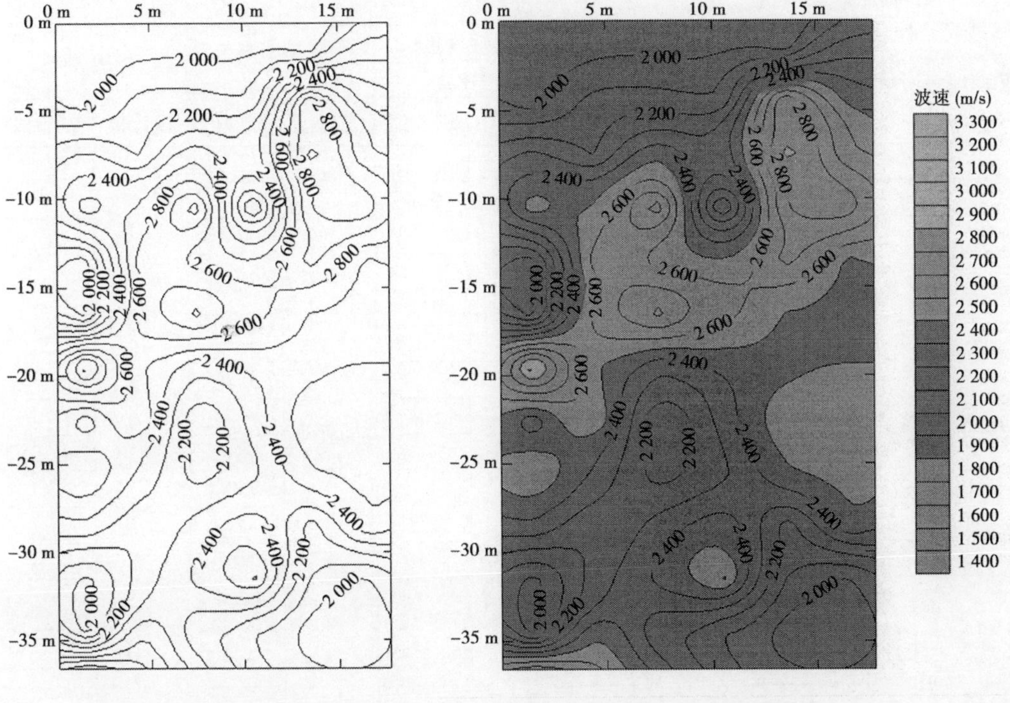

图9　剖面波速等值线　　　　**图10　剖面波速色谱**

在该剖面某一位置钻孔取芯做芯样的室内试验，并现场做常水头注水试验，采用多种方法检测该防渗墙的完整性。检测结果见表4、表5。

表4　钻孔注水试验成果

试验深度(m)	渗透系数($\times 10^{-6}$ cm/s)
0~5	1.12
5~10	1.56
10~15	2.29
15~20	2.61
20~25	3.42
25~30	4.05
30~35	4.21

表5　芯样试验成果

取样信息		检测结果							
芯样编号	取样深度(m)	抗压强度(MPa)		弹性模量(MPa)		渗透系数 $\times 10^{-7}$(cm/s)		渗透坡降	
		设计值	试验值	设计值	试验值	设计值	试验值	设计值	试验值
1	2.33~2.5		3.01						
2	2.74~3.0				503				
3	4.3~4.48								186
4	4.65~4.83						8.51		
5	6.0~6.37				512				
6	7.0~7.22						7.25		
7	8.67~8.9						5.36		
8	16.0~16.32	1.5~5.0		500~2 000	504	$n \times 10^{-6}$		不小于50	
9	17.0~17.2								215
10	18.13~18.33						5.80		
11	20.0~20.25				523				
12	20.47~20.67		2.74						
13	26.0~26.28						6.64		
14	27.7~28.0								216
15	28.24~28.45		2.21						
16	31.33~31.5						6.38		

4　结　语

综合对比弹性波CT检测结果和钻孔取芯结果,能够更准确地对墙体的连续性进行评价,两者相互验证,取长补短,是一种行之有效的检测方法。

参 考 文 献

[1] 王其升. 高压摆喷灌浆技术在围堰防渗中的应用[J]. 岩石力学与工程学报,2004,23(增2):5248-5252.

[2] 王运生,王家映,顾汉明. 弹性波CT关键技术与应用实例[J]. 工程勘察,2005(3):66-68.

【作者简介】 李延卓(1987—),男,汉族,河南方城县人,助理工程师,主要从事工程质量检测与评价。E-mail:zzlyz2014@163.com。

利用固液耦合离散元实现大坝沉降裂缝或不同分区非协商变形缝的集中渗流冲蚀模拟*

智 斌 姚成林 李维朝

（中国水利水电科学研究院，北京 100048）

摘 要 大坝沉降裂缝以及不同分区非协商变形缝的集中渗流是土石坝常见的一种渗透破坏形式。这类渗透破坏多由裂隙冲刷发展而来。目前，国内外专家渗透破坏的相关研究多集中在管涌方面，而对这一类裂缝渗透破坏关注较少。此外，由于目前的实验技术所限制，相关实验研究发现裂缝开度以及水力梯度都会对裂缝冲刷启动判别产生巨大影响。因而考虑使用数值模拟技术实现裂缝冲刷的数值模拟。与有限元模拟技术不同，离散元模拟技术可以实现对单个颗粒和单元体变形、脱离的模拟。本文即采用颗粒流离散元程序（PFC^{3D}），这一程序通过内嵌流固耦合模块实现固液耦合离散元模拟。通过研究不同摩擦系数条件下的裂隙冲刷启动过程，初步得出在不同摩擦系数下的裂隙冲刷启动规律和冲蚀规律。证明了颗粒流离散元程序在研究裂隙冲刷中的实用性，继而可以使用该模拟技术实现大坝沉降裂缝以及不同分区非协商变形缝的集中渗流的数值模拟。

关键词 土石坝；渗流；数值模拟；颗粒流离散元程序；沉降裂缝；非协商变形缝

Concentrated Flow Erosion Simulation of the Dam Settlement Crack or Non-consultation Deformation Joint With Different Zones by Solid-liquid Coupling Discrete Element Method

ZHI Bin, *YAO Chenglin*, *LI Weichao*

(China Institute of Water Resources and Hydropower Research, Beijing 100048, China)

Abstract Centralized seepage flow of earth-rock dam settlement crack and non-negotiation deformation joints in different zones is a kind of common form of seepage failure which is developed from fracture erosions. Now, experts at home and abroad who study seepage failure are mainly focusing on piping instead of this kind of seepage failure. In addition, because of the limit of the experimental technique, it is found by relevant experimental research that crack opening and hydraulic gradient will have an effect on the start discrimination of crack scour, so we consider using numerical simulation to simulate the crack scour. Indifferent from finite element simulation technology, discrete element simulation technique can simulate the deformation and the separation of individual particle and cell cube. This essay uses Particle Flow Code in 3D (PFC^{3D}) which discrete element simulation of solid liquid

* **基金项目**：国家重点基础研究发展计划项目（973 项目）（2013CB036400）——梯级水库群全生命周期风险孕育机制与安全防控理论。

coupling by embedding fluid solid coupling module. By studying the crack initiation processin different conditions of friction factor, preliminary find the disciplinarian of the crack initiation process and erosion in different conditions of friction factor. Proving the practicability of the particle flow discrete element program in studying fracture erosion, and then we can use this program to simulate the centralized seepage flow of dam settlement crack and non-negotiation deformation joints in different zones.

Key words Earth-rock Dam; Seepage; Numerical Simulation; PFC^{3D}; Settlement Crack; Non-consultation Deformation Joint

1 引 言

裂隙冲刷多见为水流在两种不同界面之间流动,即为接触冲刷,是渗透水流沿着两种不同介质的界面流动,与此同时,部分细颗粒被水流冲蚀带走的渗透破坏现象。裂缝冲刷属于影响土石坝渗透稳定性的基本问题之一[1-4]。在20世纪60年代之后,高土石坝迅速增多,薄心墙坝技术得到大力发展,经常出现心墙中产生裂缝冲刷,进而形成水力劈裂裂缝破坏实例,对大坝安全造成严重威胁[2]。土石坝的常见裂缝主要有干缩裂缝、湿陷裂缝、滑坡裂缝、冻融裂缝、不均匀沉降裂缝以及水力劈裂裂缝等[3]。可见,与管涌、流土等其他渗透破坏一样,研究接触冲刷具有很大的现实意义。然而,目前裂缝冲刷多是针对实际水利工程的反滤层级配设计研究,更多地关注裂缝发生之后的土石坝反滤层自愈设计。此外,在实际模型试验中,观察接触冲刷的启动过程比较困难,原因在于一旦发生接触冲刷,水立即会变得浑浊,依靠目视观察就变得困难。因此考虑,在微观数值模拟方面,建立裂缝面土层的微观模型,模拟裂缝冲刷启动与发展过程,提供数据研究裂缝冲刷的启动机制,为以后结合试验推导裂缝冲刷启动条件的相关判别公式提供数值基础。

目前在岩土工程领域常见的数值模拟方法包括有限单元法、有限差分法、离散元颗粒流法、不连续变性分析法等[5]。离散元颗粒流法是综合离散元法和颗粒流方法的一种混合数值模拟方法,它的理论基础是牛顿第二定律和力—位移关系方程,将实际工程简化为圆形颗粒介质,通过颗粒运动以及颗粒之间的相互作用来表达整个宏观物体的应力响应[6]。在计算求解过程中,颗粒体可以相互脱离、错动、相对滑移,不需要满足变形协调方程。代表性的软件为PFC(Particle Flow Code)。

研究接触冲刷问题时,需要模拟细颗粒在水流作用下的运动情况。因此,在接触冲刷过程中,存在水与土体的相互作用、相互影响。法国学者Darcy H. 最早通过试验来描述水在土体中的流动,提出著名的Darcy(达西)定律。而且土体本身具有各向异性,也并不是连续体,但是目前考虑土水共同作用机制的方法大都是基于连续介质假设,直接将渗透力的作用加在连续土体上分析,这与实际情况不符。因此,本文拟选用可以模拟离散颗粒体的静力—动力分析、流固耦合等分析的PFC软件来模拟接触冲刷,采用PFC颗粒流建模程序中的固定粗糙网格流体模式(The Fixed Coarse-Grid Fluid Flow Scheme)来实现流固耦合模拟。一般而言,土中水的渗流规律满足达西定律,但是当土颗粒被水流冲刷起动之后,在颗粒所处的缝隙中,水流为紊流,这个时候便不再满足达西定律,转而满足Navier-Stokes方程。而PFC中的固定粗糙网格流体模式(The Fixed Coarse-Grid Fluid Flow

Scheme)在颗粒未被水流冲起时,即仍然是“土中水”的问题,水与颗粒的相互作用采用的是达西定律;当颗粒被水冲起之后,即成为“水中土”时,则改为应用 Navier - Stokes 方程[6]。

2 离散元颗粒流数值模拟概述

在 PFC^{3D} 颗粒流软件程序中,颗粒离散体基本假定[6]为:

(1)颗粒单元为球体,且为刚体;

(2)颗粒之间的接触产生在很小的区域内,为点接触;

(3)接触行为属于柔性接触,即允许颗粒在接触点产生“重叠”;

(4)重叠量相对于颗粒本身尺寸足够小,重叠量的大小与接触力有关;

(5)在接触部位,可以设置连接约束。

模型基本单元包括 wall、ball、contact 等。在 PFC^{3D} 最新版本的软件中,所有模型都必须建立在一个 domain(域)中。然后要给定一个颗粒(ball)生成范围(wall),在该范围内生成颗粒(ball)。接触(contact)包括两种接触:颗粒与颗粒之间的接触和颗粒与墙体的接触。颗粒的生成方法常用的主要有以下两种:

(1)直接使用 BALL 命令。需要用到颗粒的坐标信息、半径以及编号。优点在于命令简单,对于颗粒位置等情况一目了然,但是在生成颗粒时,颗粒位置固定,且允许颗粒之间发生重叠。这种生成方法适于在生成小数目颗粒以及允许颗粒间有较大重叠时使用。

(2)使用 GEN(Generate)命令,通过给定颗粒的粒径范围、颗粒位置范围、颗粒编号范围、孔隙率等信息,在指定区域随机生成大量颗粒。在这一方法的模型生成过程中,颗粒之间允许“重叠”。同时利用这种方法可以实现按照指定的孔隙率和颗粒级配生成模型。这种方式尤其适于生成大量颗粒时使用,并且生成的颗粒之间不允许重叠。

除以上颗粒基本生成方法外,还有膨胀法,即在指定区域内,大量生成有较大重叠的颗粒,然后根据粒径范围和颗粒粒径膨胀比例,调整颗粒尺寸,减小重叠量,直至目标孔隙率达到,模型建立。膨胀法可以快速大量生成很多颗粒,但是在实际使用中,由于膨胀过程并未考虑重力的影响,因而在施加重力加速度之后,颗粒之间往往存在有比较大的内应力。膨胀法适用于不考虑重力影响下的模型建立。在颗粒与颗粒的接触点,接触点的相对位移可以由坐标来计算得出。

PFC^{3D} 软件的理论基础是牛顿第二定律,通过结合不同的本构关系,模拟不同介质,适用于对非连续体求解。软件内置了多种接触本构模型:线弹性模型、简单 Hertz - Mindlin 模型、库仑滑块模型;还有供选择的黏结形式,包括接触黏结和平行黏结。两种黏结接触在张力以及剪切力上具有一定的强度[6]。

PFC^{3D} 程序擅长于模拟非连续体之间的相互作用、大变形以及离散黏接颗粒粒子的断裂破坏问题。广泛适用于岩土工程、采矿工程、爆破工程、机械设计制造、材料特性研究、结构工程等领域[5]。

3 集中渗流裂缝冲刷数值模拟初探

3.1 数值模拟过程及参数

模拟裂缝冲刷,需要在指定的范围内按照指定的孔隙率大量生成颗粒,同时需要考虑重力作用,因此采用第二种建模方法可以快速实现。而第一种建模方法要求分别输入每一个颗粒的位置坐标以及半径大小,工作量很大;膨胀法则需要大量时间用以释放颗粒之间的内应力。结合计算机性能等因素,选取数值模拟模型尺寸为 0. 009 m × 0. 003 m × 0. 004 m,采用 generate 命令,选取颗粒粒径为 0. 1 mm,在 0. 007 4 m × 0. 003 m × 0. 003 m 范围内,以初始孔隙率 $n = 0.45$ 生成模型。在模型左侧留有 0. 001 6 m 空隙用于产生稳定水流,避免由于水流网格边界靠近颗粒模型边界产生边界影响。在模型的上方留有 0. 001 m 的缝隙,用以模拟不同的接触界面。如图 1 所示,颗粒(红色球体)分布的范围为:X,0. 0016 ~ 0. 009 m;Y,0 ~ 0. 003 m;Z,0 ~ 0. 003 m。

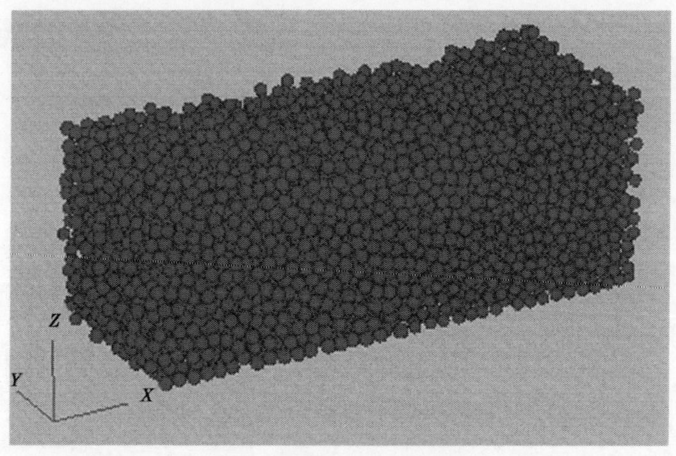

图 1　模型生成三维视图

生成基本模型之后,输入重力参数,使颗粒材料自然沉降,通过计算循环达到自然状态下的初始应力状态(见图 2),红色线条代表颗粒之间的接触(contact)情况,由图 2 可见,模型下部颗粒之间的接触较为紧密,为在重力条件下的应力状态。在初始应力状态的基础上再加入固定粗糙流体网格(The Fixed Coarse-Grid Fluid Flow Scheme)。在构建流体网格时,应比照生成的颗粒模型的大小,在原有模型基础上扩大一定尺寸,如图 3、图 4 所示,建立流体网格范围是:X, −0. 002 5 ~ 0. 009 5 m;Y, −0. 000 5 ~ 0. 003 5 m;Z, −0. 000 5 ~ 0. 005 5 m,以保证所有的颗粒均处在流体范围之内,同时避免流体模拟时流体边界效应的影响。经过多次调试发现,应用 PFC 软件在使用固定粗糙流体网格模拟流固耦合时,为了保证计算的稳定性和准确性,务必保证在冲刷模拟过程中,每一个小立方体单元中至

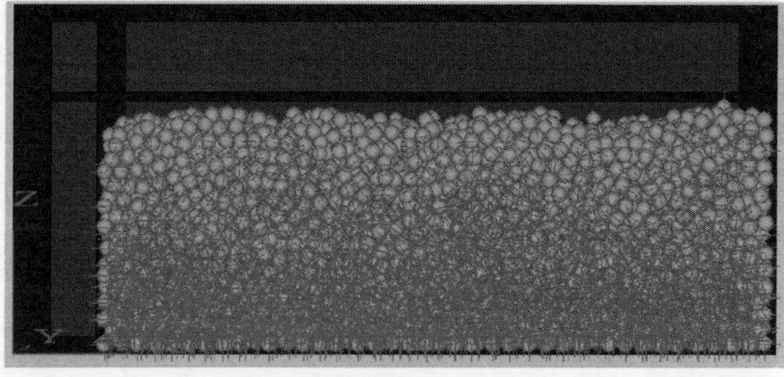

图 2　模型初始应力状态

少有 10 个以上的颗粒,因而网格划分比为 16、12、12。生成的固定粗糙流体网格见图 3。流体模拟流动方向为自左向右流动,水压 1 kPa,模拟流体流速稳定后为 2 m/s。

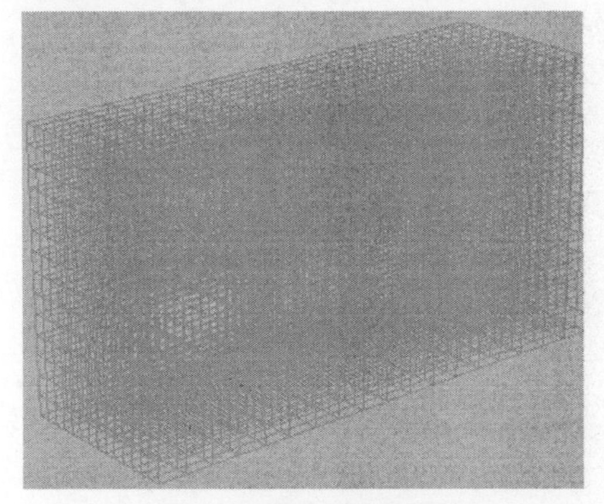

图 3　固定粗糙流体网格

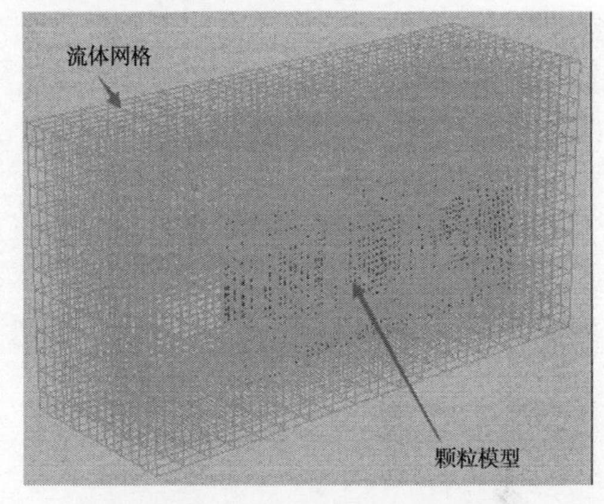

图 4　颗粒体与流体网格相对位置图

数值模拟的具体参数如表 1 所示。

表 1　数值模拟参数表

参数	取值
颗粒属性	
密度(kg/m^3)	2 600
法向接触刚度(N/m)	1 000 000
切向接触刚度(N/m)	1 000 000
重力(m/s^2)	9.81
流体参数	
水流压力(Pa)	1 000
密度(g/m^3)	1 000
黏滞力(N)	0.001

边界条件:与 XZ 平面平行的两个边界为不透水滑动边界,并且颗粒不能穿过;与 YZ 平面平行的两个边界为透水边界,但颗粒不能穿过,其中在水流下游的边界上部裂缝部位颗粒可以穿过;与 XY 平面平行的下边界为不透水边界,颗粒不能穿过;与 XY 平面平行的上边界为自由边界。

在本次研究中,考虑研究摩擦系数对接触冲刷的影响,故而分别在摩擦系数为 0.50、0.70、0.84(分别对应的摩擦角为 27°、35°、40°)的条件下进行模拟。根据单一变量原则,每一次模拟除摩擦系数外其余颗粒属性参数和流体参数保持不变。每一次模拟都在 time = 0.90 s 终止模拟,整个接触冲刷模拟持时 0.87 s。为了使得不同模拟具有可比性,控制每一次数值模拟的采样时间一致。所有数值模拟的收敛条件一致。

3.2 数值模拟结果分析

数值模拟结果如图5所示。其中图5(a)为摩擦系数为0.5的数值模拟终态,将所有数值模拟的结果均输出,导入origin软件做后处理,得到了图5(b)、(c)、(d)。

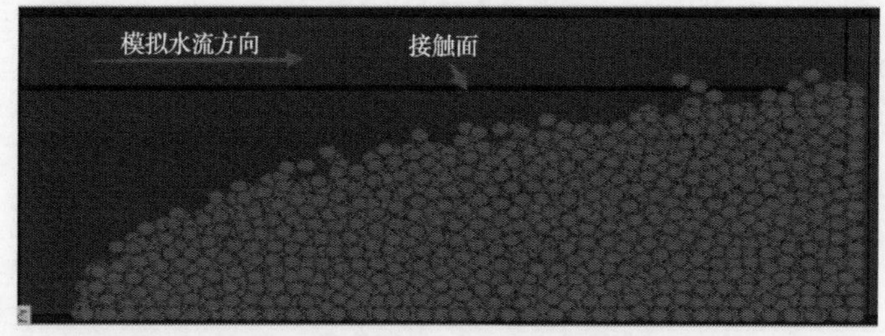

(a)摩擦系数为0.5的数值模拟终态

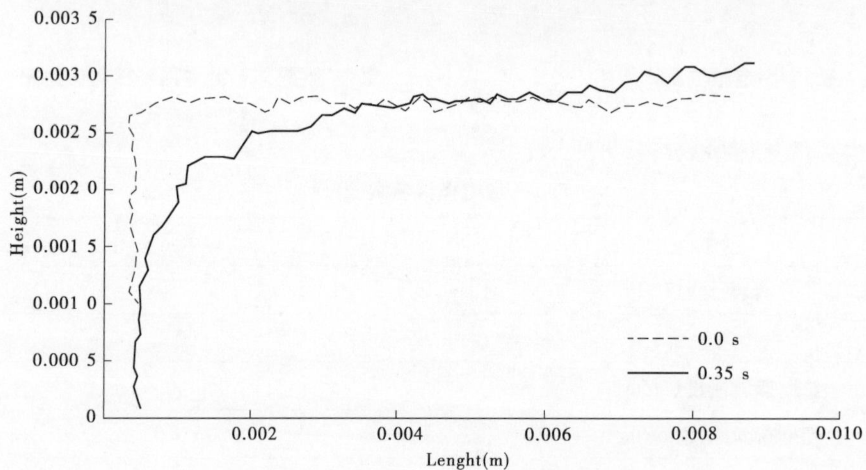

(b)friction=0.5时冲刷初期左侧边界变化

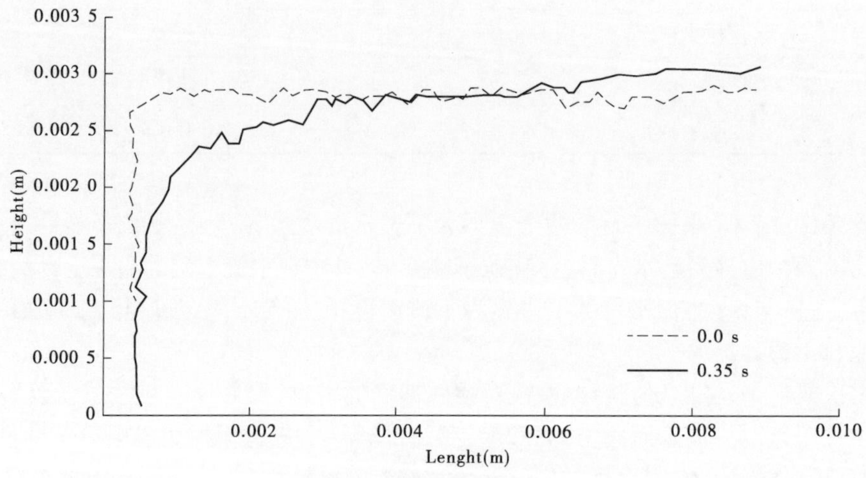

(c)friction=0.7时冲刷初期左侧边界变化

图5 数值模拟结果

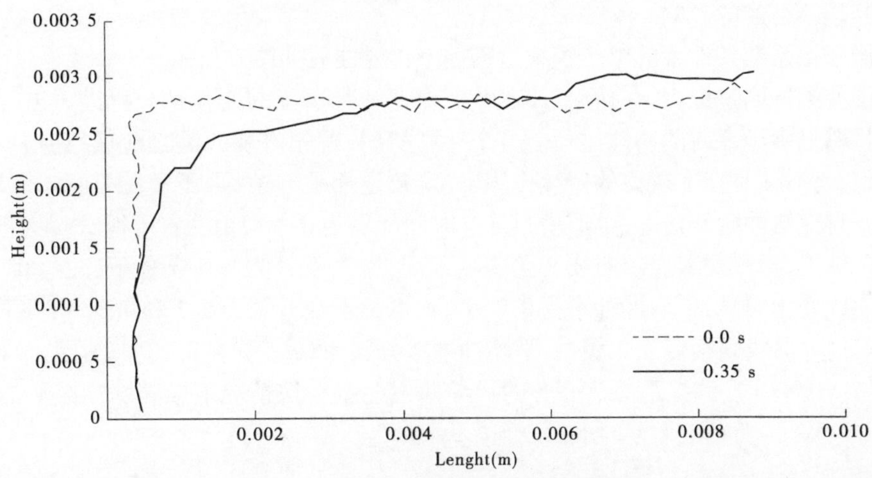

(d) friction = 0.84 时冲刷初期左侧边界变化

续图 5

观察整个数值模拟过程,发现在数值模拟刚施加水流时,颗粒并未立即被冲走,在水流速度逐渐增大并稳定的过程中,颗粒开始出现冲走现象。由图 4 可以看出,在接触冲刷启动初期,不同摩擦系数条件下的模拟结果都出现了剪切现象,左侧边界顶端在水流压力作用下被剪切。在渗透力的作用下,颗粒克服颗粒之间的摩擦力被冲走。表 2 反映了在 0. 35 s 时刻的不同摩擦系数条件下的冲蚀情况。

表 2　0. 35 s 时刻冲蚀情况统计

摩擦系数(摩擦角)	累计冲蚀颗粒数目(个)	累计冲蚀率(%)
0. 50(27°)	482	5. 79
0. 70(35°)	392	4. 71
0. 84(40°)	390	4. 69

由表 2 可以看出,由于颗粒之间的摩擦系数不同,使得整个剪切过程被冲走的颗粒数目不同。摩擦系数越大,水流压力克服颗粒之间的摩擦力就越困难,颗粒就越不容易被冲走。

而三次模拟都出现了模型的迎水面顶角被剪切的现象,原因在于,在水力剪应力不断地作用下,迎水面的软弱部分就会被冲刷。而迎水面上方的顶角部分,两面临空,一面直接受到水流的正面冲刷,上面受到水力的不断侧蚀,在两者的共同作用下,迎水面顶角部分的颗粒就被剪切。剪切部分的大小受到摩擦系数的影响。在水头压力相同的情况下,摩擦系数较小,迎水面被剪切部分就较大;反之,则较小。渗透力克服颗粒之间的摩擦力需要一个过程,这个过程就是渗透水流流速达到稳定的过程。综上所述,在裂缝冲刷启动初期,首先是迎水面(左侧边界)受到水压力作用,颗粒会首先被冲蚀,表现为迎水面顶角被剪切。考虑今后可以以水力剪应力作为裂缝冲刷的判别条件,该参数综合考虑了水力梯度以及裂缝开度的影响。

不同摩擦系数条件下的整个模拟过程模型边界曲线如图 6 所示。

整个接触冲刷过程中,在接触冲刷初期,根据颗粒边界的变化情况可以看出,冲蚀的颗粒数量明显多于之后的冲蚀过程。整个冲刷初期,首先出现的是之前提到的迎水面顶角被剪切,之后便是在水压力的持续作用下,颗粒逐渐被冲蚀,进而慢慢形成一个较圆滑的曲线。自接触冲刷开始起,数值模拟采样时间间隔为 0.1 s,由图 6 可得出,在不同的摩擦系数条件下,每一次采样的曲线变化速度不同,摩擦系数为 0.5 条件下,间隔 0.1 s,模型边界曲线变化明显,平均冲蚀率为 0.36%;而摩擦系数分别为 0.7 和 0.84 条件下,相同采样间隔边界曲线则相对变化缓慢,平均冲蚀率分别为 0.27% 和 0.23%。在数值模拟终止时刻($T=0.87$ s),摩擦系数为 0.5 的边界曲线显示在该情况下颗粒被冲蚀量最大,累

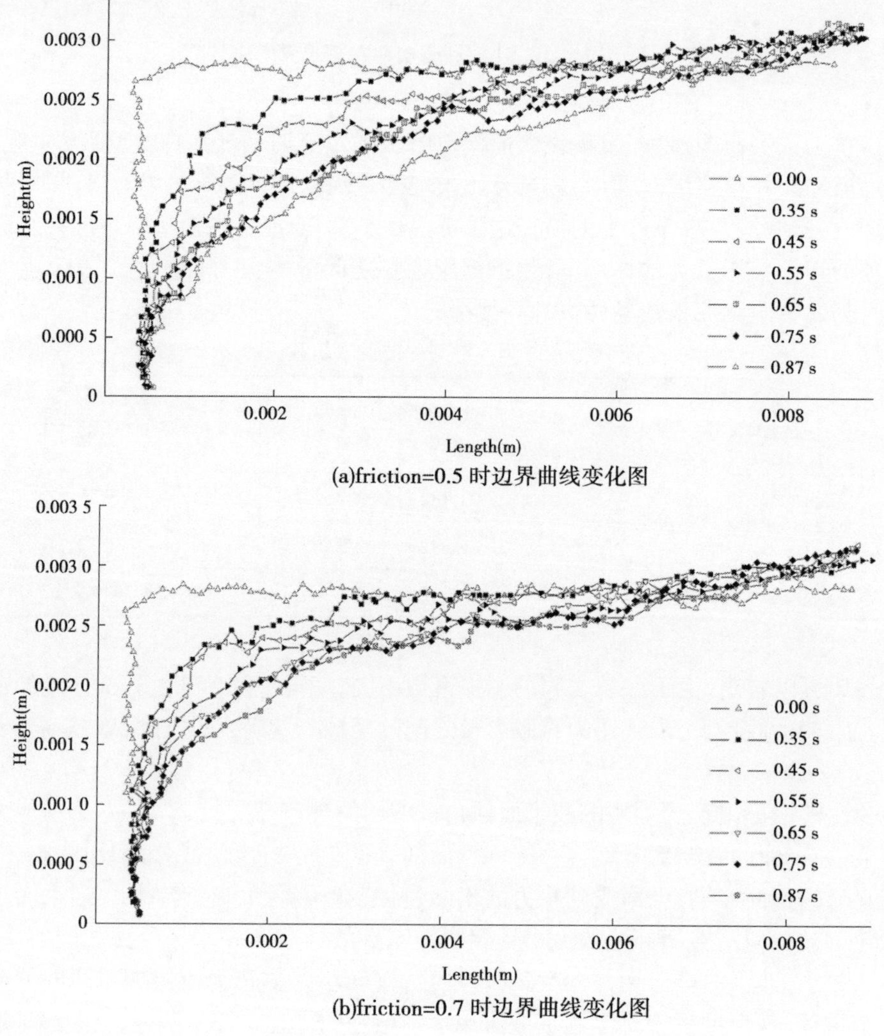

(a)friction=0.5 时边界曲线变化图

(b)friction=0.7 时边界曲线变化图

图 6　不同摩擦系数条件下整个模拟过程模型边界区线

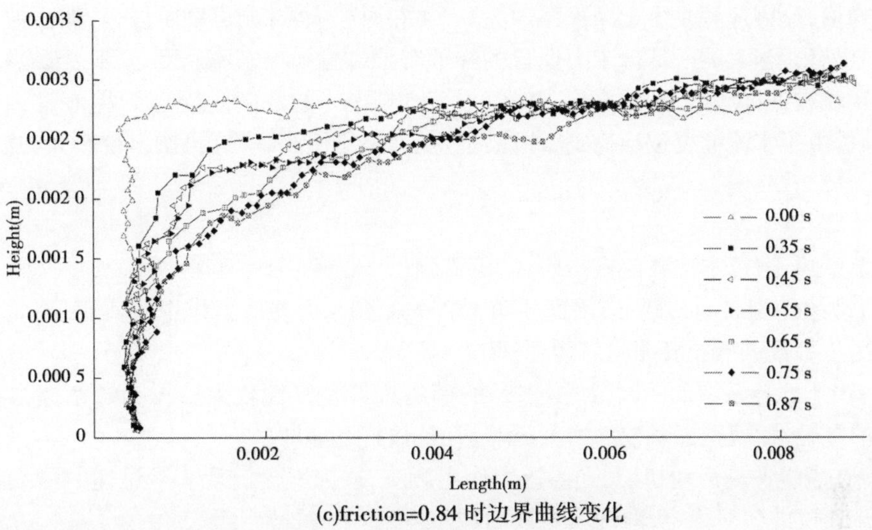

(c)friction=0.84 时边界曲线变化

续图 6

计冲蚀率为 22.7%，剩余颗粒的模型边界逐渐形成了圆滑曲线；而摩擦系数为 0.7 和 0.84 条件下，则显示出较高的模型边界，表明这两种情况下，在整个数值模拟过程中，被冲蚀的颗粒较少，累计冲蚀率分别为 17.2% 和 14.2%。以上说明，PFC 软件在模拟离散问题时，可以很清楚很直观地显示不同条件下的模拟变化情况，对微观问题的模拟效果较好。

从图 7 可以看出，在流体冲刷启动初期（$t=0.27\sim0.29$ s），冲蚀率出现了非常迅速的增长，分别增大到 0.829%（摩擦系数为 0.5）、0.733%（摩擦系数为 0.7）、0.529%（摩擦系数为 0.84）。由于摩擦系数 0.5 相对于 0.7 和 0.84 较小，颗粒易被水流冲蚀，因而冲蚀率最大值比在摩擦系数为 0.7 和 0.84 条件下要大。在 $t=0.29$ s 之后，摩擦系数为 0.5 和 0.7 两种条件下，冲蚀率逐渐降低并保持相对稳定，而摩擦系数为 0.84 条件下则出现

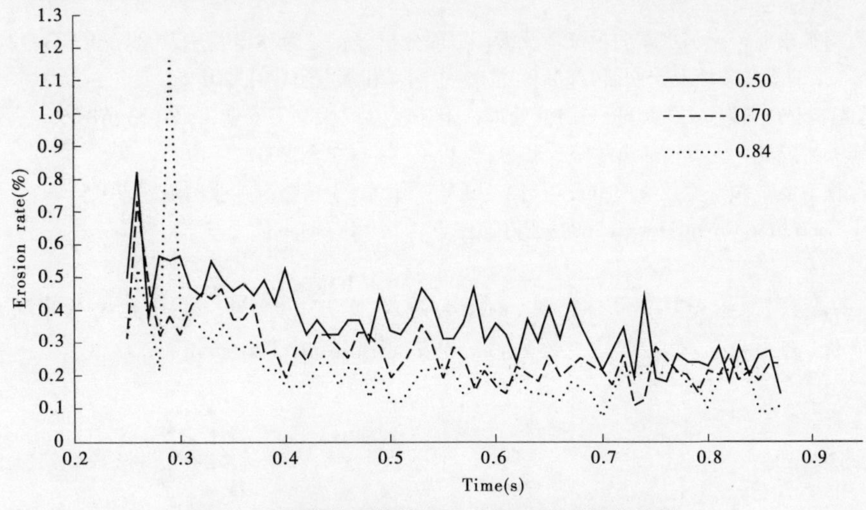

图 7　不同摩擦系数情况下冲蚀率随时间变化图

了一次峰值,原因应该是由于摩擦系数为0.84相对较大,冲刷启动阶段,虽然已被冲蚀一部分,但仍有相当大的一部分未有明显的冲蚀现象,之后,在水流速度达到稳定之后,剩余的大量颗粒被冲蚀起来,冲蚀率出现峰值。三种情况下的数值模拟均表明,在冲蚀率达到峰值之后,由于水流速度逐渐稳定,冲蚀率也随着稳定下来,没有再次出现较大的波动。

4 结 论

综上所述,通过本次数值模拟研究,可得到以下结论:

(1)裂隙冲刷启动初期,迎水面顶角会首先受到水力剪应力作用被剪切,因此考虑今后选用这一参数进行裂缝冲刷启动判别。

(2)由于摩擦系数的不同,冲刷末态的模型边界差异性较大。较小的摩擦系数会剩余少量的颗粒,随着摩擦系数的增大,剩余颗粒数目逐渐增多。

(3)在裂缝冲刷启动初期,受渗透力作用影响,冲蚀率会出现非常迅速的增大,之后,随着水流速度的相对稳定,冲蚀率也逐渐稳定下来。

(4)这一数值模拟试验说明,PFC软件适用于模拟不连续介质在宏观、细观和微观结构上的变形、分离等现象,可以观察到实验室不能获得的现象(接触冲刷启动),并且通过施加函数功能,可以进一步实现对力学指标的检测记录。

与此同时,本次研究也存在一些不足。首先,固定粗糙流体网格在实际使用中,对流固耦合的模拟还是有不理想的情况,只是通过施加了一个作用在所有颗粒重心位置的体力来模拟渗透力,并不能实现对孔隙水压力产生的模拟;其次,本次数值模拟采用了单一粒径,并没有考虑颗粒级配的影响,颗粒级配也会对接触冲刷产生影响;同时,由于条件所限,并没有通过试验相佐证。以上这些都是接下来的研究重点。同时,由于PFC软件在几何特性、物理特性和计算方式的描述等方面较其他数值模拟软件复杂,很多复杂的检测记录功能和数值模拟功能在今后将是数值模拟的主要方向。

参 考 文 献

[1] 解家毕,孙东亚. 全国水库溃坝统计及溃坝原因分析[J]. 水利水电技术,2009,40(12):124-128.
[2] 刘杰. 土的渗透破坏及控制研究[M]. 北京:中国水利水电出版社,2014.
[3] 牛运光. 土石坝裂缝原因分析与防治处理措施综述[J]. 大坝与安全,2006(5):61-66.
[4] 汝乃华,牛运光. 土石坝的事故统计和分析[J]. 大坝与安全,2001,1(1):31-37.
[5] 石崇,徐卫亚. 颗粒流数值模拟技巧与实践[M]. 北京:中国建筑工业出版社,2015.
[6] Itasca Consulting Group, Inc. (2008) PFC3D, v. 4.0. Minneapolis.

【作者简介】 智斌(1989—),男,山西太原人,助理工程师,硕士,主要从事大坝安全检测与评价、岩土数值模拟相关工作。E-mail:cugbzhibin@126.com。

稳态表面波法在压力钢管回填灌浆质量检测中的应用

邓中俊　姚成林　杨玉波　贯永梅　王会宾

（中国水利水电科学研究院，北京　100042）

摘　要　引水式水电站压力钢管安装及回填灌浆完成后，为避免回填灌浆不密实对压力钢管运行造成的危害，需要对钢衬砌洞段的回填灌浆效果和质量进行检测。由于常用的地质雷达和其他无损检测方法不适用于钢衬砌洞段检测，本文采用稳态表面波技术对某水电站钢衬砌混凝土进行了试验性检测，结果表明，采用稳态表面波法能够准确探明压力钢管外侧混凝土衬砌与围岩之间的回填不密实区域，钻孔结果表明探测结果准确可靠，并根据检测结果再次进行了回填灌浆，确保了压力钢管洞段的运行安全。

关键词　稳态表面波；压力钢管；衬砌；灌浆；检测

Application of Steady State Surface Wave Method in the Quality Inspection of Backfill Grouting of Pressure Steel Pipe

ZHENG Zhongjun, YAO Chenglin, YANG Yubo, JIA Yongmei, WANG Huibin

(China Institute of Water Resources and Hydropower Research, Beijing 100042, China)

Abstract　When we complete the erection of the penstock and the backfill grouting of the diversion type power station, it is necessary to check the quality and the effect of the backfill grouting in steel lining segment in order to avoid the bad effect of the leakiness of the backfill grouting. This essay uses steady state surface wave technique to check the steel lining concrete in one hydropower station because the frequently - used geological radar and anyother nondestructive examination methods are not suitable for steel lining segment, and the result shows that, the steady state surface wave technique can verify the area where the backfill is not dense between the outside of the penstock and the wall rocks. The result of drilling shows that the detection result is accurate and reliable. We operated backfill grouting again based on the detection result to make sure the penstock segment running safely.

Key Words　steady state surface wave; penstock; lining; grout, check

1　引　言

西部某引水发电式水电站在正式投产运营一年以后，出现了厂房后边坡渗水的情况，后经停水检查，发现是该水电站的压力钢管出现了撕裂，长度超过 100 m。经查，主要原因是钢衬砌外部的混凝土衬砌与围岩之间的回填灌浆部位出现了不密实和脱空，造成压力钢管在高压运行状态下的受力不均。由于压力钢管衬砌长期在高压状态下运行,如果发生撕裂,无法进行修复,只能拆除重新安装,给该水电站造成巨大损失。

与该水电站相邻的另一引水发电式电站正处于建设期,为避免重蹈覆辙,在压力钢管和回填灌浆结束后、安装蝶阀前,邀请检测单位对该电站压力钢管段进行回填灌浆质量检测,衬砌部位示意图如图 1 所示。为了解决这一问题,我们采用了稳态表面波法进行检测试验,试验结果表明,该方法能快速检测出钢管外混凝土与围岩的之间的脱空部位,检测结果准确可靠。

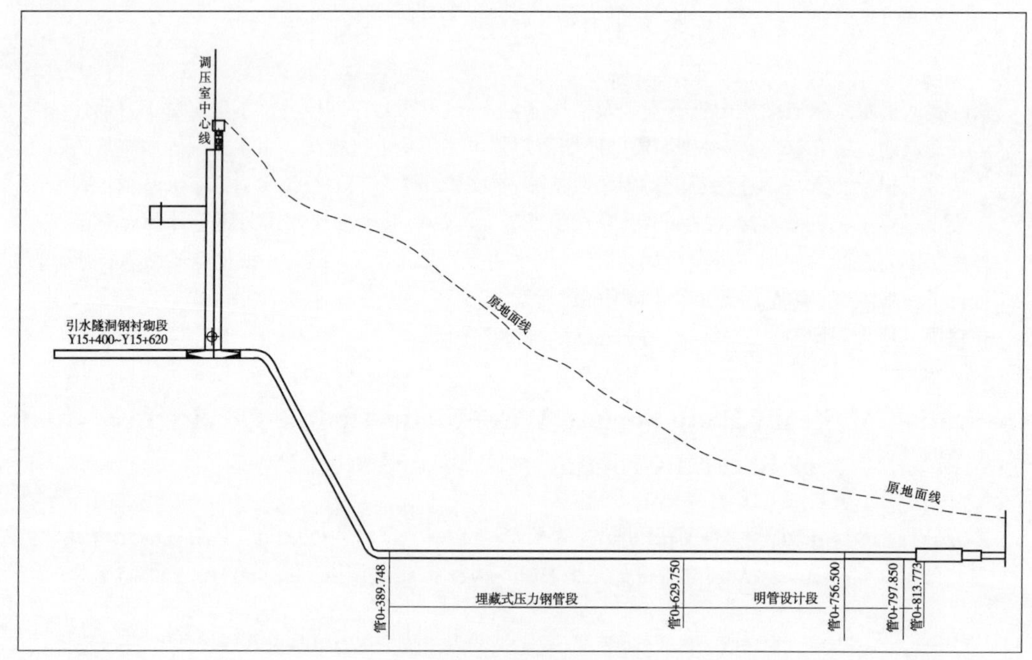

图 1 压力钢管段布置

2 稳态表面波法检测混凝土裂缝的原理

表面波(Rayleigh Wave)简称 R 波,又称瑞雷波,是弹性波中的一种,它由纵波和垂直极化的横波合成。在均质弹性半无限空间中,在竖向动荷载作用下产生,并呈椭圆形波面沿介质表面向前传播,其能量绝大部分集中在一个波长深度范围内。它的传播速度 V_R 与传播介质的特性有关,与振动频率无关。由于其相对于 P 波(纵波)和 S 波(横波)具有较大的能量,容易分辨,成为弹性波检测中应用最广泛的一种检测波[1,4]。

表面波在弹性体中面波波速与频率的关系为:

$$V_R = f \cdot \lambda_R$$

式中:V_R 为表面波波速;λ_R 为波长;f 为波的震动频率。

V_R 由弹性体常数确定,对于一定特性的介质体 V_R 为定值,通过上述函数关系,f 与 λ_R 成反比例关系。因此,波在均匀介质中以一定速度传播,若改变波的频率即能改变波的波长,若面波呈正弦振动,则相邻两点 P_AP_B 波动相位差 φ,已知 P_AP_B 之间的距离为 D,

则 $V_R = 2\pi fD/\varphi$。

由于波在介质中的“趋肤效应”，表面波的等效传播深度 $D = 1/2\lambda_R$[3]。据此，当控制表面波的激振频率，就能控制表面波的等效传播深度。对于混凝土而言，如果混凝土内部特性均匀，则其不同深度的 V_R 为定值，若混凝土内部特性不均匀，则不同深度的 V_R 值就不同，此即表面波在混凝土中的频散特性。

稳态表面波方法就是在混凝土表面采用稳态激振，产生固定频率的表面波信号以控制表面波波长。检测时通过改变激振频率 f 测得不同频率时的 V_R，来实现从表面以下逐层对不同深度范围内的混凝土进行扫描，分层检测混凝土的内部特性，因而可以解决无损检测中的很多问题。

3 稳态表面波裂缝检测系统

根据上述原理，作者所在单位自主研发了稳态表面波混凝土质量检测系统，系统工作原理示意图如图 2 所示。发射系统运用单频脉冲波作为激发震源，传播速度用首波相位差计算，可减少声干涉的影响，并通过相关计算来消除混凝土不均匀性的影响。

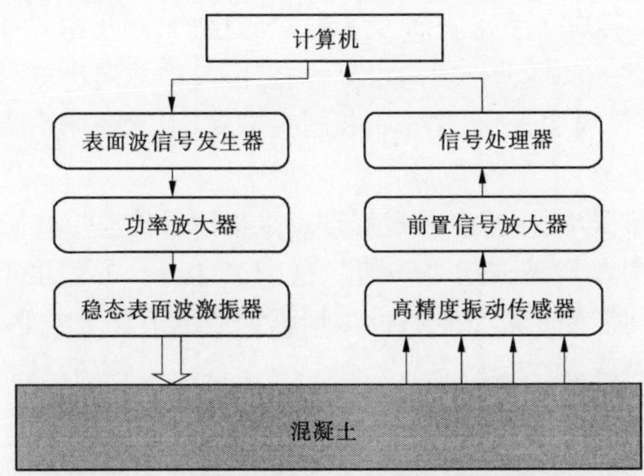

图 2 稳态表面波混凝土质量检测系统原理

检测流程如下：稳态表面波信号发生器、功率放大器及稳态表面波激振器组成发射系统向被检测的介质发射所需的表面波。拾振器、前置放大器、信号处理器及微机组成接收系统，对表面波信号进行拾取、放大、A/D 转换以及有用信息的提取、分析计算并将结果输出。

现场测点布置示意图如图 3 所示，图中 G 点为稳态表面波激振器的激振点，P_1、P_2 为高准确度拾振器的测试点，一个激振点周围可根据实际情况布置多个测点。

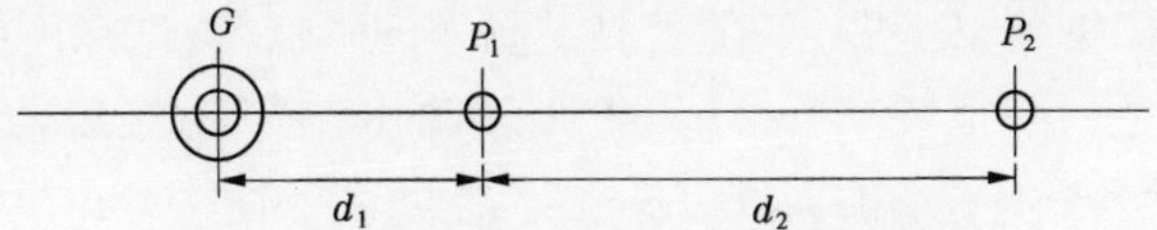

图 3 稳态表面波检测测点布置示意图

现场检测时，根据检测深度的需要，稳态表面波的发射频率从较高的频率开始，逐步降低发射频率，直至达到要求的检测深度。拾振器接收的信号经过滤波、互相关计算及

Hilbert 变换后,计算得到不同频率的表面波在两拾振器之间传播的延迟时间及幅度衰减等参数,根据这些参数,可计算得到表面波在混凝土中的传播速度,根据波速便可评价混凝土的质量。

在本次试验中,测线位于拱顶部位,便于检测及异常标记,检测过程中以管节为单元,每 3 个管节检测一次,测点间距为 6 m,现场测点布置示意图如图 4 所示。

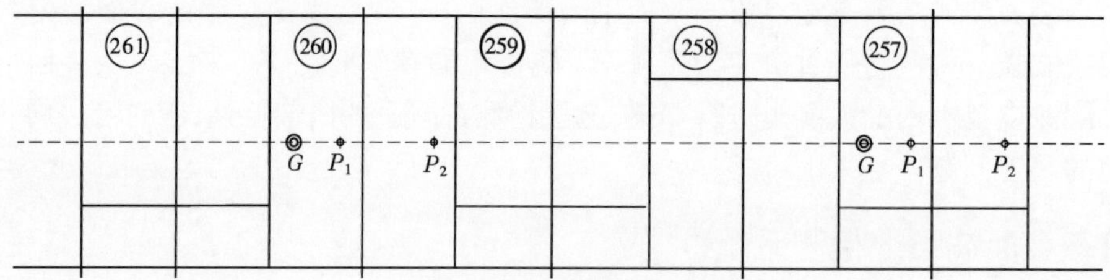

图 4　现场测点布置示意图

4　试验结果

现场检测采用 RL－2000 系列表面波无损检测仪,对该水电站引水隧洞钢板衬砌段(桩号:Y15＋400～Y15＋620)进行现场检测,测点由大桩号向小桩号布置(即 15＋620～15＋400),测点号以红色喷漆标示,位于钢板衬砌右侧,引水隧洞钢板衬砌段共布置 36 个测点。

钢衬砌洞段合计布置 98 个测点。根据现场采集记录的波形和测试值,计算测点表面以下等效传播深度范围内 R 波波速平均值。这个速度反映的是表面以下特定深度处两个拾振点 P_1 和 P_2 之间混凝土的平均特性。根据测点的表面波波形参数、频散特性来评价钢衬砌的混凝土填筑质量。

4.1　无异常测点频率—时间曲线

如图 5、图 6 所示,压力钢管 305#测点及 308#测点的频率—时间曲线图,随着测试频率的降低、测试深度的增加,通过计算表面波波速,未出现低速异常区间,表明该测点不存在不密实区。

通过对钢衬砌洞段其他测点检测数据的计算分析,大部分测点的频率—时间曲线较为平缓,频率—时间曲线具有类似的曲线特征,根据 305#测点及 308#测点的判别依据进行判别,未出现低速异常区间,表明这些测点不存在不密实区。

4.2　异常测点频率—时间曲线

同图 5 和图 6 得到的频率—时间曲线不同,有些测点的频率—时间如图 7～图 10 所示。

如图 7 所示,压力钢管 194#测点,随着测试频率的降低,测试深度的增加,出现低速异常区间。从图中可得到:特征频率 $f_1=1\ 700$ Hz,瑞丽波在二拾振器之间的传播时间 $\Delta t=658$ μs;特征频率 $f_2=500$ Hz,瑞丽波在二拾振器之间的传播时间 $\Delta t=658$ μs,根据瑞丽波检测原理计算,压力钢管 194#测点 0.45～0.81 m 存在不密实区。

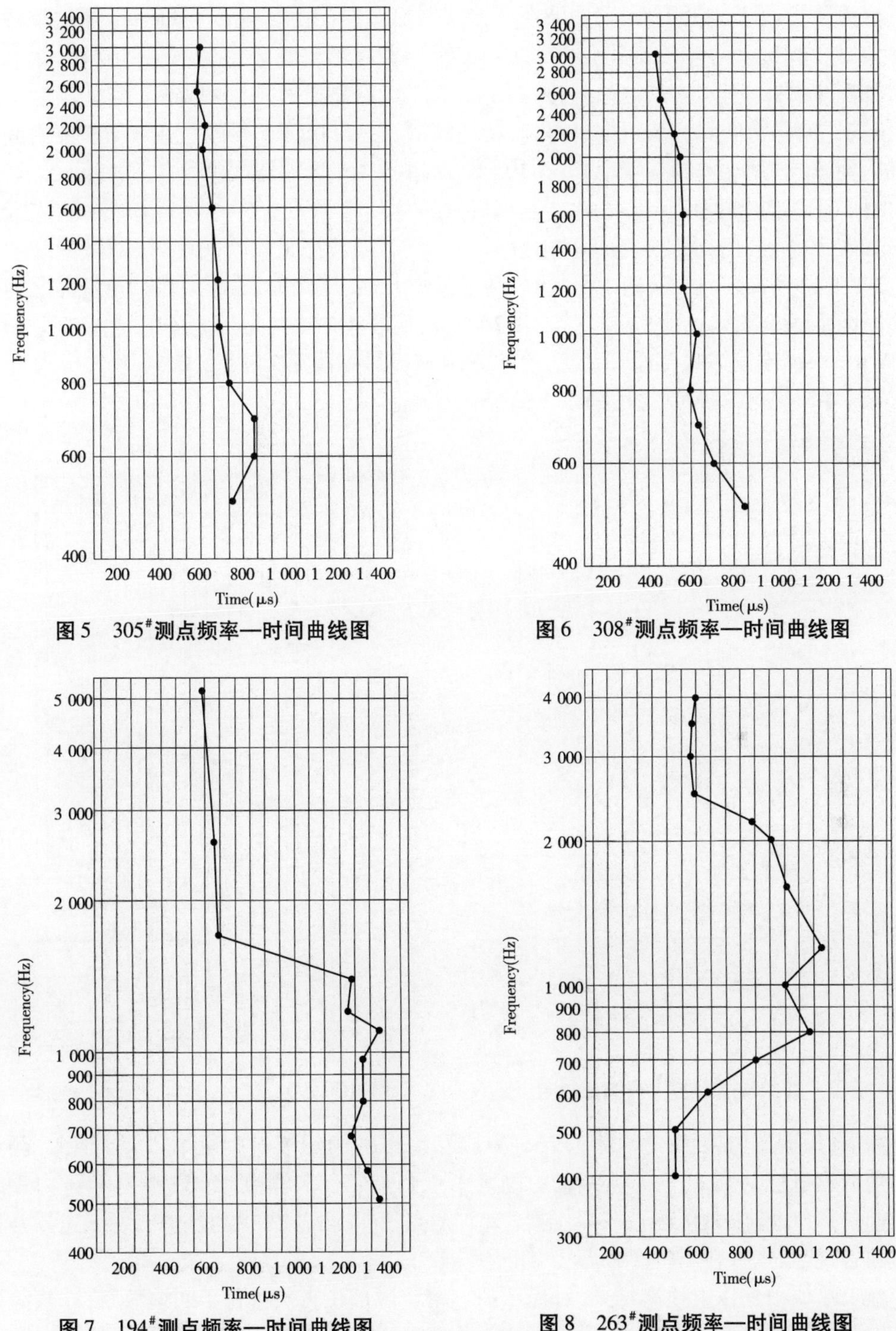

图5 305#测点频率—时间曲线图

图6 308#测点频率—时间曲线图

图7 194#测点频率—时间曲线图

图8 263#测点频率—时间曲线图

如图8所示，压力钢管263#测点，随着测试频率的降低、测试深度的增加，出现低速异常区间。从图中可得到：特征频率 $f_1 = 2\ 200$ Hz，瑞丽波在二拾振器之间的传播时间 $\Delta t =$

857 μs;特征频率f_2 = 700 Hz,瑞丽波在二拾振器之间的传播时间Δt = 866 μs,根据瑞丽波检测原理计算,压力钢管 263#测点 0.27 ~ 0.78 m 存在不密实区。

如图 9 所示,引水隧洞钢板衬砌段第 22 测点,随着测试频率的降低、测试深度的增加,出现低速异常区间。从图中可得到:特征频率f_1 = 2 000 Hz,瑞丽波在二拾振器之间的传播时间Δt = 730 μs;特征频率f_2 = 1 100 Hz,瑞丽波在二拾振器之间的传播时间Δt = 758 μs,根据瑞丽波检测原理计算,引水隧洞钢板衬砌段第 22 测点 0.5 ~ 0.7 m 存在不密实区。

如图 10 所示,引水隧洞钢板衬砌段第 25 测点,随着测试频率的降低、测试深度的增加,出现低速异常区间。从图中可得到:特征频率f_1 = 2 000 Hz,瑞丽波在二拾振器之间的传播时间Δt = 1 306 μs;特征频率f_2 = 1 700 Hz,瑞丽波在二拾振器之间的传播时间Δt = 1 336 μs,根据瑞丽波检测原理计算,引水隧洞钢板衬砌段第 25 测点 0.4 ~ 0.6 m 存在不密实区。其他测点的判别方法同以上情况类似。

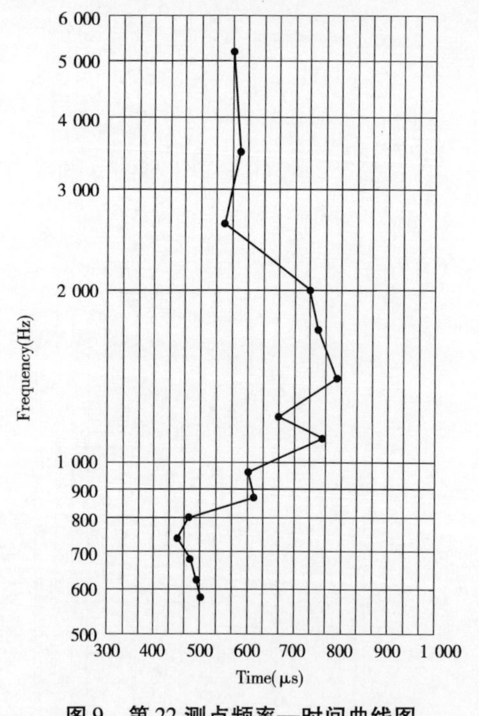

图 9　第 22 测点频率—时间曲线图

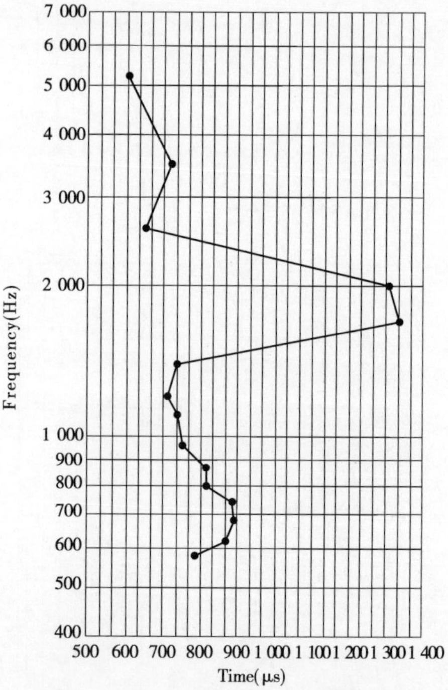

图 10　第 25 测点频率—时间曲线图

综上,根据压力钢管 194#测点、263#测点和引水隧洞钢板衬砌段第 22 测点、25 测点的判别依据进行判别,引水隧洞钢板衬砌段第 4 测点、第 17 测点、第 33 测点和压力钢管 173#测点、200#测点、209#测点、242#测点、251#测点、269#测点、290#测点均出现低速异常区间,表明这些测点存在不密实区。

施工单位根据以上检测结果,对提示的不密实区部位再次进行了回填灌浆,灌浆结束后又进行了复测,直到没有发现脱空区域为止,为压力钢管的安全运行提供了保证。

5　结　语

综上,对于压力钢管和钢筋较密集部位的内部不密实区的检测,稳态表面波技术的确可以发挥特殊的技术优势,能够检测出钢板和密集钢筋表面以下混凝土与围岩之间的不密实区域,解决了实际工程应用中一部分之前难以解决的问题。此外,在质量检测方面,相对瞬态表面波,稳态表面波技术且具有震源场稳定、抗干扰能力强、检测精度高的优点,可以解决目前混凝土检测中的诸多难题。但在实际应用过程中,也存在一些问题,如震源的功率和能量直接决定检测深度,不同的检测深度需要不同型号的震源;现场检测时,大体积的震源不易安装,对拾振器现场布设精度要求较高等不利因素。作者相信,随着震源技术的不断进步,会出现更加便携且用途多样的稳态震源,稳态表面波检测技术在地基检测方面的应用亦将越来越广泛。

参 考 文 献

[1] Achenbach J D, Gautesen A K, Mendelsohn D A. Ray Analysis of Surface Wave Interaction with an Edge Crack[J]. IEEE Transaction on Sonic and Ultrasonics,1980(27):124-129.

[2] Berfoni H L, Tamir T. Unified Theory of Rayleigh-phenomena for Acoustic Beams at Liguid-solid Interfaces[J]. Applied physics, 1973(2):157-172.

[3] Delsanto P P, Alemar J D, Rosario E. Resonance and Surface Wave in Elastic Wave Scattering from Cavities and Inclusion[J]. Review of Progress in QNDE 1984(3A):111-120.

[4] Li Z L, Achenbach J D. Reflection and Transmission of Rayleigh Surface Waves by Material Interphase [J]. Transaction of the ASME. ,1991,58: 688-694.

[5] 张震夏,李平,等. 表面波无损检测技术及其在大坝安全检测中的应用[J]. 大坝观测与土工试验,1996,20(1):42-45.

[6] 姚成林,程利华,等. 稳态表面波法检测混凝土裂缝[C]//大坝安全与堤坝隐患探测国际学术研讨会论文集,2005:128-135.

[7] 徐波,韩道林,楼家丁. 声波穿透在大坝混凝土裂缝检测中的应用[J]. 工程勘察,2010(S1):908-914.

[8] 覃杰,陈湘宁. 岩滩水电站溢流坝闸墩尾部表面裂缝检测及处理方法[J]. 红水河,2011,30(2):14-16.

[9] 吴佳晔,安雪晖,田北平. 混凝土无损检测技术的现状和发展[J]. 四川理工学院学报(自然科学版), 2009,22(04):4-7.

[10] Deng Z J, Yao C L. Application Progress of Nondestructive Testing Technique of Hydraulic Concrete Based on Steady Rayleigh Wave Method[J]. International Core Journal of Scientific Research & Engineering Index, 2014,4(8): 27-31.

[11] 邓中俊,姚成林,等. 基于稳态表面波法的水工混凝土无损检测技术应用进展[J]. 水利水电技术,2015,46(4):108-113.

[12] 邓中俊,姚成林,等. 稳态表面波法在水电站厂房底板裂缝检测中的应用[C]//第五届中国水利水电岩土力学与工程学术研讨会论文集. 2014. 9:152-156.

[13] 邓中俊,姚成林,等. 稳态表面波法在水电站厂房基础检测中的应用[C]//2015 水利水电地基与基础工程. 2015:834-840.

【作者简介】 邓中俊(1982—),男,高级工程师,主要从事水利水电工程检测工作。E-mail:dengzj@ iwhr. com。

大坝变形安全监控指标拟定的混合法*

李姝昱[1]　黄红粉[2]　李延卓[1]　颜小飞[1]

(1.黄河水利委员会 黄河水利科学研究院,郑州　450003;
2.河南黄河河务局供水局,郑州　450003)

摘　要　为定量联系大坝强度和稳定的控制条件,采用混合法拟定大坝变形安全监控指标。通过结构计算,得到大坝变形的水压分量;依据监测资料,建立变形的混合模型,得到给定概率水平下的温度分量极值,同时分离出时效分量,进而拟定监控指标。并结合工程实例进行了分析。

关键词　大坝;变形;监控指标;混合法;结构计算;混合模型;典型小概率法

Hybrid Method for Dertermining Dam Deformation Monitoring Index

LI Shuyu[1]　*HUANG Hongfen*[2]　*LI Yanzhuo*[1]　*YAN Xiaofei*[1]

(1. Yellow River Institute of Hydraulic Research, Yellow River Conservancy Commission, Zhengzhou 450003, Henan, China;2. Henan Yellow River Engineering Bureau, Water Supply Bureau, Zhengzhou 450003, China)

Abstract　In order toassociate the strength and stability controlling condition quantitatively, the hybrid method is adopted to determine dam deformation monitoring index. Based on structural calculation, the water pressure component of deformation is computed. According to the monitoring data and the deformationhybrid model, theextreme value of temperature component of displacement is estimated by the typical low probability method. The aging component can be computed. Furthermore, the monitoring index is determined. and an example is given. Combined with engineering project, the hybrid method is analyzed.

Keywords　Dam; Deformation; Monitoring index; Hybrid method; Structural calculation; Hybrid model; Typical low probability method

1　引　言

安全监控指标是识别大坝险情,掌握大坝运行性态的重要指标,它不仅可以快速地判断大坝的安全性态,而且给大坝管理带来极大的方便。对于监控和保证大坝的安全运行及评价大坝的工作性态具有重要意义。拟定安全监控指标的主要任务是根据大坝和坝基

* **基金项目**:水利部公益性行业科研专项经费项目(201401022);黄科院科研专项基金(HKY - JBYW - 2016 - 37)。

已经抵御经历荷载的能力，来评估和预测抵御可能发生荷载的能力，从而确定在该荷载组合下，监测效应量的警戒值和极值。影响大坝变形的主要因素是水压、温度和时效[1]，在各种荷载组合中，水压荷载可根据设计情况即各种特征水位，例如正常蓄水位、设计洪水位、校核洪水位等来确定[2]；温度荷载通常与大坝的结构特点以及运行的实际情况有关，但在工程实际中确定与设计等级相对应的最不利温度荷载工况比较困难；对于时效分量，在实际计算时需要较多的力学参数，计算复杂。因此，将结构计算和建立变形的数学模型结合起来，对拟定监控指标是水压分量、温度分量和时效分量的确定进行了探讨，采用混合法拟定了变形监控指标。

2 变形监控指标拟定的混合法

采用混合法拟定大坝变形监控指标时，通过结构分析法计算得到监控指标对应的水压分量 δ_{Hm}；同时通过有限元计算和实测值分析建立混合模型，分离出温度分量样本，采用典型小概率法求得一定概率水平下的温度分量极值 δ_{Tm}；时效分量 $\delta_{\theta m}$ 同样是由混合模型直接计算得到。在实际应用时，结构分析法和混合模型得到的位移都是相对于初始状态的相对值，因此拟定的监控指标还需要加上初始状态的位移 δ_0，具体表达式为：

$$\delta_m = \delta_{Hm} + \delta_{Tm} + \delta_{\theta m} + \delta_0 \tag{1}$$

2.1 基于结构分析法的水压分量确定

大坝安全条例和监测规范中将大坝的安全状态分为正常、异常和险情三大类。同时，大坝的结构性态也可分为三个阶段：线弹性阶段（或准线弹性阶段）、弹塑性阶段及失稳破坏阶段。因此，可相应地将变形安全监控指标划分为一、二、三级[3]。结构分析法拟定变形监控指标时，主要以强度和稳定性作为控制条件，并且不同级别的监控指标具有不同的控制条件，见表1。

表1 不同等级监控指标控制条件

	强度条件	稳定条件	抗裂条件
一级监控指标	$\sigma_t \leqslant [\sigma_t]$、$\sigma_s \leqslant [\sigma_s]$	$K \geqslant [K]$	—
二级监控指标	$\sigma_t \leqslant \sigma_{tR}$、$\sigma_s \leqslant \sigma_{sR}$	$F \leqslant R_{m2}$	$K_c \leqslant [K_c]$
三级监控指标	$\sigma_t \leqslant \sigma_{tm}$、$\sigma_s \leqslant \sigma_{sm}$	$F \leqslant R_{m3}$	—

表1中，σ_t、σ_s 分别为不利荷载组合下控制部位的计算拉应力和压应力；$[\sigma_t]$、σ_{tR}、σ_{tm} 分别为材料的允许拉应力、抗拉屈服强度和极限强度；$[\sigma_s]$、σ_{sR}、σ_{sm} 分别为材料的允许抗压强度、抗压屈服强度和极限强度；F 为不利荷载组合下滑动面上的滑动力；R_{m2}、R_{m3} 分别为滑动面上材料抗剪切强度(c,f)达到屈服和强度极限时的抗滑力；K、$[K]$分别为不利荷载工况下的抗滑稳定安全系数和允许抗滑稳定安全系数；K_c、$[K_c]$ 分别为裂缝尖端的应力强度因子和断裂韧度。采用混合法拟定变形监控指标，水压荷载一般选取的是设计考虑的工况。对于混凝土坝，选取特征水位计算水压分量时，计算出特征水位下关键部位的应力、滑动面的滑动力等，根据表1中各级监控指标强度和稳定的控制条件判断是否满足要求；最后通过结构计算得到对应级别变形监控指标的水压分量 δ_{Hm}。

2.2 基于混合模型的温度分量极值确定

考虑到在工程实际中确定与设计等级相对应的最不利温度荷载工况比较复杂,根据变形的实测资料,建立变形的混合模型,即

$$\delta = \delta_H + \delta_T + \delta_\theta \tag{2}$$

$$\delta_H = X\sum_{i=1}^{n} a_i H^i \tag{3}$$

$$\delta_T = \sum_{k=1}^{m} b_k T_k \tag{4}$$

$$\delta_\theta = c_1\theta + c_2 \mathrm{In}\theta \tag{5}$$

式中:δ_H 为水压分量;X 为调整系数;δ_T 为温度分量;T_k 为周期谐波因子或观测日前期实测气温的平均值;δ_θ 为时效分量。

通过对实测位移资料的分析,从建立的混合模型可分离出温度分量,选取不利温度荷载组合时的温度分量 E_{mi},则 E_{mi} 为随机变量,由监测资料序列可得到一个温度分量的样本空间(子样数为 n):

$$E = \{E_{m1}, E_{m2}, \cdots, E_{mn}\}$$

通常,E 为一个小子样样本空间,因而可用下列两式估计其统计特征值:

$$\overline{E} = \frac{1}{n}\sum_{i=1}^{n} E_{mi} \tag{6}$$

$$\sigma_E = \sqrt{\frac{1}{n-1}\left(\sum_{i=1}^{n} E_{mi}^2 - n\,\overline{E}^2\right)} \tag{7}$$

式中:$\overline{E}$ 为样本空间的一阶原点矩;σ_E 为样本空间标准差的无偏估计。

要确定温度分量的极值 δ_{Tm},首先要确定随机变量 E_{mi} 的分布,根据样本空间的数字特征值,假定其概率密度函数 $f(E)$ 以及分布类型,通过小子样统计检验方法(如 AD 法、KS 法)进行检验来确定分布函数 $F(E)$。

此时,求解温度分量极值的主要问题就是确定最不利温度荷载的概率 $P_\alpha(\alpha)$(以下简称 α):

$$P_\alpha = P(E > E_m) = \int_{E_m}^{\infty} f(E)\,\mathrm{d}E \tag{8}$$

通常按照工程的等级和重要性,α 取为 1% ~5%;在确定了 α 后,即可求出一定概率水平 $P_\alpha(\alpha)$ 下温度分量的极值 δ_{Tm}:

$$\delta_{Tm} = F^{-1}(\overline{E}, \sigma_E, \alpha) \tag{9}$$

2.3 基于混合模型的时效分量确定

采用混合法拟定变形监控指标时,时效分量同样是通过混合模型来获得,即根据最近分析时段的监测资料建立变形的混合模型,从而分离出时效分量,当测值稳定且无明显趋势性变化时,可取初始日至监测资料系列最后一天的时效分量作为 δ_{θ_m}。

3 计算实例

某枢纽工程大坝坝型为混凝土重力坝,最大坝高 113.0 m,坝顶全长 308.5 m,坝顶高

程为 179.0 m。水库正常蓄水位 173.0 m,设计洪水位 174.76 m,校核洪水位 177.80 m。大坝坝体共分为 6 个坝段,自左向右依次命名为 1# ~6#坝段,其中 1#、2#、5#、6#坝段为挡水坝段,3#、4#坝段为溢流坝段。选取 2#非溢流挡水坝段以及 4#溢流坝段作为典型坝段,对 2003 ~2008 年坝顶水平位移的垂线监测资料进行分析。

3.1 水压分量极值 δ_{Hm} 计算

该坝为混凝土重力坝,在选择最不利荷载组合时应满足的条件为:坝踵处不出现拉应力,坝趾处压应力不超过容许值,坝基面抗滑稳定满足设计要求。对典型坝段的强度及稳定进行复核,计算典型坝段在设计洪水位工况下,坝踵、坝趾处的垂直向正应力以及坝基面的抗滑稳定系数 K,典型坝段有限元模型如图 1 所示,计算时选取的材料参数见表 2。

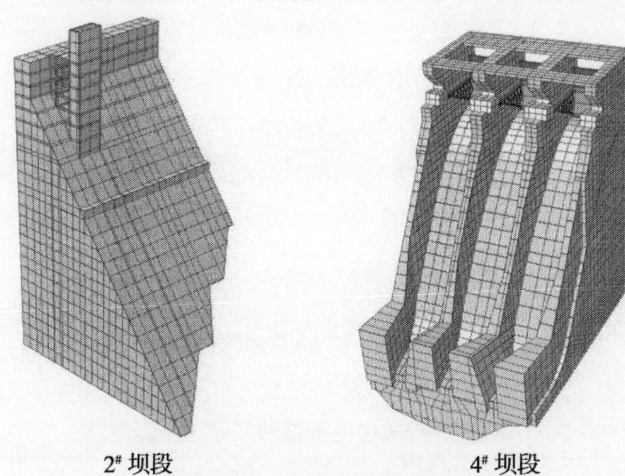

图 1 典型坝段坝体部分有限元模型

表 2 典型坝段的材料参数

坝段	密度 $\rho(\times10^3 kg/m^3)$	弹性模量(GPa)			坝基面抗滑稳定参数	
		坝体		坝基	摩擦系数 f	凝聚力 c(MPa)
		E_l	E_v			
2#坝段	2.45	28.9	24.4	14.8	1.16	1.12
4#坝段	2.45	30.6	25.3	14.1	1.14	1.18

通过有限元计算,在设计洪水位时,典型坝段的强度和稳定均满足要求,见表 3,在拟定变形监控指标时,水压分量选取设计洪水位对应的坝体位移,计算得到 2#坝段坝顶水平位移的水压分量为 3.312 mm、4#坝段坝顶水平位移的水压分量为 2.875 mm。

表 3 设计洪水位下典型坝段强度及稳定复核计算结果

坝段	抗滑稳定系数 K	垂直向压应力(MPa)	
		坝踵	坝址
2#坝段	3.29	0.35	1.73
4#坝段	3.37	0.39	2.31

3.2　温度分量极值 δ_{Tm} 计算

对于大坝水平方向的变形,通常水压分量的最大值多出现在夏秋季节的高水位时段,温度分量的最大值多出现在冬春季节温度较低的时段,即水压分量与温度分量的最大值可能并不是同时出现的。水平位移的最大值有可能是较高水压分量与同时出现的较高温度分量的叠加,这时可以根据每年水平位移最大值和最小值出现的时段选取温度分量样本,计算温度分量在一定概率水平下的极值;还可以选取相同观测时段水平位移测值的温度分量为样本,计算出相应时段温度分量的极大值和极小值。根据实测资料建立坝顶位移的混合模型,分离出温度分量,根据每年坝顶水平位移最大值出现的时段,得到温度分量的样本空间。经 K-S 法检验,选取的 2#坝段温度分量样本服从正态分布 $N(0.586, 0.282)$;4#坝段温度分量样本同样服从正态分布 $N(0.987, 0.134)$。采用典型小概率法计算出 $P_\alpha=5\%$ 下 2#和 4#坝段温度分量极值 δ_{Tm} 分别为 1.048 mm 和 1.207 mm。

3.3　时效分量极值 $\delta_{\theta m}$ 计算

从建立的混合模型中分离出时效分量,通过对时效分量的分析得出,2#和 4#坝段的时效变形已趋于稳定,因此选取初始日至监测资料系列最后一天的时效分量作为 $\delta_{\theta m}$ 用于拟定水平位移监控指标。

3.4　坝顶水平位移监控指标 δ_m

根据结构计算和位移混合模型中各分量的分离结果,由式(1)拟定典型坝段坝顶水平位移的安全监控指标见表4。

表4　基于混合法的各分量值及监控指标拟定　(单位:mm)

坝段	δ_{Hm}	δ_{Tm}	$\delta_{\theta m}$	δ_0	δ_m
2#坝段	3.312	1.048	-1.241	2.430	5.549
4#坝段	2.875	1.207	-0.603	2.703	6.182

4　结　论

在采用混合法拟定监控指标时,可考虑到大坝的结构特性,根据不同阶段的工作状态,选择合适的本构模型,通过结构计算得到更加符合实际的水压分量,拟定合理的变形监控指标。将结构计算和概率分析结合起来,考虑了坝体和坝基的力学性态,定量联系了大坝强度和稳定的控制条件。将设计洪水位下结构计算得到的水平位移作为监控指标的水压分量,同时由混合模型确定了在一定概率水平下的温度分量极值,充分考虑了不利荷载的叠加组合。但在采用混合法拟定变形监控指标时是依据现有的监测资料,对其抵御未来荷载的能力进行估计。在实际运行中,坝体和地基抵御荷载的能力在不断变化,随着监测资料系列的延长,安全监控模型和监控指标体系都会发生变化,为了能够准确地对大坝运行状态做出评价,应及时做好资料的整理与分析,根据大坝的具体情况,及时修正现有的安全监控指标,确保大坝正常运行。

参考文献

[1] 吴中如,沈长松,阮焕祥. 水工建筑物安全监控理论及其应用[M]. 南京:河海大学出版社,1990.

[2] 郑东健,刘广胜,顾冲时. 大坝水平位移监控指标拟定的混合法[J]. 水电自动化与大坝监测,2002,26(2):42-44.

[3] 李占超,侯会静. 大坝安全监控指标理论及方法分析[J]. 水力发电,2010,36(5):64-67.

【作者简介】 李姝昱(1988—),女,河南濮阳人,工程师,硕士研究生,主要从事大坝安全监测、水利工程质量检测相关工作。E-mail:hhulsy@163.com。

国内外超声流量计技术标准的主要技术参数对比分析

徐　红　邓湘汉　刘晓辉　李　琳

(中国水利水电科学研究院 标准化研究中心,北京　100038)

摘　要　超声流量计是水量计量领域广泛使用的计量器具,本文收集和研究了国内外现行有效的超声流量计技术标准共 28 项,对国内外超声流量计的产品标准、检定/校准标准和测量方法标准开展了对比分析,提出了我国超声流量计的优势标准和缺失(需求)标准。对影响超声流量计性能的直管段长度、直管段内径偏差、轴线偏差、零点漂移、环境温度、流量标准装置精度、重复性和再现性等技术参数进行了对比,分析了标准中技术参数指标的异同,为我国超声流量计技术标准的制定和修订工作及标准的实用性和可操作性提供科学依据。

关键词　超声流量计;技术标准;技术参数;对比分析

Comparison and Analysis of Main Technical Parameters of Ultrasonic Flowmeter

XU Hong, *DENG Xianghan*, *LIU Xiaohui*, *LI Lin*

(China Institute of Water Resources and Hydropower Research , Beijing 100038, China)

Abstract　Ultrasonic flowmeter is one type of the important measuring apparatus, which is widely used in the field of water flow measurement. This paper collects 28 active technical standards of ultrasonic flowmeter including domestic and foreign. Analysisthese standard saccording to the type of product standards, verification/calibration standards and measurement standard. Then propose the standards of keeping ahead and demanding. By comparing the technical parameters which affect the performance of the ultrasonic, to study the differences between these technical parameter sincluding flow meter length of straight pipe, inside diameter deviation of straight pipe, axis deviation of straight pipe, zero drift, environmental temperature, the accuracy of water flow standard facilities, measurement repeatability and measure mentre producibility. The aim of this study is to provide scientific reference resources for the standards of revision and drawing up.

Key words: Ultrasonic flowmeter; Technical standard; Technical parameter; Comparative analysis

* **基金项目**:水利部水利科技推广与标准化项目(编号 1261530110018)。

1 研究背景

流量是工农业生产过程控制中重要的测量参数之一,与人们的日常生活和工业应用有着密不可分的关系,因此流量计的应用范围很广。根据数据统计,应用于工业生产的各种流量计的种类多达几十种。

随着生产规模的不断扩大,近几年在能源和资源工业中出现了大量的大管径流量测量问题。超声流量计与其他类型流量计相比较,以其无压损、无可动部件、测量精度高等优点,在我国南水北调、长江三峡等大型水利水电工程的大管径水量计量中得到广泛应用。由于超声流量计测量重复性较好,因此常被用作标准表来检定/校准流量计,同时,随着流量计的自诊断技术和报警技术的进步,超声流量计应用的可靠性表现更为出色,成为近年来发展迅速和应用前景广阔的一类流量计。

超声流量计技术标准按类型可分为产品标准、检定/校准标准和测量方法标准。产品标准主要规定了流量计的技术要求、试验方法、检验规则、标志、包装、运输等,可供制造厂用以判定他们的产品的性能,并可供使用者或独立的试验机构来检验制造厂产品的技术性能,以及论证应用的适用性。检定/校准标准主要规定了流量计的计量性能要求、通用技术要求、计量器具控制等,可适用于流量计的型式评价、首次检定、后续检定和使用中的检验,或者对其计量性能的校准,确保流量计的计量量值准确可靠。测量方法标准则主要规定了流量计在流量测量中的应用,为流量计的正确使用和流量测量提供了标准方法。

本文选取在水量计量领域广泛应用的超声流量计为研究对象,开展国内外超声流量计技术标准及其主要技术参数的对比,分析标准中影响超声流量计性能的技术参数指标的异同,为我国超声流量计技术标准的制定和修订工作及标准的实用性和可操作性提供科学依据。

2 国内外超声流量计技术标准现状

本文共收集了28项国内外测量水流量的超声流量计技术标准,见表1。从表1中可以看出,从标准的隶属情况统计,国际标准化组织标准1项,国际电工委员会标准1项,我国标准7项,美国标准4项,英国标准4项,法国标准1项,日本标准1项,韩国标准2项,荷兰标准2项,意大利标准1项,丹麦标准1项,越南标准1项,波兰标准1项,尼泊尔标准1项。

从标准类型统计,超声流量计产品标准4项,超声流量计检定/校准标准2项,超声流量计测量方法标准22项,其中国际标准化组织标准1项,国际电工委员会标准1项,美国标准4项,英国标准4项,法国标准1项,韩国标准2项,荷兰标准2项,其他国家标准7项。

从采用国际标准的情况统计,英国和荷兰颁布的《封闭式管道中液体流量的测量——时差法超声流量计》标准均为等同采用的国际标准化组织标准 ISO 12242—2012,英国、荷兰、丹麦、意大利、波兰等国家颁布的《超声连续多普勒系统测试程序》标准均为等同采用的国际电工委员会标准 IEC TS 61206—1993,英国、韩国、尼泊尔颁布的《封闭式管道中液体流量的测量——使用时差法超声流量计》等同采用国际标准化组织标准 ISO/TR 12765—1998,但国际标准化组织颁布的 ISO/TR 12765—1998 已作废且无替代。

表 1 国内外超声流量计现行有效标准清单

序号	类型	标准编号	英文标准名称	中文标准名称
1	产品标准	CJ/T 3063—1997	Ultrasonic flowmeter for potable water and drain water (Transmission speed difference method)	给排水用超声流量计(传播速度差法)
2	产品标准	CJ/T 122—2000	Ultrasonic Doppler flowmeter	超声多普勒流量计
3	产品标准	HJ/T 15—2007	Technical requirement for environmental protection product. supersonic flowmeters of wastewater	环境保护产品技术要求 超声波明渠污水流量计
4	产品标准	HJ/T 366—2007	Technical requirement for environmental protection products. ultrasonic pipe flowmeters	环境保护产品技术要求 超声波管道流量计
5	检定校准	JJG 1030—2007	Ultrasonic flowmeters	超声流量计检定规程
6	检定校准	JJF 1358—2012	Calibration specification for dn1000 ~ dn15000 liquid ultrasonic flowmeters calibration by non practical flow method	非实流法校准 DN1000 - DN15000 液体超声流量计校准规范
7	测量方法标准	ISO 12242—2012	Measurement of fluid flow in closed conduits-Ultrasonic transit-time meters for liquid	封闭式管道中液体流量的测量——时差法超声流量计
8	测量方法标准	BS ISO 12242—2012	Measurement of fluid flow in closed conduits-Ultrasonic transit-time meters for liquid	封闭式管道中液体流量的测量——时差法超声流量计
9	测量方法标准	NEN ISO 12242—2012	Measurement of fluid flow in closed conduits-Ultrasonic transit-time meters for liquid	封闭式管道中液体流量的测量——时差法超声流量计
10	测量方法标准	IEC TS 61206—1993	Ultrasonics-Continuous-wave Doppler systems-Test procedures	超声连续多普勒系统测试程序
11	测量方法标准	BSEN 61206—1995	Ultrasonics. Continuous-wave Doppler systems. Test procedures	超声连续多普勒系统测试程序
12	测量方法标准	DS/EN 61206—1998	Ultrasonics-Continuous-wave Doppler systems-Test procedures	超声连续多普勒系统测试程序
13	测量方法标准	PNEN 61206—2002	Ultrasonics-Continuous-wave Doppler systems-Test procedures	超声连续多普勒系统测试程序
14	测量方法标准	CEI EN 61206—1996	Ultrasonics-Continuous-wave Doppler systems-Test procedures	超声连续多普勒系统测试程序
15	测量方法标准	NEN 11206—1995	Ultrasonics-Continuous-wave Doppler systems-Test procedures	超声连续多普勒系统测试程序

续表 1

序号	类型	标准编号	英文标准名称	中文标准名称
16	测量方法标准	BS ISO/TR 12765—1999	Measurement of fluid flow in closed conduits. Methods using transit-time ultrasonic flowmeters	封闭式管道中液体流量的测量——时差法超声流量计
17		KS B ISO/TR 12765—2005	Measurement of fluid flow in closed conduits. Methods using transit-time ultrasonic flowmeters	封闭式管道中液体流量的测量——时差法超声流量计
18		NPRISO/TR 12765—1999	Measurement of fluid flow in closed conduits. Methods using transit-time ultrasonic flowmeters	封闭式管道中液体流量的测量——时差法超声流量计
19		SL 337—2006	Code for discharge measurement of acoustic Doppler current	声学多普勒流量测验规范
20		ASME MFC - 5.1—2011	Measurement of Liquid Flow in Closed Conduits Using Transit-Time Ultrasonic Flowmeters	用时差法超声波流量计测量密闭管道中的液体流量
21		ASME MFC - 5.3—2013	Measurement of Liquid Flow in Closed Conduits Using Doppler Ultrasonic Flowmeters	利用多普勒超声流量计进行封闭管道中液体流动的测量
22		AWWA C 750—2016	Transit-Time Flowmeters in Full Closed Conduits	封闭管道时差法超声流量计
23		MIL - F - 24701—1988	Flowmeter, Liquid, Ultrasonic, Non - intrusive	非插入式超声流量计
24		BS 8452—2010	Use of clamp-on (externally mounted) ultrasonic flow-metering techniques for fluid applications. guide	用夹件(外部安装)超声波流量测量技术的使用指南
25		KS B 5640—2001	Testing method of multi-path ultrasonic flowmeter	多声路超声流量计试验方法
26		NF C97—912—2006	Ultrasonics-Flow measurement systems-Flow test object.	超声波—流量计量系统—流量试验目标
27		TCVN 6816—2001	Measurement of fluid flow in closed conduits. Methods using transit-time ultrasonic flowmeters	封闭管道流量测量——时差法超声流量计
28		JEMIS 032—1987	Method of flow measurement by ultrasonic flowmeters	使用超声流量计测量流量

注:标准代码 AWWA 代表美国水工程协会、MIL 代表美国军事、KS 代表韩国、CEI 代表意大利电工委员会、NF 代表法国、DS 代表丹麦、NEN 代表荷兰、TCVN 代表越南、NPR 代表尼泊尔、PN 代表波兰、JEMIS 代表日本电计测量用具工业会。

从标准的适用范围统计,国内外超声流量计技术标准主要适用于时差法超声流量计和多普勒超声流量计。主要国际组织和国家颁布的标准类型包括:我国超声流量计产品标准 4 项、时差法超声流量计检定/校准标准 2 项、多普勒超声流量计测量方法标准 1 项;国际标准化组织颁布的时差法超声流量计测量方法标准 1 项,该标准中包含了校准内容;国际电工委员会颁布的多普勒超声流量计测量方法标准 1 项;美国时差法超声流量计测量方法标准 2 项,多普勒流量计测量方法 1 项,海军部门发布的超声流量计测量方法标准 1 项。

3 超声流量计标准对比分析

依据测量原理的不同,超声流量计常用测量方法主要有传播速度差法、多普勒法、相关法等,而传播速度差法又包括时差法、相差法和频差法。在超声波流量计中,国内外超声流量计的技术标准制定大多是针对应用最为广泛的时差法超声波流量计和多普勒超声波流量计这两类超声流量计。

国内外超声流量计标准现状分析结果表明,目前国外大多数国家颁布的超声流量计标准均采用国际标准化组织和国际电工委员会颁布的标准。本文结合国内外标准的制定现状,并考虑标准的技术先进水平,选取国际标准《封闭式管道中液体流量的测量——时差法超声流量计》(ISO 12242—2012)、美国标准《用时差法超声波流量计测量密闭管道中的液体流量》(ASME MFC-5.1—2011)、《利用多普勒超声流量计进行封闭管道中液体流动的测量》(ASME MFC-5.3—2013)与我国相同或相近的超声流量计技术标准进行对比分析。

3.1 优势标准

在超声流量计检定/校准标准方面,与我国单独制定超声流量计检定规程形式不同,国际、国外大多数国家均未单独制定超声流量计的检定/校准标准,而把超声流量计的校准技术内容一般包含在其产品标准或测量方法标准中。

国际标准《封闭管道中液体流量的测量——时差法超声流量计》(ISO 12242—2012)主要对流量计的校准规定了 4 个方面:①校准时间应足够长;②校准标准装置的不确定度至少应小于被试系统不确定度的 1/3;③流动条件主要是上游直管段长度应大于或等于最小长度、考虑安装对不确定度的影响、采用快速启停法进行校准比采用静态启停法更具有优势;④校准范围在可用雷诺数范围内,当在液体校准实验室可用雷诺数范围外使用流量计(例如高温水或低温液体),还应估算附加不确定度。该标准对校准的技术要求可操作性不强。

我国制定了时差法超声流量计的实流(适用于可拆卸至室内流量标准装置)检定标准《超声流量计检定规程》(JJG 1030—2007)和适用于时差法超声流量计的《非实流法校准 DN1000-DN15000 液体超声流量计校准规范》(JJF 1358—2012),标准明确规定了超声波流量计实流检定和非实流校准实施的相关条件、实施步骤等,标准的可操作性和实用性较强。

3.2 缺失(需求)标准

我国目前尚未颁布国家层面的时差法超声流量计产品标准和测量方法标准,建议我国在借鉴国际标准《封闭式管道中液体流量的测量——时差法超声流量计》(ISO 12242—2012)和美国标准《用时差法超声波流量计测量密闭管道中的液体流量》(ASME MFC－5.1—2011)的基础上,尽快制定时差法超声流量计的国家标准。

美国颁布了《利用多普勒超声流量计进行封闭管道中液体流动的测量》(ASME MFC－5.3—2013),我国制定了《超声多普勒流量计》(CJ/T 122—2000)产品标准,但多普勒超声流量计的测量方法标准处于缺失状态。建议我国在参考美国标准 ASME MFC－5.3—2013 的基础上,尽快制定多普勒超声流量计的测量方法标准。

由于受到现有液体流量标准装置试验设备能力的限制,目前大口径流量计可能无法以最大流量进行检定/校准试验,国内外均未颁布大口径超声流量计的在线实流校准标准。鉴于我国目前对于大口径超声流量计在线实流校准的市场需求,可采用大口径超声流量计的仪器比对等方法积极开展相关技术研究,待技术成熟后尽快制定相关标准,以服务于水量计量工作,确保水量计量值的准确可靠。

4 超声流量计主要技术参数对比分析

在选用超声流量计时,其计量性能是非常重要的技术指标,且与流量计选型设计阶段的要求息息相关。超声流量计测量误差的产生原因大致归纳为三个方面,分别是机械因素、电子因素、现场环境因素。机械因素包含管道内径尺寸、超声换能器的安装方式及角度、流量计安装位置等。电子因素包括换能器结构电路、计时系统、积分软件及连接线缆等。现场环境因素包括管道内的流体流态、流体温度和压力、噪声电磁干扰等。本文将重点对影响超声流量计性能的主要技术参数进行对比分析。

4.1 管道直管段长度

超声流量计是通过测量管道直管段上流体微元的流速来估算管道截面上的平均流速,最后得到管道中的体积流量。因此,测量对流场的依赖较强,只有保证管道中是充分发展的湍流,才能保证用测量管道直管段的流速去估算管道截面上的平均流速是相对准确的,这就需要在超声流量计的上游安装足够长度的直管段。

《封闭式管道中液体流量的测量——时差法超声流量计》(ISO 12242—2012)规定:在流量计上游 70*D* 处装有流动调整器,流动调整器前有 10*D* 的直管段。如果使用不到 70*D* 的较短直管段足以取得基准线,也可以使用较短的直管段。当有标准扰动件时,应至少在两个雷诺数下将规定的管件分别设置在嵌入式流量计上游法兰的上游或者外部安装换能器流量计第一个支架的上游 3*D*、5*D*、10*D*、15*D*、20*D*、25*D*、30*D*、40*D* 和 50*D* 处进行试验,以确定扰动件对测量结果的影响程度。

美国标准《用时差法超声波流量计测量密闭管道中的液体流量》(ASME MFC－5.1—2011)规定超声流量计的上游安装 10*D* 直管段长度,下游为 5*D* 直管段长度。

我国超声流量计标准对管道安装直管段长度要求见表 2。从表 2 可以看出,单声道超声流量计对管道直管段长度的要求更高。《超声流量计检定规程》(JJG 1030—2007)规定:如不满足直管段要求,误差计算应增加一个不小于 0.3% 的附加安装误差。其他技术标准则未对此作出规定。

表2 超声流量计管道安装直管段长度技术指标对比

<table>
<tr><td rowspan="4">阻流件</td><td colspan="7">主要技术标准对比</td></tr>
<tr><td colspan="2">CJ/T 3063—1997
给排水用超声流量计(传播速度差法)</td><td colspan="2">CJ/T 122—2000
超声多普勒流量计</td><td colspan="3">JJG 1030—2007 超声流量计检定规程</td></tr>
<tr><td colspan="2">单声路</td><td colspan="2">单声路</td><td colspan="3">单声路</td></tr>
<tr><td>上游</td><td>下游</td><td>上游</td><td>下游</td><td>阻流件</td><td>上游</td><td>下游</td></tr>
<tr><td rowspan="3">90°弯头</td><td rowspan="3">10D</td><td rowspan="3">5D</td><td rowspan="3">5D</td><td rowspan="3">2.5D</td><td>单个90°弯头或三通</td><td>36D</td><td rowspan="4">8D</td></tr>
<tr><td>同一平面内两个或多个90°弯头</td><td>42D</td></tr>
<tr><td>不同平面内两个或多个90°弯头</td><td>70D</td></tr>
<tr><td>渐缩管</td><td>10D</td><td>5D</td><td>5D</td><td>2.5D</td><td>渐缩管(在1.5D~3D的长度内由2D变为D)</td><td>22D</td></tr>
<tr><td>渐扩管</td><td>30D</td><td>5D</td><td>15D</td><td>2.5D</td><td>渐缩管(在1D~2D的长度内由0.5D变为D)</td><td>38D</td><td rowspan="5">8D</td></tr>
<tr><td rowspan="2">阀门</td><td rowspan="2">30D</td><td rowspan="2">10D</td><td rowspan="2">15D</td><td rowspan="2">5D</td><td>全开球阀</td><td>36D</td></tr>
<tr><td>全开全孔球阀或闸阀</td><td>24D</td></tr>
<tr><td>T字形弯头</td><td>50D</td><td>10D</td><td>25D</td><td>5D</td><td rowspan="2">其他形式</td><td rowspan="2">145D</td></tr>
<tr><td>泵</td><td>50D</td><td>/</td><td>25D</td><td>/</td></tr>
</table>

4.2 测量管内径与流量计直管段内径偏差

流量计要安装在与流量计上下游连接处公称尺寸、公称内径相一致的管道系统中。超声流量计技术标准规定流量计安装时,对测量管道内径与流量计直管段内径偏差的要求基本上应小于2%,且不大于3 mm,或应小于流量计基本误差限的1/5。

4.3 流量计测量管中心轴线与直管段中心轴线偏差

国际标准《封闭式管道中液体流量的测量——时差法超声流量计》(ISO 12242—2012)规定:流量计上游管道(无论是实际管段还是复制管段)同轴很重要,并未给出具体值。我国超声流量计技术标准均规定:带测量管的流量计测量管中心轴线与直管段中心轴线偏离应小于3°。

4.4 零点漂移

在理论上,当管内的流体不流动时,时差式超声流量计获取的时差为零,但实际情况从对换能器的研究可知,两个超声换能器不可能做得完全一致,其机电耦合系数、发射信号强弱以及振荡频率点等都具有不一致性,所以两个超声换能器发射与接收超声信号的强弱不一致,造成静态下时间差不为零,通常在一个范围内波动。在时差式超声流量计的研究当中,零点漂移问题一直没有得到大的改善,直接影响动态流量下的计量性能,从而影响到超声流量计的计量精度。

超声流量计的零点漂移更多的强调气体超声流量计标准，且考虑到该实验主要用于出厂检测，更重要的是在日常检定中无法方便地获得完成该实验的流体条件。国际标准《封闭式管道中液体流量的测量——时差法超声流量计》（ISO 12242—2012）规定：超声流量计应测量时间延迟并进行零流量验证试验。我国结合国外情况、现有仪表情况和实际情况规定在日常检测中免做该实验，在定型鉴定时则需要开展此实验。

4.5 环境温度

一般来说，校准期间的温度和压力不同于工作条件下的温度和压力。在工业过程测量中，不一定需要进行温度和压力修正。对于许多仪表来说，相比于总体不确定度，压力和温度的影响都可以忽略不计。但对于准确度要求较高的应用（例如贸易交接计量）以及极端温度或压力，被测介质的温度、成分、浓度等变化会引起声速的变化，会导致超声流量计的流速测量产生误差，需对其进行修正，《封闭式管道中液体流量的测量——时差法超声流量计》（ISO 12242—2012）给出了估算由于温度和压力条件与校准参比条件有差异所造成的流量误差计算方法。

我国超声流量计标准对试验用液体温度和工作液体温度的要求基本相同，普通型超声流量计的环境温度工作范围为 0 ~ 50 ℃，相对湿度为 35% ~ 95%，大气压强为 86 ~ 106 kPa。但未给出因校准和工作状态下温度及压力不同而导致尺寸有差异，从而需对其进行修正的方法。

4.6 流量标准装置精确度等级

检定/校准用流量标准装置的扩展不确定度的要求在国内外超声流量计技术标准中的规定是一致的，即流量标准装置的精确度等级至少应优于被试装置精确度等级的 3 倍。

4.7 重复性和再现性

国际标准《封闭式管道中液体流量的测量——时差法超声流量计》（ISO 12242—2012）规定：校准应在无扰动流动条件下进行，流量为制造商选定流量（和校准装置可用流量）的 100 %、70 %、40 %、25 %、10 % 和 5 %。重复性应至少测量 3 个流量点（最大流量的 100%、25% 和 5%）。每一个流量点应进行 10 次单独测量。应确定一个连续声速范围内的再现性，以评估来自相关信号源的声信号和电信号的干扰影响。测量应在 1 m/s 的单一恒定管道流速下进行。声速范围应保证两个相对换能器之间的波长个数的变化量为 2 个波长。

《超声流量计检定规程》（JJG 1030—2007）规定：示值误差检定一般应包括 q_{min}、q_t、$0.40q_{max}$ 和 q_{max}，对于准确度等级不低于 0.5%，且量程比不大于 20∶1 的流量计，增加 $0.25q_{max}$ 和 $0.70q_{max}$ 两个流量点，对于准确度等级优于 0.5%，且量程比大于 20∶1 的流量计，再增加一个 $0.25q_{max}$ 检定点。每个流量点的检定次数应不少于 3 次，对于型式评价和准确度等级不低于 0.5 级的流量计，每个流量点的检定次数应不少于 6 次。

5 结论

（1）在超声流量计产品类型中，目前应用最为广泛的是时差法超声波流量计和多普勒超声波流量计，国际标准化组织、美国均制定了相关的产品标准和测量方法标准，而我国还未制定时差法超声波流量计的产品标准和测量方法标准，以及多普勒超声波流量计的测量方法标准。

(2)国外对超声流量计检定/校准大多规定了可操作性不强的相关技术要求,而我国标准对流量计的检定方法、检定前准备、检定步骤等均给出了明确的规定,实用性和可操作性强。但目前国内外均未制定大口径超声流量计的在线实流校准标准。

(3)国际标准除对流量计上下游安装直管段长度有要求外,也注重不同扰动件分别对测量结果影响程度的试验研究,从而分别考虑不同的附加误差,而我国标准则规定凡是不满足直管段要求的工况下,误差计算应增加一个不小于0.3%的附加安装误差。

(4)国际标准对超声流量计的重复性流量选取点略有不同,每个流量点的测量次数要求也比我国标准严格,同时,国际标准对超声流量计的再现性规定了明确的试验方法,而我国标准中未涉及超声流量计的再现性技术参数。

参考文献

[1] 王耿. 超声波流量计在南水北调中线工程中的应用[J]. 工业计量,2010,20(2):37-39.

[2] 张亮,孟涛,王池,等. 18声道超声流量计在DN1000三峡流道模型中的测量准确度研究[J]. 计量学报,2011,32(6A):91-95.

[3] ISO 12242—2012. Measurement of fluid flow in closed conduits-Ultrasonic transit-time meters for liquid [S].

[4] ANSI/ASME MFC-5.1—2011 Measurement of Liquid Flow in Closed Conduits Using Transit Time Ultrasonic Flowmeters[S].

[5] ASME MFC-5.1—2011 Measurement of Liquid Flow in Closed Conduits Using Transit-Time Ultrasonic Flowmeters[S].

[6] ANSI/ASME MFC-5.3—2013 Measurement of Liquid Flow in Closed Conduits Using Doppler Ultrasonic Flowmeters[S].

[7] ASME MFC-5.3—2013 Measurement of Liquid Flow in Closed Conduits Using Doppler Ultrasonic Flowmeters[S].

[8] CJ/T 3063—1997 给排水用超声流量计(传播速度差法)[S].

[9] CJ/T 122—2000 超声多普勒流量计[S].

[10] HJ/T 15—2007 环境保护产品技术要求 超声波明渠污水流量计[S].

[11] HJ/T 366—2007 环境保护产品技术要求 超声波管道流量计[S].

[12] JJG 1030—2007 超声流量计检定规程[S].

[13] JJF 1358—2012 非实流法校准DN1000-DN15000液体超声流量计校准规范[S].

[14] 罗守南. 基于超声多普勒方法的管道流量测量研究[D]. 北京:清华大学,2004.

[15] 罗永. 提升时差法超声流量计计量精度关键技术研究[D]. 浙江:宁波大学,2013.

[16] 杨亚. 高精度时差法超声流量计关键技术的研究[D]. 浙江:宁波大学,2013.

【作者简介】 徐红(1981—),女,博士,高级工程师,主要从事标准化、计量研究工作。E-mail:xuhong@iwhr.com。

超声波对浮游生物的影响综述*

李聂贵[1] 郭丽丽[2] 谢红兰[2] 储华平[1]

(1. 水利部南京水利水文自动化研究所,南京 210012;
2. 水利部水文水资源监控工程技术研究中心,南京 210012)

摘 要 浮游生物长期生活于水中,超声波在水介质中与生物的相互作用表现为机械效应、热效应和空化效应,因此超声波常常用于水华藻类的细胞破碎和沉降去除,产生较好的环境效果和经济效益。本文从超声波的基本参数及其效应,对浮游植物和浮游动物的影响进行综述,回顾了已有研究并提出展望,为超声波除藻的参数优化和环境影响评价提供借鉴。

关键词 超声波;除藻;浮游植物;浮游动物;空化效应

The Effects of Ultrasound on Plankton

LI Niegui[1] *GUO Lili*[2] *XIE HongLan*[2] *CHU Huaping*[1]

(1. Nanjing Automation Institute of Water Conservancy and Hydrology, Ministry of water Resource, Nanjing 210012, Jiangsu; 2. Hydrology and Water Resources Engineering Research Center for Monitoring, Ministry of Water Resources, Nanjing 210012, Jiangsu)

Abstract Phytoplankton always live in the water systems. In the aqueous medium, interactions between ultrasonic wave and living creatures reflect in mechanical effects, thermal effects and cavitation effect. Therefore, the ultrasonic wave is often used for cell disruption, sedimentation and removal of algal blooms. It produces better environmental effects and economic benefits. In this paper, the parameters of ultrasound and its impact on phytoplankton and zooplankton were reviewed, as well as previous research and prospects, we propose references for parameter optimization and environmental assessment of removing algae by ultrasonic wave.

Key Words Ultrasonic; Algae removal; Phytoplankton; Zooplankton; Cavitation

超声波是频率大于20 kHz的声波,由于其频率超出了人耳的听觉阈,被命名为超声波。超声波与普通声波一样,以纵波的方式在弹性介质内传播,具有反射、折射和透射等特性。但由于超声波频率高、波长短,衍射现象不明显,因此具有传播直进性好、方向性强的特点。

1971年Lehmann[1]利用超声波作为一种破坏伪空胞的方法来研究铜绿微囊藻伪空胞的装配动力学。这些研究启发了人们利用超声波破坏藻细胞的伪空胞,使藻细胞下沉得不到充足的光照,从而达到控藻的目的。此后超声波法作为一种控藻的方法得到了广

* **基金项目:**国家自然科学基金(31470507)、中央高校科研业务费项目(2013B32414)。

泛的研究与应用,由于其反应过程温和、无二次污染等优点,被认为是环境友好技术[2]。但有关超声波生态安全性的研究尚少,在实际水体应用过程中,超声波对水体中其他生物影响如何仍无定论,有关超声波对生物影响机制的研究更是少之又少[3]。1915 年法国科学家 Langevin 在水中发射超声波检测时发现超声对小鱼等水生生物会产生致命效应。有研究表明,当声强大于 1 W/cm^2,超声作用时间大于 1 min 时就会导致动物的死亡[4]。储昭升等[5]研究发现低强度(发射功率 20 W)的超声波对水体中浮游动物、鱼类以及沉水植物等水生生物不产生明显影响。而在水产养殖方面,低强度的超声波辐照作为一种促进鱼卵孵化和水生生物幼体生长的方法已经得到了较多的应用[6]。已有的相关研究还发现超声波会促进金鱼、丰年虫卵、斑马鱼卵、对虾、真鲷石斑鱼的生长。肖群等[7]在研究超声波对杜氏盐藻生长刺激效应时认为超声波辐照的这种双面性是 Hormesis 效应(以双向剂量反应为特征,表现为高剂量时抑制生物的生长,低剂量时却促进生物生长的现象),即生物受到胁迫后产生的适应性反应。本文综述了国内外超声波对浮游生物的影响,试图从前人的研究中得到一些启发,为后续超声波生态安全性的研究方向打开一点新思路。

1　超声波的基本参数及效应

1.1　超声波的基本参数

在超声波控藻时起关键作用的参数主要有功率或声强、频率和辐照时间。功率和声强都是反映声能量大小的参数。功率是指声源在单位时间内向外辐射的声能,一般提到的功率多指的是发射功率。声强是垂直于超声波传播方向单位面积的声功率。频率是指超声波每秒振动的次数,是控制空化效应的一个非常重要的参数。辐照时间即暴露在超声波场的时间。

1.2　超声波的生物效应

超声波与生物的相互作用主要表现为机械效应、热效应和空化效应等[8,9]。机械效应是超声波的原发效应,超声波在传播过程中会使质点进入振动状态,这种振动可以增强生物膜以及细胞壁的质量传递。热效应是超声波在传播过程中能量被介质吸收变为热能,导致介质质点温度升高的现象。空化作用是液体中的微气泡(空化核)在声场的作用下振动,当声压形成的负压相足够强时,空化核被拉开迅速膨胀,在正压相时空腔被压缩快速闭合。这种微小气泡随超声振动迅速发生收缩、闭合、破裂的过程即空化作用[10,11]。空化作用包括瞬态空化和稳态空化,瞬态空化泡破裂的瞬间会产生高达 5 000 ℃的局部高温和 100 MPa 的局部高压,还会使进入空化泡的水蒸气发生分裂和链式反应,产生·OH自由基。

2　超声波对浮游植物的影响

浮游植物是一个生态学概念,是指在水中营浮游生活的微小植物,通常浮游植物就是指浮游藻类,包括蓝、原、灰、红、定、黄、金、裸、绿、甲、褐、硅、隐等十三个门类[12]。

引起水华发生的主要种类为蓝藻、绿藻、硅藻和隐藻等,目前已有很多国内外学者对超声波除藻进行了研究,研究了超声波对藻类生长、光合作用、细胞超微结构、产毒、伪空胞等的影响,同时在超声波除藻的参数优化方面做了很多工作。

2.1 对浮游植物生长的影响

超声波对浮游藻类生长的影响直接表现为除藻效果的优劣。而影响的主要因素有两类,一是超声波的参数,主要有频率、声功率、辐照时间和方式等;二是藻类生理状态,包括藻种、生长时期等。

2.1.1 对藻类生长的影响

1)频率

研究表明,超声波对藻类生长的抑制作用主要依靠空化作用来实现,而频率是控制空化作用的非常重要的参数。低频率的超声波空化作用更强,而高频的时候没有足够的时间可以形成空化泡,空化作用相对较弱。潘彩萍等[13]使用超声处理钝顶螺旋藻液,发现在最接近螺旋藻固有频率 300 kHz 时,即 270 kHz 频率的超声处理对藻类生长的抑制作用最明显。胡一越(2013)[14]用超声波分别处理铜绿微囊藻 5 min,发现频率越大,对藻类生长的抑制效果越好,但随着频率增大去除率增加幅度变小。解释是高频率与铜绿微囊藻固有频率 800 kHz 接近的原因。因此,从实际应用的角度出发,高频耗能巨大,选用与优势藻种固有频率接近的频率更为经济高效。

2)功率

功率也是超声处理藻类的重要参数,功率越高,耗能越大,对生物的影响也越大。张光明[9]认为,超声功率越强,对藻类生长的抑制效果越好,但是超过一定的范围时,超声功率对藻类的抑制作用具有饱和的趋势。陆宝平[15]使用频率为 20 kHz,超声功率分别为 0.5 W 和 100 W 的超声作用铜绿微囊藻 5 min,发现 100 W 的超声功率要好于 0.5 W 的超声去除效果,但是在培养 48 h 后,两者去除效果的区别很小,因此认为高功率超声除藻并没有显著优势。舒天阁[16]和胡一越[14]的研究也得到了超声功率对藻类生长的抑制作用存在一个最优值,超过此功率后趋于饱和的结论,并分别认为 50 W 和 40 W 为最经济的超声功率。因此,在实际应用时选用合适的较低的功率来除藻更有优势。

3)作用时间

超声辐照时间增加,处理成本也上升,经济性变差。郝红伟等[17]用 1.7 MHz 的超声处理钝顶螺旋藻,发现 5 min 超声辐照为最佳处理时间。张光明[9]研究认为,5 min 的处理时间是发生质变的临界时间,可最好地兼顾效果与能量的投入,如果继续增加处理时间,虽然抑制效果在增加,但是增加程度越来越不明显[15,16]。因此,从效率和成本的角度考虑,使用过长的辐照时间是没有必要的。

4)作用方式

Nakano 等[18]的研究表明,在输入总能量相同的条件下,增加处理频次,可提高藻的去除效率。王波等[19]在对铜绿微囊藻的研究中发现多频次的超声辐照更有利于抑制藻类的生长。其他一些学者[16-20]的研究也发现类似的结论。因此,在实际应用中,间歇超声将是除藻进而抑制藻生长的一个有效方法。

2.1.2 不同藻种和龄期对超声波处理的响应

1)不同藻种

张光明等[9]采用 1.7 MHz 超声辐照钝顶螺旋藻、铜绿微囊藻和斜生栅藻 5 min,发现藻细胞生物量分别削减 80%、57% 和 15%。这表明,丝状藻比球状藻更易受超声作用影响,有气囊的藻类比无气囊的藻类更易被超声辐照损伤。储昭升等[5]在研究低强度超声波对惠氏微囊藻、孟氏浮游蓝丝藻、绿藻四尾栅藻以及硅藻菱形藻的生长影响时发现,超声波对四种藻类生长的抑制效果蓝藻要优于绿藻和硅藻。Rajasekhar 等[21]对铜绿微囊藻、卷曲鱼腥藻和小球藻用频率为 20 kHz 的超声波处理后发现,同样的超声作用后,超声波对三种藻类的抑制效果为卷曲鱼腥藻 > 铜绿微囊藻 > 小球藻。Diane Purcell 等[22]对铜绿微囊藻、水华束丝藻、栅藻、直链藻通过超声波处理后发现,铜绿微囊藻和栅藻属于不易受超声波影响的藻种,其最大去除率分别为 16% 和 20%。而水华束丝藻和直链藻为易受超声波影响的藻种,其最大去除率分别为 99% 和 83%。同时他发现铜绿微囊藻的去除率虽然不高,但光合活性下降了 65%,指出对于铜绿微囊藻超声处理可以作为一种控藻而非除藻的手段。因此,针对实际水体中不同的优势藻种,要选择合适的超声参数。

表 1 超声处理不同藻种间差异

<table>
<tr><th>藻种</th><th>超声频率</th><th>超声功率/功率密度</th><th>作用时间</th><th>最大去除率</th><th>参考文献</th></tr>
<tr><td>铜绿微囊藻</td><td>862 kHz</td><td>133 kWh/m³</td><td>1 h</td><td>16%</td><td rowspan="4">Diane Purcell [22]</td></tr>
<tr><td>水华束丝藻</td><td>862 kHz</td><td>133 kWh/m³</td><td>1 h</td><td>99%</td></tr>
<tr><td>栅藻</td><td>862 kHz</td><td>67 kWh/m³</td><td>1 h</td><td>20%</td></tr>
<tr><td>直链藻</td><td>20 kHz</td><td>19 kWh/m³</td><td>1 h</td><td>83%</td></tr>
<tr><td>钝顶螺旋藻</td><td>1.7 MHz</td><td>20 W</td><td>5 min</td><td>80%</td><td rowspan="3">张光明等[9]</td></tr>
<tr><td>铜绿微囊藻</td><td>1.7 MHz</td><td>20 W</td><td>5 min</td><td>57%</td></tr>
<tr><td>斜生栅藻</td><td>1.7 MHz</td><td>20 W</td><td>5 min</td><td>15%</td></tr>
</table>

2) 不同龄期

张光明等[9]的研究表明,对数期钝顶螺旋藻对超声波的抵抗力要高于延滞期。邵路路[23]的研究发现超声波对铜绿微囊藻的抑制效果,延滞期 > 稳定期和衰退期 > 对数期。解释是对数期藻细胞因其代谢旺盛,生命力强,对外界不利影响抗性强且恢复较快,因此超声抑藻效果相对较差。因此,在使用超声技术控制水华时,应在藻类尚未大面积暴发时就使用。

2.2 对浮游植物光合作用的影响

藻类利用捕光天线复合物可以有效地捕获太阳光的光能,两个主要的捕光天线复合物是细胞膜上的叶绿素和细胞膜外的藻胆蛋白。叶绿素 a 可以吸收 430 ~ 440 nm 和 660 ~ 680 nm 波长的光,同时藻胆蛋白吸收 470 ~ 650 nm 的光。Lee 等[24]通过研究发现超声辐照会对藻类的光合活动造成直接伤害,损坏的程度依赖于超声波的功率和频率。Tang 等[25]在研究超声波对钝顶螺旋藻的影响时发现,超声波对藻蓝蛋白的影响大于对叶绿素 a 的影响。Zhang 等[26]的研究表明:对蓝藻细胞使用 25 kHz, 0.32 W/mL 的超声波处理 5 min,会导致叶绿素 a 降低 21.3%,藻蓝蛋白降低 44.8%,光活性降低 40.5%。这些变化表明超声波破坏了光合作用的组件,这导致了光合作用的降低。并解释藻蓝蛋白比叶绿素 a 更容易受到超声波的影响是因为藻蓝蛋白的空杆结构更容易破裂,而叶绿素 a 在细胞膜里面可以减弱空化作用的影响。

2.3 对藻毒素浓度的影响

藻毒素是藻类产生的细胞内生物毒素,当藻细胞死亡或破裂后其会释放到水体中严重影响水质安全。有研究指出超声波会促进藻毒素的释放,董敏殷等[27]使用超声波细胞破碎机(频率 20 kHz)处理铜绿微囊藻,发现超声处理会促进藻毒素的大量释放,20 W、5 min的超声作用下,胞外藻毒素增长 140%,120 W、10 min 的超声作用下,胞外藻毒素增长 354%,同时发现超声波对于该浓度的藻毒素基本没有降解效果。但王波等[28]研究发现微囊藻毒素在超声场中具有很好的降解效果,且随着功率的增加,降解效果增强,但在功率较大时降解效果在时间上具有饱和趋势。同时发现使用 150 kHz 频率的超声波处理时,藻毒素的降解效果最好,并提出藻毒素的降解主要源于超声的空化效应,因此存在一个最佳的频率,应该在 100 ~ 500 kHz 的中频范围内。Rajasekhar 等[21]研究发现,使用 0.32 W/mL 的超声波处理铜绿微囊藻 5 min 或者使用 0.043 W/mL 的超声波处理 10 min 以上,都会引起藻液中藻毒素浓度的显著升高,然而当延长高功率超声波(0.32 W/mL)的作用时间后(>10 min),藻液中的藻毒素浓度又会出现明显的下降。因此,超声波作为一种除藻技术,虽然有增加水体中藻毒素的可能,但是对水体中的藻毒素也有很好的降解作用,这也是超声波除藻技术的优势所在。故可以通过超声波参数的优化对藻毒素进行控制,达到保证除藻安全性的目的。

2.4 对伪空胞及上浮能力的影响

蓝藻的伪空胞主要用来提供浮力,帮助蓝藻细胞调节在水体中的位置,从而接受更合适的光照。伪空胞是由多个圆柱形的气泡堆叠而成,两端呈圆锥状。Lee 等[24]观察到蓝藻细胞经超声波处理超过 30 s 后几乎所有藻细胞都已下沉。对藻细胞经过电镜观察后发现超声前藻细胞的伪空胞是完整的,超声之后伪空胞破裂。Tang 等[29]使用 1.7 MHz (强度为 0.6 W/cm^2)的超声对具伪空胞的一株铜绿微囊藻和没有伪空胞的一种蓝藻进行处理,发现超声处理严重抑制了铜绿微囊藻的生长,但另一种蓝藻却未被影响,并认为伪空胞是主要的原因。有研究认为伪空胞的共振效应是超声处理中引起伪空胞坍塌和有效抑制生长的主要因素。Tang 等[29]经过计算得到伪空胞的共振频率为 1.3 ~2.16 MHz,利用电导率的变化作为一个间接指标来表征悬浮藻细胞发生空化效应的多少,发现当超声频率 1.7 MHz、0.6 W/cm^2 时,铜绿微囊藻的电导率有一个显著的增长,这支持了气泡共振影响理论。尽管高频率的空化效应相比相同功率下低频率超声波的空化效应要低,但由于伪空胞的共振频率,使用高频率比低频率可以更有效地达到抑制藻类的目的。

超声处理之后伪空胞有可能再生,且主要取决于环境条件。Lee[30]研究了在 1.75 W/mL、28 kHz,处理 30 s 之后,铜绿微囊藻在不同的培养条件(光照和曝气)下的再生速率。研究发现曝气和光照充足时超声后的藻细胞在 24 h 之内恢复到处理前的藻密度,而无曝气有光照的需要 36 h,在无曝气和部分光照条件下超声后的藻细胞在 60 h 内达到了空白组藻密度的 87%,在无曝气、无光照条件下超声后的藻细胞的伪空胞没有再生。因此,总结认为伪空胞的再生速率主要取决于光照度的强弱。

2.5　对藻细胞超微结构的影响

超声波对藻类的抑制作用是一个复杂而缓慢的生理生化影响过程。万莉等[31]通过透射电镜观察经超声处理的铜绿微囊藻细胞,发现部分藻细胞的超微结构受到明显损伤,且随培养时间的延长损伤加剧,具体表现为1 d后类囊体分散,并有部分断裂;藻胆体减少,分散在胞质中;胞质中脂质颗粒增多,并出现藻青素颗粒、间体等内含物(见图1 B1、B2);3 d后核质开始向四周扩散,类囊体和藻胆体进一步减少(见图1 C1、C2);5 d时藻细胞萎缩变形,出现了明显的质壁分离现象,但细胞壁仍保持完整;胞质中的基础结构变得模糊甚至消失;拟核区出现大片空洞;藻青素、脂质等颗粒物质也开始降解(见图1 D1、D2)。推断超声波胁迫导致部分铜绿微囊藻细胞程序性死亡或是"类凋亡"。

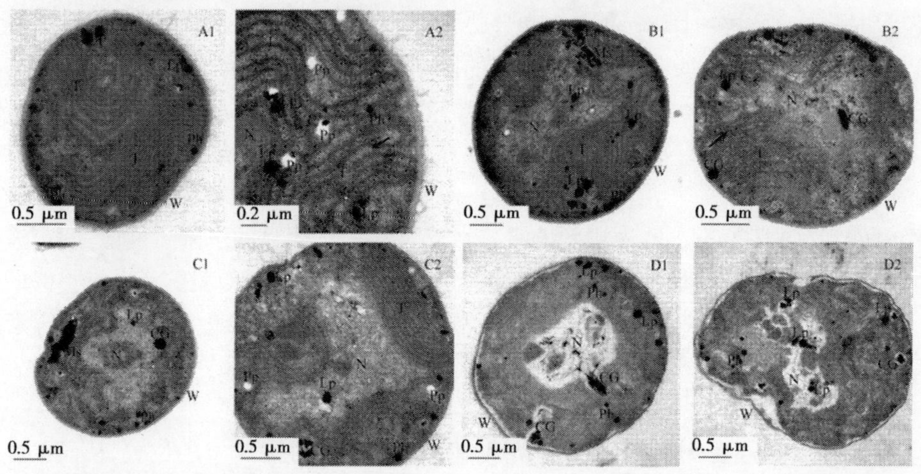

图1　超声波对铜绿微囊藻细胞超微结构的影响

3　超声波对浮游动物的影响

浮游动物是指水中营异养生活的浮游生物。浮游动物的种类极多,包括无脊椎动物的大部分门类,从最低等的原生动物到较高等的尾索动物,同时还包括许多无脊椎动物的幼体。浮游动物的体形一般都很微小,但数量极多,代谢活动强。浮游动物一方面以浮游植物、细菌、碎屑为食,可以通过摄食控制浮游植物的数量,来调节水体生态平衡,同时又是许多较高等动物的主要食物来源。有些浮游动物种类对污染物十分敏感,可以作为监测和评价水体质量的指示生物[32]。因此,浮游动物水生态环境中是不可缺少的。由于浮游动物自身的运动能力较弱,在野外应用超声波除藻的时候,超声波对浮游动物的生长、生理状态影响如何,已经有一些学者做了相关的研究。

3.1　对浮游动物生长及种群密度的影响

储昭升等[5]使用发射功率20 W的超声波发射器处理距发射器0.3 m位置的草履虫(原生动物门,纤毛纲)和大型蚤(节肢动物门,甲壳动物纲),经超声波处理48 h之后,发现草履虫和大型蚤的种群密度均无明显变化,认为该强度下超声波对浮游动物的生长无明显抑制作用。邵路路等[23]使用功率40 W的超声除藻装置对大型蚤处理3 d后发现处理组和对照组种群密度均有不同程度的提高,但无显著差异。说明在距超声波发射装置

0.3 m 以外的范围,大型蚤的生长不会受到明显影响。这与储昭升等得到的结果一致,说明低功率的超声波对草履虫和大型蚤种群影响不显著。

3.2 对浮游动物生理状态的影响

路德明等[33]观察到超声波频率在 47.6 kHz 时对急游虫(原生动物门,纤毛虫纲)有明显的杀伤作用,超声波作用 10 min 后,活体急游虫明显减少,当超声波作用 30 min 后,培养液中无活体急游虫。而虾饵料扁藻(属于绿藻门、绿藻纲)只出现了"麻痹"现象,当作用停止后,细胞结构逐渐恢复了活力。并认为超声波的生物效应与声强、频率及单胞藻、敌害自身的细胞结构、形状和大小有密切关系。而频率的选择具有关键的意义,认为只要选择适当的超声频率,就可以达到杀死敌害而不伤害其他生物的目的。

4 分析与展望

超声波可以有效抑制藻类的生长,在合适的参数条件下还能降解藻毒素,作为一种除藻技术有其独特的优势。但其对其他生物的影响研究仍稍显不足,已有的研究多集中于低频低功率的超声波在中短期内对水生生物的影响,且只关注死亡率。超声波对水生生物繁殖、种群生长、生理活性等的长期效应仍有待进一步研究。同时医学、水产养殖等领域有关超声波对人体乃至细胞和幼鱼等影响的研究已经较为深入,对于安全超声剂量也有一定的认识,因此后续的研究应该加强学科交叉,从机制上清楚超声波对生物致死的原因,对实际应用超声波除藻时参数的选取更有指导性的意义。

参 考 文 献

[1] Lehmann H, Jost M. Kinetics of the assembly of gas vacuoles in the blue-green alga Microcystis aeruginosa Kuetz. emend. Elekin[J]. Archiv für Mikrobiologie, 1971, 79(1):59-68.

[2] Purcell D, Parsons S A, Jefferson B, et al. Experiences of algal bloom control using green solutions barley straw and ultrasound, an industry perspective[J]. Water and Environment Journal, 2013, 27(2):148-156.

[3] Rajasekhar P, Fan L, Nguyen T, et al. A review of the use of sonication to control cyanobacterial blooms [J]. Water research, 2012, 46(14):4319-4329.

[4] 程存第. 超声技术[M]. 西安: 陕西师范大学出版社, 1993.

[5] 储昭升,庞燕,郑朔芳,等. 超声波控藻及对水生生态安全的影响[J]. 环境科学学报, 2008(7): 1335-1339.

[6] 王清池,周时强,李文权. 声波与水生生物[J]. 海洋科学, 1998(6):15-17.

[7] 肖群,段舜山. 超声波对杜氏盐藻生长的刺激效应研究[J]. 生态环境学报, 2010, 19(4):771-775.

[8] 袁易全,陈思忠. 近代超声原理与应用[M]. 南京: 南京大学出版社, 1996.

[9] 张光明,常爱敏,张盼月. 超声波水处理技术[M]. 北京:中国建筑工业出版社, 2006.

[10] 马芳,李发琪,王智彪. 超声空化效应的研究进展[J]. 临床超声医学杂志, 2004, 5(5):292-294.

[11] 王雁,邹建中. 超声空化的生物学效应机制及其应用[J]. 中华物理医学与康复杂志, 2011, 33(3):224-226.

[12] 胡鸿钧,魏印心. 中国淡水藻类:系统,分类及生态[M]. 北京: 科学出版社,2006.

[13] 潘彩萍,张光明,王波. 超声除藻动力学研究[J]. 净水技术, 2006, 25(6):31-33.

[14] 胡一越. 低功率超声对藻类生长的影响实验研究[D]. 重庆: 重庆大学, 2013.

[15] 陆宝平. 超声除藻的应用基础研究[D]. 南京: 东南大学, 2007.

[16] 舒天阁,苑宝玲,王少蓉. 低功率超声波去除铜绿微囊藻技术[J]. 华侨大学学报(自然科学版), 2008, 29(1):72-75.

[17] 郝红伟,陈以方,吴敏生,等. 低功率高频超声抑制蓝藻生长的研究[J]. 生物物理学报, 2003, 19(1):101-104.

[18] Nakano K, Lee T J, Matsumura M. In situ algal bloom control by the integration of ultrasonic radiation and jet circulation to flushing[J]. Environmental Science & Technology, 2001, 35(24):4941-4946.

[19] 王波,张光明,王慧. 超声波去除铜绿微囊藻研究[J]. 环境污染治理技术与设备, 2005, 6(4): 47-49.

[20] 邱荷香. 超声技术抑制藻类生长的研究[J]. 安庆师范学院学报: 自然科学版, 2002, 8(1):69-73.

[21] Rajasekhar P, Fan L, Nguyen T, et al. Impact of sonication at 20 kHz on Microcystis aeruginosa, Anabaena circinalis and Chlorella sp[J]. Water research, 2012, 46(5):1473-1481.

[22] Purcell D, Parsons S A, Jefferson B. The influence of ultrasound frequency and power, on the algal species Microcystis aeruginosa, Aphanizomenon flos-aquae, Scenedesmus subspicatus and Melosira sp[J]. Environmental Technology, 2013, 34(17):2477-2490.

[23] 邵路路. 低强度超声波控藻效果及其机理研究[D]. 宁波:宁波大学, 2012.

[24] Lee T, Nakano K, Matsumara M. Ultrasonic irradiation for blue-green algae bloom control[J]. Environmental Technology, 2001, 22(4):383-390.

[25] Tang J, Wu Q, Hao H, et al. Growth inhibition of the cyanobacterium Spirulina (Arthrospira) platensis by 1.7 MHz ultrasonic irradiation[J]. Journal of applied phycology, 2003, 15(1):37-43.

[26] Zhang G, Zhang P, Liu H, et al. Ultrasonic damages on cyanobacterial photosynthesis[J]. Ultrasonics sonochemistry, 2006, 13(6):501-505.

[27] 董敏殷,乔俊莲,王国强,等. 低频超声波对藻毒素释放和降解的研究[J]. 净水技术, 2008, 27(6):21-23.

[28] 王波,张光明,马伯志,等. 微囊藻毒素在超声场中的降解研究[J]. 环境科学, 2005, 26(6):101-104.

[29] Tang J W, Wu Q Y, Hao H W, et al. Effect of 1.7 MHz ultrasound on a gas-vacuolate cyanobacterium and a gas-vacuole negative cyanobacterium[J]. Colloids and Surfaces B: Biointerfaces, 2004, 36(2): 115-121.

[30] Lee T J, Nakano K, Matsumura M. A new method for the rapid evaluation of gas vacuoles regeneration and viability of cyanobacteria by flow cytometry[J]. Biotechnology Letters, 2000, 22(23):1833-1838.

[31] 万莉,邵路路,陆开宏,等. 超声波对铜绿微囊藻超微结构和生理特性的影响[J]. 水生生物学报, 2014, 38(3):516-524.

[32] 王胜男,陈卫. 浅析淡水浮游动物的种类组成及其生态功能作用[J]. 生物学通报, 2012, 47(10):10-13.

[33] 路德明, 曹翔. 超声波对单胞藻敌害—急游虫的作用[J]. 应用声学, 1995, 14(1):22-25.

【作者简介】 李聂贵(1983—),男,硕士,工程师,水利部南京水利水文自动化研究所工作,主要从事现代流体测试技术、水环境监测治理、水利信息化等研究。